U0236966

污染场地风险管控与修复丛书

污染场地土壤与地下水精细化
风险评估理论与实践

陈梦舫　韩　璐　罗　飞　著

科学出版社

北　京

内 容 简 介

本书对污染场地土壤与地下水精细化风险评估理论方法与实践进行了系统总结，主要介绍了国际通用的污染场地风险评估理论方法和技术框架，详细分析了中、英、美三国土壤筛选值推导的发展历史及技术背景；结合我国风险评估技术导则中的典型用地类型，推导了共 91 种污染物的土壤筛选值；系统介绍了用于多层次精细化风险评估的跨介质迁移转化模型及适用情景，阐述了环境统计方法在场地风险评估中的应用，并列举分析了相应的评估案例，以期为我国污染地块安全开发利用与可持续修复提供科技支撑。

本书可作为环境科学或环境工程专业的研究生或本科生、环境修复从业者、环境管理者学习或研究风险评估理论与实践的专业参考书籍，也可以供污染场地风险评估技术人员参考使用。

图书在版编目（CIP）数据

污染场地土壤与地下水精细化风险评估理论与实践/陈梦舫，韩璐，罗飞著. —北京：科学出版社，2022.9
（污染场地风险管控与修复丛书）
ISBN 978-7-03-073089-3

Ⅰ.①污⋯ Ⅱ.①陈⋯ ②韩⋯ ③罗⋯ Ⅲ.①场地–环境污染–土壤污染–风险评价②场地–环境污染–地下水污染–风险评价 Ⅳ.①X502

中国版本图书馆 CIP 数据核字（2022）第 165713 号

责任编辑：周　丹　曾佳佳　石宏杰/责任校对：任苗苗
责任印制：张　伟/封面设计：许　瑞

科 学 出 版 社 出版
北京东黄城根北街 16 号
邮政编码：100717
http://www.sciencep.com

北京市金木堂数码科技有限公司 印刷
科学出版社发行　各地新华书店经销
*

2022 年 9 月第 一 版　开本：720×1000　1/16
2025 年 4 月第四次印刷　印张：15 3/4
字数：318 000
定价：169.00 元
（如有印装质量问题，我社负责调换）

作 者 名 单

主要作者：陈梦舫　　韩　璐　　罗　飞

参编人员：顾明月　　武文培　　李　婧　　董敏刚

　　　　　魏鹏刚　　聂　想　　陈雪艳　　张文影

　　　　　杨　磊　　龚泽瀚

丛 书 序

工矿企业生产活动导致的场地污染是我国近二十年来城镇化进程中不可回避的环境焦点问题之一。数以万计关闭搬迁或遗留污染场地的安全再开发，是保障生态环境和人民健康安全、保证我国经济社会与环境可持续发展的重要基础，因而必须高度重视污染场地的风险管控与修复工作。2018 年 5 月 18 日，习近平总书记在全国生态环境保护大会上强调要全面落实土壤污染防治行动计划，突出重点区域、行业和污染物，强化土壤污染管控和修复，有效防范风险，让老百姓吃得放心、住得安心。自《土壤污染防治行动计划》和《中华人民共和国土壤污染防治法》实施以来，我国土壤污染防治问题得到了一定程度的缓解，然而，场地污染由于具有高负荷、高异质、高复合等特征，治理难度大、周期长、成本高，治理与修复工作仍然任重道远，场地污染仍是我国现阶段需要重点关注的突出环境问题。

中国科学院南京土壤研究所陈梦舫研究团队是专门从事污染场地土壤与地下水修复技术研发与应用研究的专业团队，主要开展污染场地高精度环境地质与污染调查、多介质污染物溶质迁移转化模拟、精细化场地健康与环境风险评估、高效绿色环境修复功能材料研发、土壤与地下水污染控制与修复关键技术应用示范等方面的研究，为污染场地安全开发利用与可持续修复提供科技支撑与系统解决方案。

"污染场地风险管控与修复丛书"主要针对我国场地土壤与地下水复合污染严重、治理技术单一、开发利用风险大等突出问题，基于土壤与地下水污染风险管控、绿色材料研发、施用技术创新、可持续协同治理的理念，结合我国土壤与地下水修复发展现状及国际修复行业前沿发展趋势，系统总结了团队多年来在场地污染风险管控与修复理论与技术的研究成果和实践经验，形成系列场地可复制、可推广的系统解决方案和工程案例，以编著或教材形式持续出版，旨在促进土壤与地下水污染修复科学健康发展，推动土壤与地下水修复新技术的发展、创新与实践应用，切实提升土壤与地下水污染防治科技攻关能力，为改善土壤与地下水环境质量、保障人民健康与生态环境安全、实现我国经济社会可持续发展提供决策依据和关键技术支撑。

陈梦舫

2022 年 2 月 8 日

于南京

序

随着我国经济社会快速发展、产业结构升级和产业空间布局优化，城市土地开发需求激增，城区内大量高污染、高能耗的工业企业关闭搬迁或遗留工业场地再开发利用过程中持续面临着污染治理与地区经济发展不平衡、环境污染引发公众事件、污染暴露风险危及公众健康安全及周边水环境等突出环境问题。工业污染场地风险管控和修复治理已成为我国乃至国际上的技术难题，制约着我国经济社会的可持续发展。我国自 2004 年开始对关闭搬迁工业场地实施环境污染防治工作，至今已有 18 年时间，工业场地的环境管理模式已由原来的无章、无序、无主变为如今的制度化、科学化、标准化，我国正在逐步建立和完善污染场地风险管控技术与管理体系。工业场地污染风险管控与治理措施的全面实施，对提升土壤环境质量，遏制工业污染恶化趋势，保障人民健康与环境安全，推动美丽中国与健康中国建设具有重要意义。

污染场地健康与环境风险评估对我国场地污染治理与风险管控工作具有关键技术支撑作用，是场地环境管理决策的重要依据。污染场地健康与环境风险评估技术在现有政策法规、技术导则或指南的指导框架之下，基于场地"污染源-暴露途径-受体"暴露概念模型，利用污染物的多介质迁移-暴露耦合评价模型定量模拟计算受体的潜在健康或水环境风险，并且为场地治理修复提供修复标准。2014年，我国环境保护部发布了首个场地风险评估技术文件《污染场地风险评估技术导则》(HJ 25.3—2014)；2018 年，生态环境部和国家市场监督管理总局发布了《土壤环境质量 建设用地土壤污染风险管控标准(试行)》(GB 36600—2018)；2019年，生态环境部和国家市场监督管理总局继续更新风险评估技术导则为《建设用地土壤污染风险评估技术导则》(HJ 25.3—2019)，上述技术文件为场地风险评估从业人员提供了相关技术指引和依据，但我国仍较缺乏对场地风险评估理论基础和方法学的系统研究，并且随着我国乃至国际范围内对污染场地绿色可持续修复要求的不断提高，精细化的场地风险评估方法正在受到越来越多的关注，因此非常有必要加强相关从业人员的专业基础培养，提升专业人员对精细化风险评估模型的理解和运用水平，以满足我国对污染场地可持续风险管控工作日益强化的迫切需求，实现工业污染场地的安全再开发，保障人居健康和生态环境安全。

中国科学院南京土壤研究所陈梦舫研究团队一直致力于推动我国污染场地风险管控与修复学科的发展，在风险评估理论方法与模型工具研发、应用和推广方面开展了大量工作。为了配合我国污染场地风险评估技术导则的应用，切实改善场地土壤与地下水环境质量,研究团队在 2012 年研发了我国首套污染场地健康与环境风险评估软件(Health and Environmental Risk Assessment Software for Contaminated Sites, HERA),填补了行业空白;并于 2020 年开发了基于互联网的污染场地土壤与地下水风险评估软件(HERA⁺⁺),提升了模型模拟和运算功能;为了充分发挥互联网和大数据应用优势,研究团队于 2021 年继续深入开发了基于地理信息系统的多维度、可视化污染场地环境风险管控平台(HERA-3D),集成了环境调查方案设计、风险评估模拟、监测预警与管控治理等强大功能,可为土壤和地下水环境污染的科学防控和精准治理提供全过程信息化支撑。此外,研究团队在 2012~2021 年已经举办了九届针对 HERA 软件应用的污染场地土壤与地下水风险评估技术讲座,为场地修复行业培养了专业人才 4000 余人,对我国场地风险评估技术推广和专业队伍建设发挥了重要作用。

2017 年,陈梦舫团队出版了《污染场地土壤与地下水风险评估方法学》专著,详细介绍了污染场地土壤与地下水风险评估技术的基本理论和方法学,奠定了我国污染场地风险管控与可持续性修复的理论基础。此次出版的《污染场地土壤与地下水精细化风险评估理论与实践》是对前一本专著理论内容的延伸与拓展,本书简要总结了我国近年来在污染场地环境管理方面取得的进展;全面介绍了国际通用的污染场地风险评估技术框架和基础理论知识,剖析了中、英、美三国推导土壤筛选值的发展历史、技术背景和在模型运用上的差异,并基于我国风险评估模型推导了不同用地类型下的土壤筛选值;系统阐述了通过多层次精细化风险评估模型推导土壤与地下水修复目标值,以及环境统计应用于场地风险评估技术中的理论方法,并列举分析了相应的计算案例,以期精细化风险评估模型能够被更多从业人员理解和掌握,使场地风险评估技术能够切实有效地为我国打好土壤污染防治攻坚战提供关键科技支撑。

2022 年 2 月 8 日
于南京

前　言

　　近年来，我国土壤环境污染问题日益凸显。随着我国生态文明建设的深入推进、产业结构的优化升级以及退二进三、退城进园等政策的相继实施，大批工艺设备落后、污染严重而又治理无望的企业面临关停并转或搬迁，京津冀、长江三角洲和珠江三角洲等地区产生了大量的遗留地块，部分遗留地块土壤污染严重，若不进行风险管控或治理修复，将对人体健康和环境安全造成严重威胁。

　　2018 年 8 月，十三届全国人大常委会第五次会议审议通过《中华人民共和国土壤污染防治法》，标志着我国土壤环境保护工作进入依法治污阶段。《中华人民共和国土壤污染防治法》明确规定，污染土壤未达到相关修复目标的建设用地地块，禁止开工建设任何与修复无关的项目。即污染土壤必须修复达到未来规划用地土壤环境质量要求后，方可进行再开发利用。因此，确定地块土壤修复目标值成为极其重要的内容。土壤修复目标不仅与地块再开发的人居健康和环境安全息息相关，同时也直接影响修复成本，科学合理地制定建设用地土壤修复目标显得尤为重要。

　　2018 年 6 月，国家发布《土壤环境质量　建设用地土壤污染风险管控标准(试行)》(GB 36600—2018)，为我国地块土壤环境管理提供了重要依据。污染物的土壤筛选值、管制值、修复目标值成为污染地块风险筛查、风险管制、治理修复的重要组成部分。由于污染类型的多样性、地块特征的复杂性、未来规划的差异性，污染地块的修复目标往往不同，需要采用科学方法制定修复目标，进而精准实施治理修复，实现"依法治污、科学治污、精准治污"的目标。

　　本书围绕污染场地修复目标这一主题，分成 8 章展开论述。第 1 章介绍我国污染场地风险管控现状；第 2 章提出污染场地风险评估框架，阐释土壤各标准间的关系，明确风险评估的基本概念；第 3、第 4 章详细介绍中、英、美三国建立土壤筛选值体系的发展历程，推导土壤筛选值的基本原理，并建立不同用地类型下的土壤筛选值标准体系；第 5 章介绍推导修复目标值的关键模型，重点探讨石油烃蒸气入侵模型、血铅模型、双元平衡解吸模型、源削减模型、地下水侧向迁移模型、非水相液体评估模型等精细化风险评估模型的计算方法；第 6 章介绍总石油烃的风险评估方法；第 7 章阐释数理统计分析方法在场地风险评估中的应用；第 8 章通过案例的形式介绍地下水污染风险评估方法。第 9 章对全文进行了总结，并提出当前我国污染场地风险评估工作中存在的问题，以及未来应着重发展和深入研究的方向。

本书的出版受到了国家重点研发计划"场地土壤污染成因与治理技术"重点专项项目"京津冀及周边焦化场地污染治理与再开发利用技术研究与集成示范"（课题编号：2018YFC1803002）和"纳米科技"重点专项项目"用于土壤有机污染阻控与高效修复的纳米材料与技术"（课题编号：2017YFA0207003）资助。

本书援引了相关论著的宝贵数据，在此对相关作者表示谢意。中国科学院南京土壤研究所研究生武文培、魏鹏刚、杨磊、张文影、陈雪艳、龚泽瀚，科研助理聂想、李婧以及南京凯业环境科技有限公司顾明月，广东省环境科学研究院董敏刚工程师，均参与了本书的资料整理、撰写和校对工作。此外，感谢中国科学院南京土壤研究所沈仁芳所长、骆永明研究员，北京市生态环境保护科学研究院姜林研究员，生态环境部土壤与农业农村生态环境监管技术中心周友亚研究员，以及中国地质大学李义连教授对本书撰写给予的大力支持和帮助！

由于时间仓促及作者水平有限，书中难免存在不足之处，希望广大读者和同仁不吝赐教，以利于本书的修订和完善。

2022 年 2 月 8 日

目　　录

第1章　我国污染场地风险管控现状

1.1　我国污染场地现状

1.1.1　污染场地概述

污染场地是指对潜在污染场地进行调查和风险评估后，确认污染危害超过人体健康或生态环境可接受风险水平的场地，又称污染地块。美国《超级基金法案》提出"污染场地"包括场地内的土壤和地下水介质、构筑物及相关设施、生产设备和储存、排放或处置有害废物的车间或区域（CERCLA，1998）。1990年英国颁布了《环境保护法案》第2A部分（*Environmental Protection Act 1990: Part 2A*），对"污染场地"的定义包括了三个因素：土壤中包含的有害物质可能引起土地明显的损害，或可能产生明显的损害，或对受控制下的水资源造成或可能造成损害（NSSE，2006）。因此，对污染场地的判断标准不是以其包含的有害物质来界定，而是以有害物质所导致的某种损害来界定。澳大利亚对污染场地的定义为危险物质的浓度高于背景值且环境评价显示其已经或可能对人类健康或环境造成即时或长期危害的场地（SOE，2001）。加拿大政府对污染场地的定义为某物质的浓度超过背景浓度并已经或可能对人体健康或环境造成即时或长期危害的场地；或者某物质的浓度超过法律法规规定浓度的场地（CCME，1997）。

尽管国内外对污染场地的定义有所差异，但总体上看，污染场地的界定包含以下3个特征：①特定空间区域，地表水、土壤、地下水、空气组成的立体空间区域；②曾经开发利用的土地，目前处于废弃、闲置或无人使用的状态；③已经被污染，对人体健康或生态环境已造成实际危害或具有潜在威胁，重新开发或再次利用可能面临各种障碍。

1.1.2　污染场地现状

我国污染场地类型繁多，根据污染物类型大致可以分为重金属和有机污染场地，多数场地为重金属-重金属复合（如采矿业、金属冶炼厂）或有机-有机复合（如化工、溶剂、制药、印染厂）污染场地，但也存在有机-重金属复合污染场地（如焦化、电子拆解、电镀厂）。场地污染类型与生产历史、工艺、过程、产品以及使用的原辅料均密切相关。

2014年，国土资源部与环境保护部共同发布的《全国土壤污染状况调查公报》

显示，调查的 81 块工业废弃地的 775 个土壤点位中，超标点位占 34.9%，主要污染物为锌、汞、铅、铬、砷和多环芳烃等，主要涉及化工、采矿、冶金等行业；690 家重污染企业用地及周边的 5846 个土壤点位中，超标点位占 36.3%；146 家工业园区的 2523 个土壤点位中，超标点位占 29.4%。从污染分布来看，长江三角洲、珠江三角洲和东北老工业基地等部分区域土壤污染问题较为突出。然而，全国土壤污染状况调查虽然基本掌握了土壤环境质量的宏观情况，但并没有"摸清家底"，点位超标率不能指导实际的污染治理修复工作。2017 年 7 月，我国启动了新一轮全国土壤污染状况详细调查，历时 4 年，基本摸清了全国农用地和企业用地土壤污染状况及潜在风险的底数，支撑了"十三五"任务目标的完成。

目前，全国土壤污染状况详细调查结果还未公布，我国污染场地的数量尚无确切统计结果，根据文献和网络数据统计结果，我国污染场地的数量呈逐年上升趋势。2012 年，有超过 5000 个城市污染场地或疑似污染场地存在(Yang et al., 2012)；我国目前有污染场地 30 万～50 万块，根据市场规模数据，2017～2021 年我国土壤修复行业公开招标项目数超过 1 万个。

此外，由于典型污染行业具有区域分布性，污染场地也呈显著的地区分布特点。例如，京津冀及周边区域的钢铁、煤炭、焦化行业分布比较集中，其中仅河北省与山西省目前关停搬迁的焦化企业就有两万多家。根据 2012～2016 年京津冀土壤修复项目调查结果，场地土壤中有机污染(以氯代烃、总石油烃、苯系物、多环芳烃和多氯联苯为典型污染物)最为严重，约占 58%；复合污染(重金属类和苯系物、石油烃、氯代烃复合污染)次之，约占 24%；重金属污染(铬、铅、镉、铜、汞)比例最低，约为 18%(图 1-1)。化工、焦化、钢铁冶炼和污水灌溉等重点关注场地产生的污染物包括：氯代烃、苯系物、多环芳烃、重金属等。

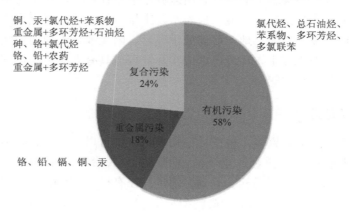

图 1-1　2012～2016 年京津冀土壤修复项目调查结果

京津冀地区涉及污染场地的行业主要包括：电气电子、汽车、石油加工、化工、焦化、电镀、制革等行业企业，其中有机化工、焦化厂和钢铁冶炼厂是重点污染行业企业。这些工业企业产生的污染物可通过废水、废气和固体废物等形式向多种环境介质中排放。

长江三角洲地区工业污染场地典型污染物是氯苯类、氯代烃、总石油烃和多环芳烃等有机污染物，这与该区域分布较密集的化工、农药及石油冶炼厂密切相关。例如，上海浦东某场地之前主要从事汽车空调系统的生产，并一度使用 1,1,1-三氯乙烷对金属部件进行除油处理。经场地调查发现该场地 1,1,1-三氯乙烷污染羽面积达 5000 m² 左右。江苏省近几年相继关闭、搬迁污染严重的化工企业有 4000多家，包括苏州化工厂、南京化工厂、南通姚港化工区、常州化工厂等，其主要污染物包括：氯苯、苯、二甲苯、硝基苯、氯仿、四氯化碳、二氯乙烷等，且局部地下水中疑似存在氯苯、氯代烃的重质非水相液体(dense non-aqueous phase liquid，DNAPL)。此外，长江三角洲地区曾拥有中国最大废旧金属回收产业，从事废旧电子产品等电子废弃垃圾的拆解活动，但因部分地区并未采取有效的环保措施，有些甚至在露天农田场地采用传统的手工作坊式生产，导致电子垃圾中含有的铅、汞、镉、铬(VI)、多溴联苯和多溴联苯醚等大量有害物质通过直接或间接方式污染土壤和地下水。

1.2　我国污染场地风险管控进展

1.2.1　政策法规

近年来，我国污染场地的环境管理工作受到了国务院和生态环境部的高度重视，国家和地方政府切实加强了对污染场地的环境监管，出台了一系列法律法规来规范和推动污染场地的修复治理工作。环境保护部于 2004～2012 年先后发布了《关于切实做好企业搬迁过程中环境污染防治工作的通知》(环办〔2004〕47 号)、《关于加强土壤污染防治工作的意见》(环发〔2008〕48 号)、《关于保障工业企业场地再开发利用环境安全的通知》(环发〔2012〕140 号)、《关于加强工业企业关停、搬迁及原址场地再开发利用过程中污染防治工作的通知》(环发〔2014〕66号)、《关于开展污染场地环境监管试点工作的通知》等文件，逐步强调了土壤污染防治的紧迫性和重要性，明确了当前形势下农田土壤和场地土壤污染防治两个重点领域，提出了加强法治建设和增加科技投入实施土壤污染防治措施的基本原则。2016 年，针对土壤污染防治工作面临的严峻形势，国务院正式发布《土壤污染防治行动计划》(简称"土十条")，为我国当前和未来一段时期的土壤环境管理工作确定了总体基调和发展方向。2017 年 7 月 1 日，环境保护部正式施行《污染地块土壤环境管理办法(试行)》,明确规定要在污染地块详细调查基础上开展风险评估,并要求在地块治理与修复过程中应防止造成二次污染。2019 年 1 月 1 日,《中华人民共和国土壤污染防治法》正式实施,成为污染防治领域立法工作的又一重大进展。该法案就土壤污染防治的基本原则、土壤污染防治基本制度、预防保护、管控和修复、经济措施、监督检查和法律责任等重要内容做出了明确规定。

1.2.2　技术导则和标准

为了满足我国当前经济、社会、生态可持续发展的需求,切实贯彻落实我国污染场地风险评估管理政策,制定符合我国当前基本国情的技术导则规范,环境保护部于 2014 年颁布了《场地环境调查技术导则》(HJ 25.1—2014)、《场地环境监测技术导则》(HJ 25.2—2014)、《污染场地风险评估技术导则》(HJ 25.3—2014)、《污染场地土壤修复技术导则》(HJ 25.4—2014)等技术导则文件。此四项技术导则为我国污染场地环境监管工作提供了科学基础与依据,为我国污染场地风险评估和风险管控、修复行业的健康发展提供了专业技术支撑和规范。2018 年 8 月,生态环境部颁布了《土壤环境质量　建设用地土壤污染风险管控标准(试行)》(GB 36600—2018),该标准规定了保护人体健康的建设用地土壤污染风险筛选值和管制值,以及监测、实施与监督要求,加强了对建设用地的土壤环境监管,管控污染地块对人体健康的风险,保障人居环境安全。该标准为实施建设用地准入管理提供了技术支撑,更加注重风险防范与管控,进一步提升精细化管理水平,全面实施"土十条",对保障人居环境安全具有重要意义。同年,生态环境部发布《污染地块风险管控与土壤修复效果评估技术导则(试行)》(HJ 25.5—2018),该导则规定了污染地块风险管控与土壤修复效果评估的内容、程序、方法和技术要求,以规范污染地块风险管控与土壤修复效果评估工作。2019 年,生态环境部发布《污染地块地下水修复和风险管控技术导则》(HJ 25.6—2019),该导则规定了污染地块地下水修复和风险管控的基本原则、工作程序和技术要求,为污染地块地下水修复和风险管控的技术方案制定、工程设计及施工、工程运行及监测、效果评估和后期环境监管提供科学技术依据。2019 年,生态环境部将 2014 年发布的污染场地系列环境保护标准更新为《建设用地土壤污染状况调查技术导则》(HJ 25.1—2019)、《建设用地土壤污染风险管控和修复监测技术导则》(HJ 25.2—2019)、《建设用地土壤污染风险评估技术导则》(HJ 25.3—2019)、《建设用地土壤修复技术导则》(HJ 25.4—2019)、《建设用地土壤污染风险管控和修复术语》(HJ 682—2019)。自此,我国已经初步构建了土壤污染状况调查、风险评估、风险管控、修复、效果评估全流程技术体系。

为紧跟国家发展需求,积极推动污染场地管理工作和场地修复行业的规范化发展,自 2008 年起,北京、上海、浙江、重庆等省(直辖市)也开启了污染场地相关技术导则的研究和制定工作。北京已出台的技术规范包括：《场地环境评价导则》（DB11/T 656—2019）、《污染场地修复验收技术规范》（DB11/T 783—2011）、《场地土壤环境风险评价筛选值》（DB11/T 811—2011）、《污染场地挥发性有机物调查与风险评估技术导则》（DB11/T 1278—2015）；上海已出台的技术规范包括：《上海市场地环境调查技术规范（试行）》《上海市场地环境监测技术规范（试行）》《上海市污染场地风险评估技术规范（试行）》《上海市污染场地修复方案编制规范（试行）》《上海市污染场地修复工程环境监理技术规范（试行）》《上海市建设用地土壤污染状况调查、风险评估、风险管控与修复方案编制、风险管控与修复效果评估工作的补充规定（试行）》。此外，目前北京、上海、重庆、广东（珠江三角洲地区）等地根据本地区的土壤性质、水文地质条件、用地方式等特征，也制定了适用于本地区的建设用地土壤污染风险筛选值。

1.2.3　场地风险管控模型

我国开展污染场地风险管控与修复工作起步较晚，"土十条"颁布实施后，土壤污染风险管控和修复治理工作迎来了新的发展机遇和挑战，对我国污染场地风险管控和修复决策提出了更高的要求。我国土壤污染风险管控与修复决策需要更加务实，立足于我国的基本国情和当前社会现实需求，以绿色可持续发展理念为基础、以降低和控制风险为基本策略，发展适合我国国情的修复技术和管理体系，着力解决环境保护与社会经济发展的矛盾。相比于直接采取修复措施，利用模型模拟来量化场地污染的潜在风险，支持基于风险的环境管理和修复决策是一项非常重要的技术手段，因而开发一套标准化的模型工具对贯彻落实场地风险管控工作意义重大。

中国科学院南京土壤研究所（以下简称南京土壤所）陈梦舫研究团队在场地污染风险评估理论及技术研发方面开展了深入系统的研究（Chen，2010a，2010b；Geng et al.，2010；Luo et al.，2014；Wei et al.，2015；Han et al.，2016；陈梦舫等，2011a，2011b；李春平等，2013；董敏刚等，2015；韩璐，2016；苏安琪等，2018；刘朋超等，2022），并于 2012 年率先自主研发了我国首套污染场地健康与环境风险评估软件 HERA（软件授权号：2012SR118710），软件自发布以来已在国内 30 个省（自治区、直辖市）的 500 多家高等院校、科研院所、环保企业和近千个污染场地调查评估与治理项目中得到应用，为实现场地污染风险管控与可持续修复发挥了重要支撑作用。在此基础上，为保障污染场地风险评估的模型标准符合最新国家规范并满足不断提高的使用需求，南京土壤所联合南京凯业环境科技有限公司对软件进行了优化升级，先后推出了基于互联网的 HERA-WEB（软件授权号：2020SR0913285）和 HERA^{++}（软件授权号：2020SR0046467）软件，并且为了更好地评估纳米环境修复材料进入地下环境中的迁移行为和风险，针对纳米修复材料的环境安全性能单独开发了纳米颗粒迁移和风险评估模型 NP-RISK（软件授权号：

2020SR0915052)，该模型综合考虑颗粒浓度、粒径、离子强度和多孔介质物化结构的影响，利用 Ogata Banks 和 Domenico 溶质迁移模型，确定了正向定量计算纳米颗粒风险和反向推导目标浓度的评估方法，构建了纳米颗粒在地下水中的迁移-暴露风险评估模型。

在 HERA 的原有功能基础上，HERA^{++}优化了场地风险评估计算功能，解决了软件操作环境的局限性问题，提高了软件运行的稳定性和便捷性，为用户提供了更加方便的使用环境。软件基于美国《基于风险的矫正行动标准指南》（ASTM E 2081: Standard Guide for Risk-Based Corrective Action）、英国《CLEA 模型技术背景更新文件》（Updated Technical Background to the CLEA Model）以及我国《建设用地土壤污染风险评估技术导则》（HJ 25.3—2019）（Chinese Risk Assessment Guidelines, C-RAG）中的主要模型进行集成开发；适用于污染场地多层次土壤与地下水风险评估，可基于保护人体健康和水环境进行定量风险评估；计算土壤及地下水中污染物的筛选值/修复目标、风险值/危害商、暴露途径贡献率、介质浓度；预测地下水侧向迁移的浓度衰减规律、筛选统计污染数据超标情况；在线存储和更新多层次数据库，并根据英国 CL:AIRE & CIEH 统计导则分析污染物数据。软件目前已经收录了相关评估标准，如国家与地方土壤污染风险筛选值、管制值及水质标准，同时包括了国内外技术导则推荐的受体暴露参数、土壤性质参数、污染物理化毒性参数等；嵌入用户自定义蒸气挥发因子功能；分类计算多深度土壤和地下水污染潜在风险及修复目标；增加污染数据导入和统计分析功能，实现污染物风险的批量计算和超标统计；与 Windows 操作系统和 Office 软件完美兼容，可在线存储、更新和交互数据。

2021 年，南京土壤所联合生态环境部土壤与农业农村生态环境监管技术中心、南京大学和南京凯业环境科技有限公司深入开发了基于地理信息系统的多维度、可视化污染地块环境污染风险管控平台 HERA-3D（软件授权号：2021SR2138220），在环境调查方案设计、风险评估模拟、监测预警与管控治理方面集成了强大的功能，包含多类型数据管理、多功能调查采样布点设计、地质与水文地质概化、污染物迁移转化模拟预测、污染特征多维度空间可视化、多层次精细化风险评估模拟、全方位污染风险管控与治理设计等功能模块。HERA-3D 可为环境监管部门及从业机构提供一套符合国家规范与技术指南，集标准化数据处理、污染风险评估、地理空间分析和管控预警于一体的模型工具，为科学防控与精准治理土壤和地下水污染提供全过程信息化支持。

污染场地风险评估已经成为场地风险管控的核心环节，随着精细化、精准化场地风险评估方法的不断发展，模型工具作为风险评估模拟计算的主要载体和数据汇集地，在未来将被赋予更多使命和功能，成为污染场地环境监管和风险管控工作高效实施的重要抓手。

第 2 章　污染场地风险评估框架

　　世界范围内大约有超过 500 万个已经失去了经济价值并对人群健康和环境具有潜在威胁的污染场地(CRC-CARE, 2013)。早在 19 世纪 60 年代，人们就已经认识到工业污染作为工业化的副产物带给人们的危害，然而由于污染自身的难降解性、修复成本、技术可行性和环境监管等问题，到目前为止仅有不到十分之一的污染场地得到了安全管理和修复(Naidu et al., 2015)。高额的经济成本和技术可行性等问题使人们认识到彻底清除或修复污染难以做到，因此，有研究者提出了基于风险的场地管理(risk-based land management，RBLM)方法。该方法在传统场地环境污染调查和修复方法的基础上考虑了风险评估措施，倡导利用污染风险评估和主动修复治理来降低污染物的暴露风险，具有实践操作性、科学合理性和经济可行性。RBLM 与当前或未来场地应用类型、政府或土地所有人的预期以及实际可用资源等条件密切相关，社会、经济和环境等综合因素也会对最终决策产生影响。RBLM 已经逐渐发展成为一套成熟、有效、可持续的污染场地管理方法(Nathanail, 2013)。近年来，随着分析方法和检测技术的快速发展，RBLM 被越来越多地应用于实践中，对世界各国的环境、经济和社会可持续发展起到了重要推动作用。

2.1　污染场地风险管理框架

　　英国环保署 2004 年发布了 *The Model Procedures for the Management of Land Contamination* (*Contamination Land and Report*，简称 CLR 11) 报告，提出利用风险管理程序来服务污染场地的环境管理(DEFRA and EA, 2004)。该框架包括识别风险、制定决策和采取合理行动三部分，以期通过一种明确、统一和透明的方式，在各阶段尽量收集较完备的信息，为场地环境管理决策提供关键技术支持。图 2-1 为英国基于风险评估的环境管理程序图，包括风险评估、方案可行性评估、实施修复方案三个阶段。第一阶段，风险评估作为整个程序的起点，为场地污染风险管理提供了一个多层次的模拟机制，并对结果做出判断，是污染场地高效管理的关键必要环节。第二阶段，只有风险评估结论证明了风险不可接受，并需要采取措施时，才需要启动方案可行性评估程序。该阶段主要关注风险不可接受的污染区域和已经决定要采取修复的污染区域。事实上，可以通过多种方案来降低或控制不可接受的风险，但它们在特定情景下可能各有优缺点。因此，可行性评估主

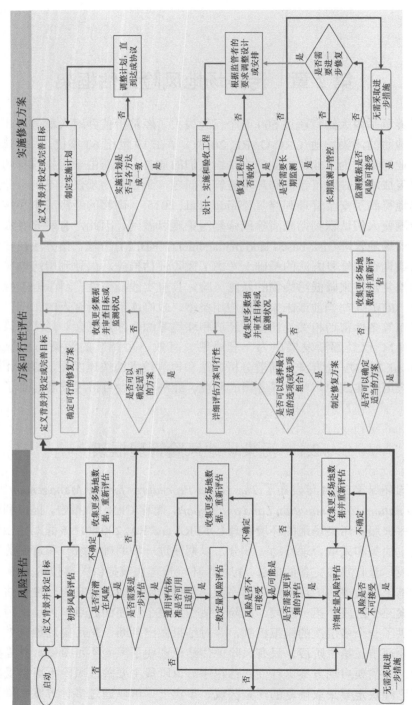

图 2-1 英国基于风险评估的环境管理程序 (DEFRA and EA, 2004)

要为场地修复优选一种或多种联合解决方案。第三阶段，实施修复方案时主要考虑与修复相关的具体活动和可能需要的长期监测活动来管理场地内污染，并实施相应的修复工作。此外，结合环境影响削减计划的目标——"减小对挖掘和清除技术的依赖，并尽可能回收利用材料，以减少利用自然资源和保护土壤"，英国提出了可持续修复的理念，将可持续发展的理念贯穿于整个工程初步设计、工程实施和后期监测阶段。同时，一套完整的污染场地风险管理体系必须基于风险的全过程可持续管理为核心原则，从法律、管理制度及技术规范三个层面构建。

我国在场地管理程序上虽然也是按照启动风险评估程序—制定修复方案—实施工程修复的基本流程来完成场地再开发前的污染治理工作，然而，由于对土地快速开发的迫切需求，在资本收益、工程周期和节约成本的驱动下，我国污染场地的治理更多采用了短、平、快的修复技术或策略，与基于风险的可持续修复理念存在严重脱节，可能导致盲目修复、资源浪费、二次污染风险等问题，不利于土地修复、开发和城市发展的可持续性。

2.2　污染场地风险评估流程

英国 CLR 11 报告将风险评估程序分为初步风险评估、一般定量风险评估和详细定量风险评估三个阶段(图 2-2)。第一阶段为初步风险评估阶段，也称之为定性风险评估阶段，主要确定风险评估的目标和背景，建立场地概念模型（conceptual site model，CSM），分析污染源-暴露途径-受体之间的关系链。第二

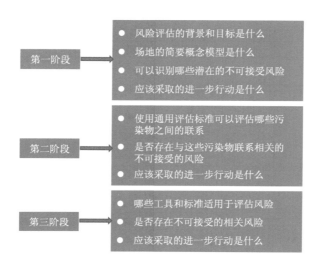

图 2-2　英国污染场地风险评估主要阶段和关键问题(DEFRA and EA, 2004)

阶段为一般定量风险评估阶段，主要利用一般假设并采用污染场地暴露评估模型 (contaminated land exposure assessment，CLEA) 估算暴露风险及土壤指导值 (soil guideline value，SGV)，判断是否需要采取进一步评估或修复行动。第三阶段为详细定量风险评估阶段，更加关注风险评估模型和修复目标值推导以及潜在风险是否可接受，判断是否需要启动修复或管控措施。

　　我国场地风险评估技术导则没有明确提出开展多层次风险评估，但提出了在场地风险评估过程中应推导筛选值和修复目标值 (风险控制值) 的要求，由于我国已经颁布了部分典型污染物的筛选值标准 (GB 36600—2018)，因此在我国场地风险评估技术路线中主要强调了关注污染物的风险表征和风险控制值计算的必要性 (图 2-3)。

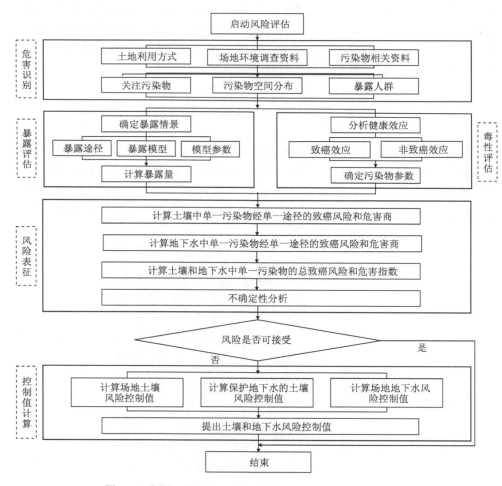

图 2-3　我国污染场地风险评估程序与内容 (HJ 25.3—2019)

总而言之，从我国和英国对场地风险评估实施的原则来看，污染场地风险评估是一个多层次定性与定量结合的综合评估体系，随着风险评估层次逐渐深入，利用筛选值与关注污染物浓度的比较，将逐渐引导评估者或管理者识别出关注场地的核心污染区域，并提出多层次精细化修复目标值，为制定场地风险管控或修复方案提供有效支撑。

2.3　污染场地土壤标准

2.3.1　基准值

土壤环境基准(soil environmental criteria)是指环境中污染物对特定受体不产生不良或有害影响的最大剂量(无作用剂量)或浓度，它是土壤标准制订、土壤环境质量评价与控制的重要科学依据，对防治土壤污染、保护生态环境、保障农业生产和维护人体健康具有重要意义(张耀丹等，2017)。制订土壤环境基准一般以科学理论为基础，属于自然科学的研究范畴，不过多考虑经济、技术、社会、政策等方面的因素，不具有法律约束力，但可以作为一般性的指导。依据上述定义，土壤环境基准应该包含土壤环境质量基准和污染土壤修复基准两个方面的内涵(周启星等，2014)。土壤环境质量基准值一般要通过大量的土壤环境污染背景调查，系统的低水平、长期或慢性暴露毒性实验和敏感生物致毒浓度的研究获得；而污染土壤修复基准值则是通过系统的急性、亚急性毒性实验及大量优势种群致毒浓度的研究，并适当参照高背景地区的背景水平而获得。

2.3.2　筛选值

土壤筛选值(soil screening level，SSL)也称为通用评估标准(generic assessment criteria，GAC)，一般针对工业污染场地或农业土壤，以保护人群健康为目标，根据风险评估模型推导的污染场地环境管理标准。筛选值一般根据标准化模型公式，结合假设的暴露信息和毒性参数，基于设定的可接受风险水平推导得到，从物理意义上来说，它是基于一定风险的土壤污染物的允许浓度。筛选值的推导并非仅与模型计算有关，也与国家的政治、经济、公众意识密切相关。例如，美国推导筛选值基于可接受风险水平为 1×10^{-6} 或可接受危害商为 1，而英国推导筛选值并非基于统一的可接受风险水平，污染物可接受致癌风险一般在 $1 \times 10^{-5} \sim 1 \times 10^{-4}$。此外，不同国家对土壤筛选值名称的定义也有差异，如美国区域筛选值(regional screening level，RSL)，英国土壤指导值，荷兰干预值(intervention value，IV)。

2.3.3　修复目标值

在详细定量风险评估中，评估者可以根据场地特征参数推导场地特定评估标准（site-specific assessment criteria，SSAC），用于深入判断场地污染的风险是否可接受或需要采取修复治理措施（EA，2009a），我国导则（HJ 25.3—2019）称之为风险控制值（risk control value）（生态环境部，2019）。如果需要采取修复，则场地特定评估标准等同于修复目标值（remediation target），用于保障实施场地修复后，场地环境介质中残留污染产生的风险能够限定在可接受范围内。修复目标值指的是在场地当前或未来用地情境下，某种污染物在环境介质中长期暴露于受体可接受的最高浓度水平，因此在制定修复目标值时，首先需要确定受体可接受的风险水平（EPA，1991b）。

初步修复目标（preliminary remediation goal，PRG）的概念详见美国 RAGS Part B 导则，主要用于修复调查和可行性研究（remedial investigation/feasibility study，RI/FS）阶段识别可能的修复目标（EPA，1991b）。通常情况下，修复目标值在早期评估阶段是一个通用标准，但随着调查深入，可收集的数据增加，逐渐转变为较精细化和场地特征化的标准，因此早期修复调查阶段筛选值可以作为初步修复目标值使用，但在可行性研究阶段，修复目标值通常使用场地特定评估标准或基于适用或相关的适当原则来制定。此外，值得注意的是，PRG 代表的是污染物在暴露区域内的平均浓度，它对暴露区内随机个体产生的风险等于特定目标风险。如果某些点位的污染物浓度高于 PRG，但平均浓度低于 PRG 时，并不一定意味着必须采取修复措施。只有暴露区内的平均浓度超过 PRG，才必须采取修复措施。

2.3.4　清除管理值（管制值）

1998 年，美国修复行动值（remedial action level，RAL）被区域清除管理值（regional removal management level，RML）取代。之后 RML 作为强制实施场地清理行动的启动标准（EPA，2021a）。通用 RML 通常高于最终需要执行修复的场地特定修复目标值。因此，RML 并非实际意义上的修复标准，一般也不应作为修复目标使用。当场地污染浓度低于 RML 时，不一定意味着场地是清洁的，要采取一定措施来保障场地的安全开发。RML 尽管不一定以保护长期暴露为目标，但它同样是基于健康风险，并根据模型公式结合暴露假设和毒性数据计算得到的。当需要启动清理行动时，RML 用于帮助识别污染面积、污染物种类和条件。在某些特殊情况下，场地污染浓度超过 RML 并不意味着必须启动清理行动，如当场地自然条件下的背景浓度高于 RML 时，只要污染浓度低于背景浓度，也不需要启动清理行动。

2018 年 6 月生态环境部和国家市场监督管理总局发布的《土壤环境质量　建

设用地土壤污染风险管控标准(试行)》(GB 36600—2018)规定了我国土壤风险管制值标准，其意义和适用条件与 RML 有异曲同工之处。制定风险管制值的目的是防止滥用风险评估方法，随意放宽修复目标值，因此将风险管制值作为修复目标值的上限，在一定程度上限制建设用地的潜在风险。

2.3.5　标准之间的关系

最初，人们采用传统的地球化学法制订土壤环境基准作为土壤环境管理的标准。然而，随着经济的高速发展和工业化、城市化进程的加快，工业废弃场地土壤环境污染问题日益突出，利用土壤环境基准作为场地土壤的管理标准已经严重限制场地的再开发利用价值，不能满足当前的发展需求。20 世纪初期，国外逐渐建立了基于健康风险来制定场地环境管理标准的方法，如筛选值或修复目标值，这些都是以城市污染场地的风险排查或安全再开发为目的而制定的标准。目前基于风险的评估方法已被大多数国家采纳，部分国家同时建立了保护人体健康的场地环境标准及相关技术背景文件。这些标准可能根据各国的基本国情、国民认识以及技术发展阶段等因素而具有显著差异性，并且往往具有一定的针对性和时效性，在不同时期，随着技术发展和人类认知水平的提升而不断迭代更新。

在功能上，筛选值、修复目标值、清除管理值(风险管制值)被认为是根据不同目标和需求制定的系列评估标准，其相互关系示意图如图 2-4 所示。从物理意义上来说，筛选值、修复目标值、清除管理值(风险管制值)的本质是相同的，它们都是根据相似的计算模型推导得到的。但是随着评估层次的深入，这些标准的保守程度逐渐降低，可接受风险水平逐渐升高。筛选值是为了帮助评估人员提高效率，节省工作量以考虑更合适的修复目标值。筛选值的应用范围一般仅用于识别需要进一步关注的场地污染种类、污染状况和污染面积等，而不作为修复标准。污染浓度超过筛选值并不意味着需要启动修复，也不能判断污染物的风险为不可接受。通常认为场地土壤污染物浓度低于筛选值时，认为该场地污染无风险或风险较低，不需要采取进一步的措施或研究，可以直接被安全开发利用。如果污染物浓度等于或超过筛选值，则需要通过详细定量风险评估，推导场地特定评估标准或修复目标值来判断该场地是否需要启动修复行动。如果污染浓度介于筛选值和修复目标值之间，通常不需要采取修复或清理行动，但如果污染物浓度超过修复目标值，则应采取风险管控措施或修复行动，以保障场地上活动的人群或周边水环境的长期暴露风险在可接受范围内。

美国 EPA 导则认为，清除管理值仅用于判断是否需要强制启动场地修复行动，因此相对于筛选值和修复目标值，清除管理值可以在较高的可接受风险水平下推导。《基础风险评估在美国超级基金修复决策中的作用(OSWER Directive 9355.0-30)》报告指出，当累积致癌风险不超过 $1×10^{-4}$，非致癌危害商小于 1 时，

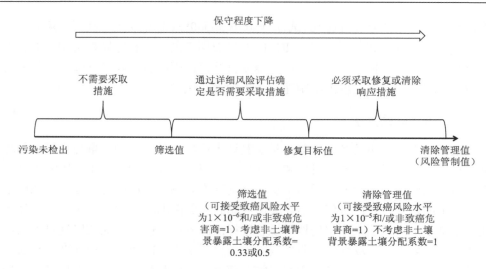

图 2-4　筛选值、修复目标值、清除管理值关系图

则不需要采取进一步措施，除非污染产生了不利的环境影响。但是，如果污染浓度超过了非零最大污染物水平(maximum contaminant levels，MCLs)，则通常需要采取相应的行动。清除管理值并非为实际意义上的清理值，因此可以基于可接受致癌风险水平为 1×10^{-4} 或非致癌危害商为 3 来推导清除管理值(EPA，1991a)。

我国《土壤环境质量　建设用地土壤污染风险管控标准(试行)》(GB 36600—2018)中，制定风险管制值时，单一污染物的长期暴露允许的可接受致癌风险水平为 1×10^{-5} 或非致癌危害商为 1，并且显著降低了非致癌污染物非土壤背景暴露浓度的比例。

2.4　通用场地概念模型

场地概念模型是用文字、图、表等方式来综合描述污染源、污染物迁移途径、人体或生态受体接触污染介质的过程和接触方式等。概念模型是研究污染场地暴露链关系的可视化成果凝练。

概念模型的复杂性取决于问题的复杂性，与污染源、暴露途径或评估终点的数量、特征、暴露人群或活动模式的特征有关。一般来说，概念模型的主要目的是揭示受体的暴露和效应之间的接触途径或路径。概念模型包括以下要素：

(1) 关注暴露源(如储罐泄漏排放的废物、地表倾倒的废物等)；

(2) 暴露源类型，包括物理、化学和生物暴露源；

(3) 暴露途径，包括污染源从释放点通过环境介质(如土壤中污染物可能渗透到地下水中或挥发到空气中)与人体发生相互作用的环境归趋和暴露过程(如饮用受污染的水、吸入空气中的污染物、皮肤接触污染的土壤）；

（4）受体，包括具有共同特征的个体或群体（如普通人群、关注点附近的居民、工人、休闲游客、具有特定暴露的敏感人群）和不同年龄的人群（如婴儿或育龄妇女）；

（5）毒性效应的类型（如致癌、致畸形、致病）；

（6）风险指标（如疾病或疾病发生率、危害商、影响程度、暴露边界）。

场地概念模型应贯穿风险评估的整个过程，用于支持识别和判断污染暴露链关系。场地概念模型构建是初步风险评估的主要内容，并且在深入风险评估过程中不断细化和修正。图 2-5 给出了可能受复合污染影响的暴露途径和受体的详细概念模型图；该模型由 EPA 8 区设计，用于分析被多氯联苯污染的超级基金场地（EPA, 2002a）。

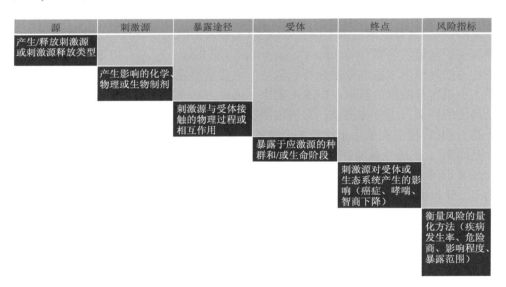

图 2-5　复合污染-暴露途径-受体概念模型（EPA, 2002a）

2.4.1　关注污染物

在定性风险评估阶段，所有与场地相关的污染物都应作为可能需要管控或清除的关注污染物（contaminants of concern，COC）。关注污染物的筛选取决于场地生产历史和工艺。在场地初步调查阶段，收集 COC 种类和浓度信息一般通过对重点疑似污染区域和一般区域的环境污染调查，采集土壤和地下水样品进行分析检测。COC 的种类随着评估阶段的深入可能逐渐减少。在一般定量风险评估阶段，经过与筛选值比较，超过筛选值的污染物继续作为 COC，并开展详细定量风险评估。

　　然而，对于生产历史和生产工艺不清楚或比较混乱的场地，可利用一些已有筛选标准选择COC。EPA超级基金风险评估导则[EPA's Risk Assessment Guidance for Superfund（RAGS）：Part A]提出对COC的筛选标准包括以下几方面（EPA, 1989a）。

　　（1）必需的营养物质。

　　如果污染物是一种必需营养元素且浓度较低，或略微高于自然界的天然浓度，或低于EPA提供的毒性基准浓度，则不需要考虑做进一步风险评估。

　　（2）超过背景浓度。

　　背景浓度可以分为天然背景浓度和人为活动产生的背景浓度，人为背景浓度包括农耕施用农药，汽车排放含铅尾气和炼油产生多环芳烃等（EPA, 1989a）。在筛选COC过程中，场地相关污染物将首先与天然背景浓度比较，而是否与人为背景浓度（当地背景浓度或全国背景浓度）比较，则取决于场地特定的条件。美国资源保护与回收法案（Resource Conservation and Recovery Act, RCRA）提出了应用统计方法对地下水监测数据分析获取地下水背景浓度（EPA, 1989b），该方法也可用于土壤背景浓度的获取。RCRA提出了两种方法来统计比较背景区的样品和污染场地的样品：①分布测试；②极值测试。分布测试用于比较两组数据的集中趋势是否相似，极值测试用于比较单个值的结果（即污染场地的样品结果与背景区的样品结果），在场地风险评估中，统计分析的目的是从平均角度来比较场地浓度是否显著不同于背景浓度，因此分布测试法是一种应用更广的分析方法。值得注意的是，分布统计方法对于那些检出率低于50%或样本数（N）较小（如$N<20$）的样品数据并不适用。对于某些场地可能存在重点污染区或局部污染区的情况，可能只有其中1~2个样品超过背景浓度，那么针对此种情况的做法为比较场地检测浓度和"热检测"浓度值（"hot measurement"concentration value）（Gilbert and Simpson, 1992）。"热检测"浓度值可以是一个基于风险的数量、标准或背景浓度的函数（如上限值）。一般来说"热检测"浓度值被用于识别场地内单独某个可能超过健康风险的较小区域，当场地检测值大于等于"热检测"浓度值的样品数超过1时，该污染物将被视为COC。

　　（3）检出频率。

　　一般认为场地内污染物的检出频率超过5%，则该污染物应被视为COC。

　　（4）迁移性、持久性和生物累积。

　　具有较强环境持久性和迁移性的污染物应被视为COC。污染物的某些物理化学参数可作为判断依据，包括环境半衰期、水溶解度、辛醇-水分配系数（log K_{ow}）和有机碳-水分配常数（K_{oc}）。K_{oc}与污染物吸附到土壤或沉积物的能力呈正相关，因此通常被用于描述污染物的迁移能力。污染物的迁移能力通常与其水溶解度正相关，与 K_{oc} 或 K_{ow} 呈负相关。当污染物的 $\log K_{ow} < 2.7$ 和 $K_{oc} < 50$ 时，表明污染物具有较强迁移能力，反之则说明迁移能力较差。$\log K_{ow}$ 的值越高，则表明污染物浓度主要溶解在辛醇中，而在水中溶解较少，当 $\log K_{ow}$ 大于 3 时，表明污染物具有较高的生物累积性。持久性污染物具有较长的衰减时间，很难通过生物或非生物途径被分解。一般认为在水中污染物的半衰期超过 90 天的为持久性污染物，而半衰期小于 30 天的为非持久性污染物。

（5）超过适用或适当标准。

场地污染物检测浓度是否超过了适用或相关的适当标准（applicable or relevant and appropriate requirements，ARAR），这些标准一般来自政府颁布的环境或公共健康法案或规章制度。如果污染物最大浓度或 95%置信上限超过了这些标准，则需要作为 COC 进行风险筛选。

（6）历史证据。

如果历史资料能够证明该场地曾经生产或使用过某些污染物作为原料或产品，并且在历史上发生过排放或泄漏事件，那么这些污染物必须被列入 COC 的名单。

（7）浓度和毒性。

通过计算污染物的浓度和毒性的乘积来确定单一风险因子，并排除具有低风险因子（小于总风险因子的 1%）的污染物，则其他污染物应被作为 COC。污染物的单一风险因子计算公式如式（2-1）所示，总风险因子计算公式如式（2-2）所示。该方法也被用于识别某种介质中最显著的关注污染物。

$$R_{ij} = C_{ij}T_{ij} \tag{2-1}$$

式中，R_{ij} 为介质 j 中化学物质 i 的风险因子；C_{ij} 为介质 j 中化学物质 i 的浓度；T_{ij} 为介质 j 中化学物质 i 的毒性值（即斜率因子或非致癌参考剂量的倒数）。

$$R_j = R_{1j} + R_{2j} + R_{3j} + \cdots + R_{ij} \tag{2-2}$$

式中，R_j 为介质 j 中总的风险因子；$R_{1j} + \cdots + R_{ij}$ 为介质 j 中化学物质 $1 \sim i$ 的风险因子。

2.4.2　用地方式

根据评估场地的利用功能不同，用地方式包括当前用地方式和未来用地方式，未来用地方式一般根据场地再开发的规划用地类型决定。用地方式决定了主要人群受体的活动模式和暴露条件。通常用地方式主要可分为两大类，包括以学习和生活为主的居住用地（主要受体人群包括成人和儿童）和以生产或商业活动为主的工商业用地（主要受体人群为成人），我国将这两类用地方式归为一类和二类用地

（生态环境部，2019）。一些国家在此基础上对用地类型进行细化。例如，英国 CLEA 模型中将用地类型主要分为居住用地、租赁蔬菜地和工商业用地，并且根据是否具有私家花园将居住用地再细分为两类（EA, 2009a），此外，英国在第四类筛选值（category 4 screening level, C4SL）导则中还考虑了公共开放用地方式（居住用地中的绿化用地和公园用地）（CL:AIRE, 2014）；美国基于风险的矫正行动（risk-based corrective action, RBCA）模型将用地类型分为居住用地和工商业用地（GSI, 2008），美国筛选值导则中又将工商业用地细化为室内办公用地、户外工作用地、建筑用地和公共娱乐用地方式等类型（EPA, 2002b）。对用地方式的精细化分类有助于受体人群的细分，评估受体的暴露条件和暴露参数更有针对性和代表性，使评估结果更加接近实际情景。

2.4.3　暴露途径

通常在居住用地方式下，污染物潜在暴露途径最多，人群接触土壤和地下水中污染物的潜在途径如下（图 2-6）。

（1）经口摄入土壤；

（2）吸入土壤污染物挥发蒸气或颗粒物；

（3）饮用土壤淋溶污染的地下水；

（4）皮肤接触土壤；

（5）食用污染土壤上自产的农作物；

（6）直接饮用地下水；

（7）吸入地下水污染物挥发蒸气。

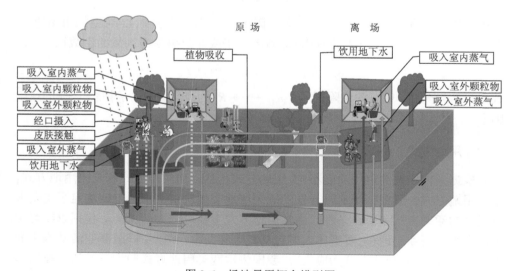

图 2-6　场地暴露概念模型图

土壤筛选值通常包括了所有暴露途径，这些途径适用于大多数居住环境，但不排除制定筛选值时存在其他途径或特殊的场地条件。直接摄入、吸入污染物挥发性蒸气和颗粒物以及饮用土壤淋溶污染地下水，是居住环境中人体暴露于污染物的常见途径，这些途径标准化的模型、假设、评估方法已经被普遍接受。通过皮肤接触、食用农作物以及吸入地下水污染物挥发蒸气等途径也可能导致人群在居住环境中暴露于特定污染物产生风险。其他用地方式下，由于缺少某些暴露情景，暴露途径相应减少。例如，工商业用地方式下，一般不考虑食用农作物途径；户外工作情境下，一般不考虑室内暴露途径。在制定筛选值阶段，假设暴露点（points of exposure，POE）位于污染源之上，选择暴露途径一般比较全面，能最大限度满足大多数场地的暴露情景，但评估对象只针对场地内受体的暴露，不考虑场地外暴露途径。在制定修复目标值阶段，根据受体所在位置不同，暴露途径又分为原场和离场暴露途径。在考虑离场暴露途径时，主要考虑污染物的挥发蒸气、颗粒物通过空气扩散或地下水侧向迁移。

2.5　风险评估基本概念

2.5.1　暴露假设

对于暴露假设，国际上普遍采用了合理最大暴露（reasonable maximum exposure，RME）的假设，这一假设最早于 1989 年的美国超级基金场地风险评估技术导则中提出（EPA，1989a，1991b），并在 1996 年和 2002 年的土壤筛选值技术导则文件以及最新的美国区域筛选值导则文件中得到沿用（EPA, 1996, 2002b）。RME 被定义为在污染场地上长期生活的居民（当前情景或未来情景）可能发生的最大暴露，并且单一暴露途径和综合暴露途径均假设为 RME。暴露点浓度（exposure point concentration，EPC）可以是现场监测浓度（如饮用水井的地下水浓度）或利用评估模型预测的浓度。在长期慢性暴露中一般使用暴露点的平均浓度，而短期急性暴露使用暴露点的最大浓度可能更合适。

2.5.2　毒性参数

污染物的毒性评估是场地污染风险评估的一个关键部分。毒性数据主要包括经口摄入和呼吸吸入途径两方面。

（1）经口摄入途径：经口致癌斜率因子（oral cancer slope factor，SF_o）和经口非致癌参考剂量（oral noncancer reference dose，RfD_o）；

（2）呼吸吸入途径：呼吸单位风险（inhalation unit risk，IUR）因子和参考浓度（reference concentration，RfC）；

另外对于淋溶至地下水途径，也可以通过饮用水标准和饮用水健康基础基准水平(drinking water health-based levels，HBLs)来评估污染物的毒性。

关于污染物的毒性数据，美国已经建立了多个比较全面的污染物毒性参数数据库，可分为三个层次：第一层次，美国环境保护局(简称美国环保局，Environmental Protection Agency，EPA)固体废物和应急响应办公室优先推荐的综合风险信息系统(integrated risk information system，IRIS)作为人体健康毒性效应优先使用数据库，但在适当情况下也可以使用其他来源的数据；第二层次，临时性同行审议毒性数据(provisional peer reviewed toxicity value，PPRTV)，该数据库由美国国家环境评估中心、超级基金健康风险技术支持中心以及研究和发展办公室共同审核；第三层次为其他各类数据库，由美国环保局明确可以参考，包括美国加利福尼亚州环境保护局毒性数据、美国毒物和疾病登记署最小风险值等。在对具体污染场地实施风险评估时，根据第三层次数据库确定的污染物毒性参数，需要获得相关管理部门的认可。这些数据库在美国区域筛选值(RSL)标准数据库中均有引用(EPA，2021b)。我国风险评估中所使用的毒性数据也主要参考美国RSL标准。以下列出风险评估应用中常用的几个数据库。

(1)美国环保局综合风险信息系统；

(2)美国环保局临时性同行审议毒性数据；

(3)人体健康农药基准(human health benchmarks for pesticide，HHBP)；

(4)有毒物质和疾病登记处(Agency for Toxic Substances and Disease Registry，ATSDR)；

(5)加利福尼亚州环境保护局环境健康危害评估办公室(California Environmental Protection Agency Office of Environmental Health Hazard Assessment，OEHHA)；

(6)临时性同行审议毒性数据评估附录中的筛选毒性值(screening toxicity value, STV)。这些数据的不确定性高于PPRTV，但是这些数据是最新发布的并且在EPA方法学推导中被使用，因此优先于数据库(7)；

(7)美国环保局超级基金项目健康效应评估总结表(health effects assessment summary tables for superfund，HEAST)。

1. 参考剂量

非致癌参考剂量(noncancer reference dose, RfD)定义为不会引起人体有害效应的日均经口摄入剂量。参考剂量可以通过无可见损害作用剂量(no observed adverse effect level，NOAEL)、低可见损害作用剂量(low observed adverse effect level，LOAEL)、基准剂量(benchmark dose，BMD)或分类回归(categorical regression)与不确定因子(uncertainty factor，UF)的比值来表示。RfD是风险评估中用于评估非致癌污染物最常用的毒性值，剂量单位为 $mg/(kg \cdot d)$。

美国超级基金项目中定义的慢性经口 RfD。一般特指非致癌污染物暴露于人体的时间长达 7 年（人类平均寿命的 10%）以上所允许的日均暴露剂量（average daily intake，ADE），但暴露周期（exposure duration, ED）也并非绝对，如 ATSDR 数据库定义的慢性暴露剂量的暴露周期为 1 年以上。亚慢性 RfD 所对应的时间一般是指 2 周～7 年的短期暴露。

2. 参考浓度

非致癌污染物的参考浓度与 RfD 的定义类似，为不可能引起人体有害效应的连续呼吸吸入浓度，并且其推导原则与 RfD 也保持一致，单位为 mg/m^3。

3. 致癌斜率因子

斜率因子（slope factor，SF）和毒性证据权重测定是评估人类致癌潜在风险最常用的毒性参数。一般而言，斜率因子是人一生中平均摄入一个单位剂量的污染物引起反应的概率模糊上限值，用于估计人在一生中暴露于某种特定浓度的致癌物可能患癌症的概率上限。SF 也总是伴随着毒性证据权重分级来表示致癌毒性证据的强度。经口斜率因子（SF$_o$）是终生通过经口暴露途径罹患癌症的概率，单位为 $[mg/(kg \cdot d)]^{-1}$。

4. 呼吸单位风险

呼吸单位风险（inhalation unit risk，IUR）定义为长期暴露于空气中单位浓度（μg/m^3）的污染物可能产生额外终生致癌风险的上限值，单位为 (μg/m^3)$^{-1}$。

5. 毒性当量因子

毒性当量因子（toxic equivalency factor，TEF）主要用来评价环境中的混合物对人类健康影响的潜在效应。以一种化学物作为指示化合物（index chemical，IC），TEF 是其他异构体与指示化合物的相对毒性。例如，环境中存在的二噁英以混合物形式存在，评价这类混合物的暴露风险并非通过含量的简单相加，而通常是设定毒性最强的 2,3,7,8-TCDD 的 TEF 为 1，其他二噁英异构体的毒性根据毒性当量因子进行换算。表 2-1 为二噁英类污染物的毒性当量因子。

表 2-1　二噁英类污染物的毒性当量因子

CAS 编号	二噁英和呋喃	毒性当量因子（TEF）
	二噁英 (tetrachlorodibenzo-p-dioxin)	
1746-01-6	2,3,7,8-TCDD	1
40321-76-4	1,2,3,7,8-PeCDD	1

CAS 编号	二噁英和呋喃		毒性当量因子（TEF）
	二噁英（tetrachlorodibenzo-p-dioxin）		
39227-28-6	1,2,3,4,7,8-HxCDD		0.1
57653-85-7	1,2,3,6,7,8-HxCDD		0.1
57653-85-7	1,2,3,7,8,9-HxCDD		0.1
35822-46-9	1,2,3,4,6,7,8-HpCDD		0.01
3268-87-9	OCDD		0.0003
51207-31-9	2,3,7,8-TCDF		0.1
57117-41-6	1,2,3,7,8-PeCDF		0.03
57117-31-4	2,3,4,7,8-PeCDF		0.3
70648-26-9	1,2,3,4,7,8-HxCDF		0.1
57117-44-9	1,2,3,6,7,8-HxCDF		0.1
72918-21-9	1,2,3,7,8,9-HxCDF		0.1
60851-34-5	2,3,4,6,7,8-HxCDF		0.1
35822-46-9	1,2,3,4,6,7,8-HpCDF		0.01
55673-89-7	1,2,3,4,7,8,9-HpCDF		0.01
39001-02-0	OCDF		0.0003
类二噁英多氯联苯（dioxin-like PCBs）			
	元素系统命名编号	结构	
非邻位（non-ortho）			
32598-13-3	77	3,3',4,4'-TetraCB	0.0001
70362-50-4	81	3,4,4',5-TetraCB	0.0003
57465-28-8	126	3,3',4,4',5-PeCB	0.1
32774-16-6	169	3,3',4,4',5,5'-HxCB	0.03
单邻位（mono-ortho）			
32598-14-4	105	2,3,3',4,4'-PeCB	0.00003
74472-37-0	114	2,3,4,4',5-PeCB	0.00003
31508-00-6	118	2,3',4,4',5-PeCB	0.00003
65510-44-3	123	2',3,4,4',5-PeCB	0.00003
38380-08-4	156	2,3,3',4,4',5-HxCB	0.00003
69782-90-7	157	2,3,3',4,4',5'-HxCB	0.00003
52663-72-6	167	2,3',4,4',5,5'-HxCB	0.00003
39635-31-9	189	2,3,3',4,4',5,5'-HpCB	0.00003
二邻位（di-ortho）			
35065-30-6	170	2,2',3,3',4,4',5-HpCB	0.0001
35065-29-3	180	2,2',3,4,4',5,5'-HpCB	0.00001

6. 相对效能因子

相对效能因子(relative potency factor，RPF)法的理论基础是所有化学物作用机制相同，但毒性潜能有差异。以一种化学物作为指示化合物，其他化学物的关键效应剂量与指示化合物比较，获得目标化合物的 RPF。使用 RPF 法进行累积风险评估时，每种化学物的暴露量通过 RPF 标准化校正，获得相对于指示化合物的总暴露量，然后与指示化合物的健康指导值比较，进行风险特征描述。指示化合物通常为同组化学物中研究最清楚、具有大量有效毒性数据，且毒性数据具有最小不确定系数的化学物。因此，可以利用 RPF 来矫正污染物的经口致癌斜率因子或呼吸单位风险。当评估致癌多环芳烃(polycyclic aromatic hydrocarbons, PAHs)经口暴露的累积风险时，PAHs 定量风险评估暂行指南(Provisional Guidance for Quantitative Risk Assessment of Polycyclic Aromatic Hydrocarbons)推荐利用 RPF 换算 PAHs 的浓度为苯并[a]芘的当量浓度。但 RPFs 不能用于非致癌危害的计算(EPA, 1993)。多环芳烃的相对效能因子如表 2-2 所示。

表 2-2　多环芳烃的相对效能因子

CASRN	化合物	RPF
50-32-8	苯并[a]芘	1
56-55-3	苯[a]蒽	0.1
205-99-2	苯并[b]荧蒽	0.1
207-08-9	苯并[k]荧蒽	0.01
218-01-9	䓛	0.001
53-70-3	二苯并[a,h]蒽	1
193-39-5	茚并[1,2,3-c,d]芘	0.1

2.5.3　最大污染物浓度

通常国家的饮用水标准被认定为最大污染物水平(MCLs)，此外水处理后最大残留消毒剂浓度(maximum residual disinfectant levels，MRDLs)也是一类特殊强制类型的 MCLs。

筛选值和 MCLs 的区别如下。

(1)筛选值和 MCLs 保护的范围不同，筛选值仅针对保护污染场地的人群受体，而 MCLs 是由国家或地方环保部门规定的统一标准，用于保护所有人群和环境受体。

(2)基于风险计算自来水的筛选值可能低于 MCLs，最常见的原因可能是筛选值是在暴露和风险的基础上推导的，而 RSL 考虑的暴露途径包括饮用水、呼吸吸入蒸气、皮肤暴露。

（3）MCLs 被近似为基于风险的目标值或污染物最大浓度目标值（maximum contaminant level goals，MCLGs）。MCLGs 并非强制的公共健康目标值，只考虑了公共健康但未考虑检测限值和处理技术的有效性。而 MCLs 考虑了分析和处理技术的有效性和成本。

（4）对于非致癌污染物，MCLGs 是根据参考剂量、饮用水的摄入量以及相对污染源的贡献计算得到。相对污染源的贡献是指在考虑了其他暴露途径（如食品、呼吸途径）的基础上，饮用水占总暴露的比例。

（5）对于致癌污染物，MCLGs 等于 0，如果有证据表明污染物致癌，则污染浓度存在即产生风险。如果污染物致癌，但可以确定一个安全的剂量，则可以设定 MCLGs 大于 0。

2.5.4 额外风险水平

在评估暴露情景时，为了达到保护不同暴露人群的健康目标，需要定义一个可接受的健康风险水平。致癌物质和非致癌物质产生健康风险的机制不同，对于致癌物质，只要暴露剂量大于 0，即意味着对人体健康具有风险，因此通常使用毒性基准来定义污染物的额外终身风险（excess lifetime cancer risk，ELCR）作为可接受致癌风险水平，该水平通常设为百万分之一（1×10^{-6}）至万分之一（1×10^{-4}）；而对于非致癌物质，人体存在一个可接受的暴露阈值，当暴露剂量低于该阈值时，将不会产生不利健康危害，该阈值成为定义可接受参考剂量或浓度（RfD 或 RfC）的基础，当预期不会发生不良反应时，通过将潜在的暴露剂量设定为等于 RfD 或 RfC，即非致癌危害商为 1 来推导筛选值。但是当多种污染物同时产生暴露时，是否应该考虑污染物的累加风险，目前仍存在较多争论。

本书中推导筛选值假设单一污染物通过单一暴露途径产生的致癌风险水平为 1×10^{-6}，最终综合不同暴露途径产生的累积风险可接受范围为 $1 \times 10^{-6} \sim 1 \times 10^{-4}$；而对于非致癌物质，只有存在相同毒性效应或作用机制的化学物质才应考虑附加风险，因此非致癌危害商一般假设为 1。美国区域筛选值导则提供了少量具有相同作用机制或靶器官/系统的污染物，如表 2-3 所示。

表 2-3　对特定靶器官/系统具有非致癌效应的关注污染物

靶器官/系统	影响
肾脏	
丙酮	体重增加；肾毒性
1,1-二氯乙烷	肾脏受损

续表

靶器官/系统	影响
肾脏	
镉	显著的蛋白尿
氯苯	对肾脏的影响
邻苯二甲酸二辛酯	对肾脏的影响
硫丹(杀虫剂)	肾小球肾炎
乙苯	肾毒性
荧蒽	肾病
硝基苯	引起肾和肾上腺病变
芘	对肾脏的影响
甲苯	造成肾脏重量的改变
2,4,5-三氯苯酚	引发病况
乙酸乙烯酯	改变肾脏重量
肝脏	
苊	肝毒性
丙酮	体重增加
邻苯二甲酸丁基苄酯	增加肝脏与体重和肝脏与大脑的重量比
氯苯	组织病理特征
邻苯二甲酸二辛酯	体重增加；转氨酶活性增加
异狄氏剂(杀虫剂)	肝脏组织病变
荧蒽	肝脏重量增加
硝基苯	损伤肝脏
苯乙烯	对肝脏有影响
甲苯	引起肝脏重量的改变
2,4,5-三氯苯酚	引起病变
中枢神经系统	
丁醇	活动减退和共济失调
氰化物(易溶)	体重减轻，髓鞘变性
2,4 二甲基苯酚	前列腺增生和共济失调
异狄氏剂(杀虫剂)	偶尔抽搐
2-甲基苯酚	神经毒性
汞	手震颤，记忆障碍
苯乙烯	神经毒性
二甲苯	肺热
肾上腺	
硝基苯	肾上腺病变
1,2,4-三氯苯	肾上腺重量增加；皮质空泡化

续表

靶器官/系统	影响
循环系统	
锑	改变血液化学和影响心肌作用
钡	血压升高
反式-1,2-二氯乙烯	碱性磷酸酶水平增加
顺式-1,2-二氯乙烯	血细胞比容降低和血红蛋白减少
2,4-二甲基苯酚	改变血液化学
荧蒽	血液变化
芴	红细胞和血红蛋白减少
硝基苯	血液变化
苯乙烯	对红细胞的影响
锌	红细胞超氧化物歧化酶减少
生殖系统	
钡	胎儿毒性
二硫化碳	胎儿中毒和畸形
2-氯酚	生殖影响
甲氧氯(杀虫剂)	便溺过多
苯酚	大鼠胎儿体重减轻
呼吸系统	
1,2-二氯丙烷	鼻黏膜增生
六氯环戊二烯	鳞状上皮化生
甲基溴	鼻腔嗅觉上皮的病变
乙酸乙烯酯	鼻上皮病变
胃肠系统	
六氯环戊二烯	胃病变
甲基溴	前胃上皮增生
免疫系统	
2,4-二氯苯酚	改变免疫功能
对氯苯胺	脾囊非肿瘤性病变

2.5.5　风险表征

对致癌风险和非致癌危害商的计算不再通过日均暴露剂量的方法来推导，而是可以利用污染物浓度与风险之间简单的线性关系来推导。对于单一污染物或单一暴露途径下的风险表征可以用线性方程[式(2-3)和式(2-4)]表示，但线性方程仅适用于风险小于 0.01 的情形。

致癌风险：　　　　　　　　$CR=(C \times TR)/RSL$　　　　　　　　(2-3)

非致癌危害商：　　　　　　$HQ=(C \times THQ)/RSL$　　　　　　(2-4)

式(2-3)和式(2-4)中，致癌风险(cancer risk，CR)表示人体在一生中患癌症的概率；非致癌危害商(noncarcinogenic hazard quotient，HQ)表示暴露浓度与参考浓度的比率，HQ 大于 1 表示个体可能会受到不利的健康影响；C 表示环境介质中污染物浓度(mg/kg；$\mu g/m^3$；$\mu g/L$)；TR 和 THQ 分别表示目标风险和目标危害商；RSL表示区域筛选值(mg/kg；$\mu g/m^3$；$\mu g/L$)。

对于复合污染物的风险表征，可以利用"比率之和"方法计算，如式(2-5)和式(2-6)所示。

致癌：　　　　$TCR=[(C_x/SL_x)+(C_y/SL_y)+(C_z/SL_z)] \times TR$　　　　(2-5)

非致癌：　　　$THI=[(C_x/SL_x)+(C_y/SL_y)+(C_z/SL_z)] \times THQ$　　　(2-6)

式中，计算总致癌风险(total cancer risk, TCR)和总非致癌危害指数(total hazard index, THI)时，分别对应单一污染物的致癌筛选值和非致癌筛选值，并且这里不包括非基于风险计算的筛选值(土壤饱和限值或筛选值上限值)；C 为某污染物浓度的95%置信水平上限值；累积比率代表非致癌危害指数(HI)。危害指数小于等于 1 被认为是"安全的"，大于 1 表明需进一步详细评估。

2.5.6　分配剂量与分摊风险

对于非致癌污染物的筛选值推导，还应考虑分配剂量或分摊风险的问题。分配剂量一般是指规定的健康基准值的部分比例可以来自污染源/暴露途径，例如，RfD 的 20%来自土壤淋溶至地下水途径暴露的贡献。分摊剂量的基本原则是对一种污染物(无论是来自土壤或非土壤或二者皆有)的总暴露量理论上不应当超过允许的毒性参考剂量。美国更关注针对某个污染场地对受体产生的风险，但不包括其他来源的暴露风险，如家居日常洗涤用品对人体的暴露风险或人们在工作场所产生的暴露风险。如果关注了其他污染源对暴露风险的贡献，则暴露途径和污染源之间的分配将导致监管值过于保守(如 HQ 值低于 1)。对于某些场地条件来说，这种假设可能是合理的。但是对英国和中国，二者都考虑了非土壤来源(水、食物和空气)的背景暴露对参考剂量所占据的比例。英国导则认为环境中非土源污染物的暴露，对评估来自土壤污染物的风险和通用筛选值推导具有重要影响，并做了大量关于背景暴露的基础研究。然而对于某些污染物，非土壤来源的日均摄入量(median daily intake，MDI)可能较高，甚至超过允许的毒性参考剂量，这意味着来自土壤的允许暴露量必须降到很低的比例。为了避免筛选值过于保守，英国环保署提出了限制 MDI 不超过允许的毒性参考剂量的 50%的意见。英国 C4SL 导则对六种关注污染物的环境背景暴露做了详细研究，在居住用地情景下，假设土壤污染物浓度等于筛选值时，6 种关注污染物的土壤允许暴露量占总允许暴露量(土源+非土源)的比例(土源+非土源)如表 2-4 所示(CL:AIRE, 2014)。在呼吸暴露途径下,苯、铬(Ⅵ)和苯并[a]芘的土壤允许暴露量占总允许暴露量的比例已经低于20%,这意味着环境暴露产生的风险已经远远高于土壤暴露的风险,因此即使通过土壤污染治理或管控也不能显著消除污染物对人群暴露产生的风险。因此专家提出对较低风险的场地,推导第四类筛选值时不应考虑非土壤背景暴露的影响,但该提案最终被英国环保署驳回。

表 2-4　土壤允许暴露量占总允许暴露量的比例　　　　　　　(单位:%)

关注污染物	口腔/皮肤暴露	呼吸暴露
砷	61	60
苯	64	6
苯并[a]芘	71	13
镉	40	25
铬(Ⅵ)	15	9

分摊风险则假设污染源只有部分剂量暴露于受体产生风险。与分配剂量相反,分摊风险可能导致不保守的监管值,因为模型假设污染源在介质间具有分配作用,只有一部分浓度对受体产生了暴露。例如,如果污染源中 1/5 的浓度进入了地下水,则剩下的 4/5 进入空气或滞留在土壤中,则土壤淋溶至地下水途径下,土壤筛选值将是 HQ=1 时的筛选值的 5 倍,因为土壤污染源中仅有 1/5 的污染浓度对地下水产生了暴露。对于非致癌污染物的筛选值推导,多数国家不会采取分摊风险的方法,即通常设定单一暴露途径下 HQ=1。

2.5.7　急性暴露

筛选值一般适用于受体的长期暴露情景,并且不考虑极高剂量暴露导致的急性中毒情形。例如,在某些案例中,儿童可能一次性摄入大量土壤(如 3～5 g),这种行为可能导致短期高剂量暴露于土壤污染。该暴露情景可能导致人体的急性健康影响。土壤中氰化物和苯酚可能对人体产生急性毒性,当土壤中出现这两类污染时,应慎重考虑假设长期暴露情景下推导的筛选值对这两类污染物的适用性。尽管土壤筛选导则应指导场地管理者考虑急性暴露对人群健康产生的影响,但存在两方面的障碍推导急性筛选值:第一,尽管长期毒性数据可用,但对污染物的急性毒性研究并不多,尤其毒理学方面无法评估急性暴露产生的毒性程度,而且对人群在急性暴露下的身体恢复机制尚不清楚,因而短期暴露的毒性基准值并不完善;第二,急性筛选值只适用于急性暴露评估情景,并且适用于全国范围,然而利用简单方法和数据推导的急性筛选值可能无法满足在不同复杂的急性暴露情形下保护人体健康的要求，因此推导统一的急性暴露筛选值并不符合现实需求。

2.5.8　土壤饱和限值

土壤饱和限值(soil saturation limit；用 C_{sat} 表示)相当于土壤中污染物浓度达到了土壤颗粒物吸附、土壤孔隙水溶解、土壤孔隙空气的饱和最大能力。当污染物浓度过饱和，则本来在土壤常温下存在于液相中的污染物将以自由相即非水相液体(nonaqueous phase liquid，NAPL)的形式存在，而本来存在于固相中的污染物将出现纯固相。C_{sat} 并不适用于计算在土壤常温下为固态的污染物浓度。如表 2-5 所示，当熔点低于 20℃时，污染物为液体；当熔点高于 20℃时，污染物为固体。

表 2-5　污染物在典型土壤温度下的物理状态

存在于液相中的化合物			存在于固相中的化合物		
CAS 编号	化合物名称	熔点/℃	CAS 编号	化合物名称	熔点/℃
67-64-1	丙酮	−94.8	83-32-9	苊	93.4
71-43-2	苯	5.5	309-00-2	氯甲桥萘	104
117-81-7	邻苯二甲酸二(2-乙基己基)酯	−55	120-12-7	蒽	215
111-44-4	双(2-氯乙基)醚	−51.9	56-55-3	苯并[a]蒽	84
75-27-4	二氯溴甲烷	−57	50-32-8	苯并[a]芘	176.5
75-25-2	三溴甲烷	8	205-99-2	苯并[b]荧蒽	168
71-36-3	1-丁醇	−89.8	207-08-9	苯并[k]荧蒽	217
85-68-7	邻苯二甲酸丁基苄酯	−35	65-85-0	苯甲酸	122.4
75-15-0	二硫化碳	−115	86-74-8	咔唑	246.2
56-23-5	四氯化碳	−23	57-74-9	γ-氯丹	106
108-90-7	氯苯	−45.2	106-47-8	对氯苯胺	72.5
124-48-1	氯二溴甲烷	−20	218-01-9	䓛	258.2
67-66-3	三氯甲烷	−63.6	72-54-8	4,4-滴滴滴	109.5
95-57-8	2-氯苯酚	9.8	72-55-9	滴滴伊	89
84-74-2	邻苯二甲酸二丁酯	−35	50-29-3	滴滴涕	108.5
95-50-1	邻二氯苯	−16.7	53-70-3	二苯并[a,h]蒽	269.5
75-34-3	1,1-二氯乙烷	−96.9	106-46-7	1,4-二氯苯	52.7
107-06-2	1,2-二氯乙烷	−35.5	91-94-1	3,3′-二氯联苯胺	132.5
75-35-4	1,1-二氯乙烯	−122.5	120-83-2	2,4-二氯苯酚	45
156-59-2	顺式-1,2-二氯乙烯	−80	94-75-7	2,4-二氯苯氧乙酸	140.5
156-60-5	反式-1,2-二氯乙烯	−49.8	60-57-1	狄氏剂	175.5
78-87-5	1,2-二氯丙烷	−70	105-67-9	2,4-二甲基苯酚	24.5

续表

存在于液相中的化合物			存在于固相中的化合物		
CAS 编号	化合物名称	熔点/℃	CAS 编号	化合物名称	熔点/℃
542-75-6	1,3-二氯丙烯	−60	51-28-5	2,4-二硝基苯酚	115～116
84-66-2	邻苯二甲酸二乙酯	−40.5	121-14-2	2,4-二硝基甲苯	71
117-84-0	邻苯二甲酸二正辛酯	−30	606-20-2	2,6-二硝基甲苯	66
100-41-4	乙苯	−94.9	72-20-8	异狄氏剂	200
87-68-3	六氯丁二烯	−21	115-29-7	硫丹	106
77-47-4	六氯环戊二烯	−9	206-44-0	荧蒽	107.8
78-59-1	3,5,5-三甲基环己-2-烯酮	−8.1	86-73-7	芴	114.8
74-83-9	溴甲烷	−93.7	76-44-8	七氯化茚	95.9
75-09-2	二氯甲烷	−95.1	1024-57-3	七氯环氧化物	160
98-95-3	硝基苯	5.7	118-74-1	六氯苯	231.8
100-42-5	苯乙烯	−31	319-84-6	α-六氯环己烷	160
79-34-5	1,1,2,2-四氯乙烷	−43.8	319-85-7	β-六氯环己烷	315
127-18-4	四氯乙烯	−22.3	58-89-9	林丹	112.5
108-88-3	甲苯	−94.9	67-72-1	六氯乙烷	187
120-82-1	1,2,4-三氯苯	17	193-39-5	茚并[1,2,3-cd]芘	161.5
71-55-6	1,1,1-三氯乙烷	−30.4	72-43-5	甲氧滴滴涕	87
79-00-5	1,1,2-三氯乙烷	−36.6	95-48-7	2-甲酚	29.8
79-01-6	三氯乙烯	−84.7	621-64-7	n-亚硝基正丙胺	N/A
108-05-4	乙酸乙烯酯	−93.2	86-30-6	N-亚硝基二苯胺	66.5
75-01-4	氯乙烯	−153.7	91-20-3	萘	80.2
108-38-3	间二甲苯	−47.8	87-86-5	五氯苯酚	174
95-47-6	邻二甲苯	−25.2	108-95-2	苯酚	40.9
106-42-3	对二甲苯	13.2	129-00-0	芘	151.2
			8001-35-2	毒杀芬	65～90
			95-95-4	2,4,5-三氯苯酚	69
			88-06-2	2,4,6-三氯苯酚	69

式(2-7)～式(2-11)用于计算挥发性污染物的 C_{sat}，包括污染物在土壤气相中的量、土壤孔隙水中溶解的量和吸附在土壤固相上的量。特定污染物的 C_{sat} 必须和呼吸吸入蒸气途径的筛选值比较，因为当污染物出现自由相时，挥发模型的基本原则已经不适用于筛选值的推导。但这些情况如何处理取决于污染物在常温下是液体还是固体。如果根据挥发模型计算的液体污染物的筛选值超过了 C_{sat}，则该筛选值应等于 C_{sat}。而对于那些在常温下为固态的有机污染物(如多环芳烃)，

土壤筛选值则应根据其他暴露途径推导的筛选值来确定(如经口摄入)。应注意的是，基于挥发因子和颗粒物扩散因子得到的呼吸吸入途径下的筛选值，如果需要用 C_{sat} 替代筛选值，则替代的是综合筛选值。但是美国 RSL 标准没有用 C_{sat} 替代基于风险计算的筛选值。如果将超过 C_{sat} 的筛选值设定为等于 C_{sat}，则将导致筛选值过于保守。这是由于污染物浓度超过 C_{sat} 时，即出现纯物质或 NAPL，污染物在土壤中的溶解、吸附和气相浓度都不再线性增加。因此，以 C_{sat} 作为筛选值将导致高估污染物的暴露风险。

$$C_{sat} = SK_{sw} \tag{2-7}$$

$$K_{sw} = \frac{\theta_{ws} + (K_d\rho_b) + (H\theta_{as})}{\rho_b} \tag{2-8}$$

$$K_d = K_{oc}f_{oc} \tag{2-9}$$

$$\theta_{Ts} = 1 - (\rho_b/\rho_s) \tag{2-10}$$

$$\theta_{as} = \theta_{Ts} - \theta_{ws} \tag{2-11}$$

式中，C_{sat} 为污染物的土壤饱和限值，mg/kg；S 为纯物质在常温常压下的最大溶解度，mg/L；K_{sw} 为总土壤-水分配系数，cm^3/g；K_d 为土壤-水分配系数，cm^3/g；K_{oc} 为有机碳-水分配系数，cm^3/g；f_{oc} 为土壤有机碳含量，g/g；θ_{ws} 为包气带中孔隙水体积比；θ_{as} 为包气带中孔隙空气体积比；θ_{Ts} 为包气带总孔隙度；ρ_s 为土壤颗粒密度，g/cm^3；ρ_b 为土壤容重，g/cm^3；H 为环境温度下的亨利常数。

第 3 章　土壤筛选值推导原理

为了提高筛选和排查污染场地风险的效率，便于管理部门对污染场地进行统一分类管理，许多国家都制定了通用筛选值，并颁布了相应的筛选值推导技术导则文件。美国开展污染场地风险评估研究较早，技术发展相对成熟，对计算模型和参数有比较系统的研究，并且信息开放程度较高，方便查询与借鉴。英国发布土壤筛选值导则相对较晚，且包含的污染物数量较少，但是，英国的土壤筛选值导则考虑得非常全面，在精细化风险评估方面更胜一筹。我国风险评估技术导则更多地借鉴了美国环保局（EPA）和美国材料与试验协会（ASTM）的标准方法建立筛选值体系。2018 年，根据国内污染场地调查和风险评估实践调研现状，生态环境部颁布了《土壤环境质量　建设用地土壤污染风险管控标准（试行）》（GB 36600—2018），实现了我国土壤筛选值的本土化。

3.1　美国土壤筛选值

3.1.1　筛选值体系发展历程

受"拉夫运河事件"的影响，1980 年美国国会通过了《综合环境响应、赔偿和责任法》（Comprehensive Environmental Response, Compensation, and Liability Act，CERCLA），通常称为《超级基金法案》，该法案在 1986 年被进一步修订为《超级基金修正与再授权法》（Superfund Amendment and Reauthorization Act, SARA）。在该法案的指导下，美国建立了超级基金场地管理制度，从环境监测、风险评估到场地修复都制定了标准的管理体系，为美国污染场地的管理和土地再开发提供了有力支持。在此管理框架体系之下，1991 年 EPA 固体废物和应急响应办公室（Office of Solid Waste and Emergency Response，OSWER）为加快国家优先名录（national priority list，NPL）的场地修复速度，提出了"研究制定污染土壤标准或导则"的建议。在超级基金场地风险评估导则（Risk Assessment Guidance for Superfund（RAGS），Part B）的基础上（EPA，1989a），1996 年 EPA 首次发布了土壤筛选导则（Soil Screening Guidance，SSG），提出了基于风险的、以保护人群健康为目标的土壤筛选值推导方法（EPA，1996），并推导了 110 种污染物的通用 SSL。2002 年，OSWER 对第一版导则进行了更新，对已有居住用地暴露情景增加了暴露途径并更新了模型参数，同时补充了商业、娱乐和建筑用地类型下的筛选值推导方法(EPA, 2002b)。

在此基础上，2009 年美国能源部橡树岭国家实验室(Oak Ridge National Laboratory，ORNL)在 EPA 网站(https://www.epa.gov/risk/regional-screening-levels-rsls-users-guide#intro)发布了区域筛选值(RSL)，RSL 是对美国三区风险基准浓度(risk-based concentration，RBC)、六区中等健康风险的特定筛选值(human health medium-specific screen level，HHMSSL)和九区初步修复目标值的综合，并且提供了免费的网页版 RSL 计算模型工具 RSL Calculator(EPA, 2021b)。目前，RSL 表格中包括了 823 种污染物的筛选值及其物化性质参数数据库，覆盖非常全面，对其他国家制定土壤筛选值具有重要借鉴意义，EPA 推荐部分污染物的区域筛选值如表 3-1 所示。

表 3-1　EPA 区域筛选值　　　　　　(单位：mg/kg)

污染物名称		CAS 编号	基于保护人体健康的土壤和地下水筛选值			基于保护地下水的土壤筛选值
英文	中文		居住用地土壤	工业用地土壤	基于风险的土壤筛选值	基于地下水最大浓度限值的土壤筛选值
arsenic	砷	7440-38-2	0.68	3	0.0015	0.29
benzene	苯	71-43-2	1.2	5.1	0.00023	0.0026
cadmium	镉	7440-43-9	71	980		
furan	呋喃	110-00-9	73	1000	0.0073	
ethylbenzene	乙苯	100-41-4	5.8	25	0.0017	0.78
mercury	汞　元素汞	7439-97-6	9.4	40	0.033	0.1
	无机汞					
	甲基汞		7.8	120		
phenol	苯酚	108-95-2	19000	250000	3.3	
selenium	硒	7782-49-2	390	5800	0.52	0.26
toluene	甲苯	108-88-3	4900	47000	0.76	0.69
xylene	二甲苯　邻二甲苯	95-47-6	650	2800	0.19	
	间二甲苯	108-38-3	550	2400	0.19	
	对二甲苯	106-42-3	560	2400	0.19	

3.1.2　土壤筛选值推导框架

SSL 可分为通用筛选值、简单特定场地的筛选值和利用复杂模型计算的筛选值。通用筛选值用于最初对场地污染的筛选和排查阶段，利用容易获取的信息并基于风险推导得到。通过场地特定信息来修正通用筛选值可以得到场地特定筛选值。特定筛选值主要有两个来源：①相关标准，如美国安全饮用水法案最大污染物浓度或其他环境制度或标准规定的浓度限值；②基于特定可接受风险，根据特定暴露途径相应计算公式推导污染物在致癌或非致癌效应下的可接受浓度。

筛选值推导可分为三个层次：第一层次为利用简单方法推导保守的通用筛选值，第二层次为推导简单特定场地筛选值，第三层次为推导详细特定场地筛选值，此时需结合更多场地信息。利用简单场地特定方法推导筛选值是最常用的一种方法。筛选值并不作为修复目标值使用，它主要用于简化场地土壤的评估和修复程序，帮助联邦政府排除国家优先名录上不需要关注的场地污染面积、暴露途径或关注污染物等，以避免投入重复工作量(EPA, 1996)。SSL 最初仅针对居住用地类型下的人群受体制定，通过利用简单的现场数据和标准化方程推导污染物在特定暴露途径下的筛选值。

SSG 制定基本原则包括：

(1)提供标准化方程式，遵循超级基金场地"合理最大暴露"原则；

(2)利用默认参数推导场地通用 SSL；

(3)利用场地特定参数推导场地特定 SSL；

(4)对特定场地的污染源尺寸(面积和深度)可以考虑有限源(mass-based limit)模型。

以居住用地为例，可能的暴露途径包括：直接摄入、吸入室外土壤蒸气和土壤颗粒物、土壤污染物淋溶至地下水被饮用、皮肤接触、食用受污染的自产农作物、吸入室内土壤蒸气(图 3-1)。前三种暴露途径是居住环境中人体暴露于污染

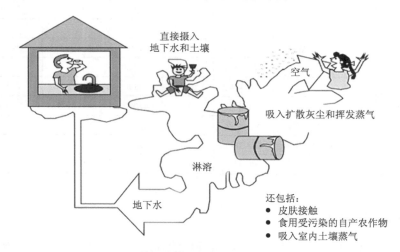

图 3-1　SSL 考虑的暴露途径(EPA，1996)

物的最常见途径，这些途径已经具有普遍接受的标准化方法、模型和假设。通用 SSL 主要根据以上三种暴露途径推导。由于吸入颗粒物途径对有机污染物的暴露几乎没有影响，因此仅考虑了无机物的吸入颗粒物途径。其他途径包括：皮肤接触，食用受污染的自产农作物和吸入室内土壤蒸气途径，也可能对人群暴露于特定污染物的风险产生贡献，SSL 导则根据可用的经验数据推导了筛选值。

通用 SSL 的推导一般基于较保守的参数，以达到保护多数污染场地安全利用的目标。SSL 通常基于可接受致癌风险水平为 $1×10^{-6}$（累积致癌风险范围为 $1×10^{-6}$～$1×10^{-4}$）或非致癌危害商为 1 来推导。推导土壤淋溶途径下的 SSL 时，基于地下水目标浓度的优先顺序为 MCLGs、MCLs，当 MCLs 不可用时，可利用可接受健康风险（致癌风险水平为 $1×10^{-6}$ 或非致癌危险商为 1）来推导基于风险的目标浓度。

由于通用 SSL 一般用于场地初步调查阶段，场地信息可能非常有限。如果不进行详细场地调查，很难掌握场地污染源的面积和体积，因此对呼吸吸入土壤蒸气和土壤淋溶至地下水途径，一般假设污染源为无限源（infinite source）。虽然假设条件非常保守，但导则提出由于初步调查阶段采样数量有限，有限源模型可能不适用于推导土壤淋溶和地下水暴露途径的 SSL。无限源模型同时假设污染物均匀分布在整个源内（即均质），并且在土壤或含水层中不发生生物或化学降解。对于某些挥发性污染物，利用无限源模型可能导致推导的 SSL 超过 C_{sat}。对于某些污染物和特定场地条件，无限源模型也可能违反质量守恒定律（即模拟释放的污染物比实际存在的污染物更多），因此 SSG 导则也介绍了基于质量守恒的评估模型，用于针对场地特定污染源面积和深度推导 SSL。

当推导呼吸吸入途径和土壤淋溶途径的筛选值时，应包括一些容易获取的场地特征参数。如果场地特征参数不可用，则考虑采用保守的默认值推导筛选值。此外，对于模型的选择，应优先选择无限源模型，虽然模型假设非常保守，但除非已经准确掌握污染源的面积和深度数据，否则不应使用有限源模型。

3.1.3　区域筛选值推导框架

RSL 相对于 SSL 更加系统和全面，其推导基本原理与美国 RAGS Part B 导则、SSG 导则、补充筛选值导则保持一致。如图 3-2 所示，RSL 针对的用地类型包括：居住用地、工业用地、娱乐用地，并且在每种用地类型下对关注的受体进行细分，包括一般居民（成人、儿童）、户外工人、室内工人等，并且针对不同的环境介质（土壤、水、空气）分别进行推导（EPA，2021b）。

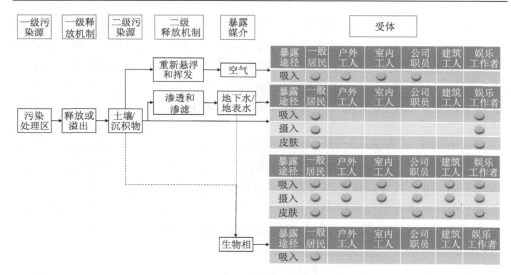

图 3-2　RSL 推导的暴露途径(EPA, 2021b)

　　RSL 推导概念模型如图 3-3 所示。对于暴露途径，RSL 针对土壤污染暴露只考虑了经口摄入、皮肤接触、吸入室外颗粒物、吸入来自表层土壤蒸气和土壤淋溶途径，但未考虑来自下层土壤的室内和室外蒸气。这是由于针对空气暴露直接制定了室内空气的筛选值，而非根据室内蒸气入侵模型反推土壤的筛选值，因此可以直接根据室内空气中污染物浓度来判断健康风险。美国在制定 RSL 时没有考虑土壤室内蒸气入侵途径的另一个原因是该暴露途径的模型比较复杂，对土壤和建筑物参数输入要求较高，因此单独专门制定了土壤污染蒸气入侵途径下的筛选值计算导则[vapor intrusion screening level (VISL) calculator user's guide](EPA, 2014b)。此外，由于室内环境的封闭性，一般认为吸入下层土壤室外蒸气的风险相比吸入室内蒸气的风险可以忽略不计，即下层土壤中的气态污染物如果没有造成室内吸入蒸气风险，也不会造成室外吸入蒸气风险。因此 RSL 没有制定下层土壤室外空气筛选值。但是，美国 ASTM E 2081 风险评估技术导则和我国《建设用地土壤污染风险评估技术导则》(HJ 25.3—2019)中，筛选值的推导均包括了下层土壤室内和室外蒸气的吸入途径。这是由于美国城市化历史较长，早期存在某些场地未经污染治理就直接被再开发的情况，当发现场地污染时，其上已经盖好建筑物并住有居民，因此一般针对当前场地上的居住或工作环境进行风险评估，可以直接通过室内空气检测评估其健康风险。而我国目前的管理体系已经比较成熟，场地再开发前必须经过调查评估工作，主要是对未来场地上的居住或工作环境进行风险评估，即基于当前土壤的污染状况和假想的暴露情景来评估，必须考虑所有可能存在的暴露途径。因此，由于美国 RSL 未考虑挥发性污染物的室内蒸气入侵途径，导致挥发性有机污染物的筛选值相对我国土壤筛选值较宽松。

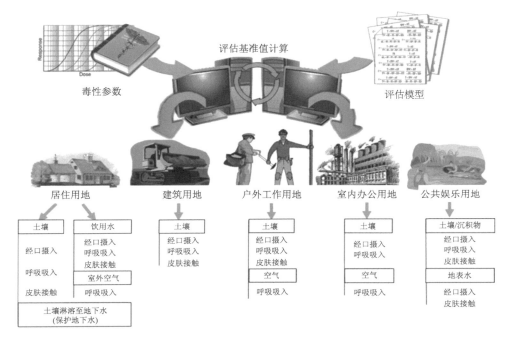

图 3-3　RSL 推导概念模型图(EPA, 2021b)

此外，RSL 的推导还考虑了污染物的非致癌效应(noncarcinogenic)、致癌效应(carcinogenic)和致突变效应(mutagenic)，并考虑了两种可接受风险水平：对于致癌污染物，假设环境介质(土壤、空气、水)中单一污染物或单一暴露途径下的目标致癌风险为百万分之一($1×10^{-6}$)；但对于非致癌污染物，分别假设可接受危害商分别为 1 和 0.1。

3.2　英国土壤筛选值

3.2.1　筛选值体系发展历程

英国政府于 20 世纪 90 年代开始土壤污染风险管理与修复研究工作，1990 年颁布了《环境保护法案》第 2A 部分。该法案是英国污染场地管理的核心，为土壤污染鉴定及修复治理提供了依据，并明确了污染场地的定义，将风险评估的思想纳入土壤污染防治措施。2009 年，英国发布了污染场地风险评估技术导则，包括英国《CLEA 模型技术背景更新文件》(*Updated Technical Background to the CLEA Model*，简称 SR3)和《土壤污染物的人体健康毒理学评估》(*Human Health*

Toxicological Assessment of Contaminants in Soil，简称 SR2)(EA，2009a，2009b)，同时正式发布了污染场地暴露评价模型(*contaminated land exposure assessment tool*，CLEA)；同年，英国环保署发布了 11 种污染物的土壤指导值，并对每种污染物的 SGV 推导给出了详细的技术指南文件(EA, 2009c)。

2014 年，英国环境、食品和农村事务部(Department for Environment, Food and Rural Affairs，DEFRA)委托英国 CL:AIRE (Contaminated Land:Applications in Real Environments) 公司联合英国环保署、健康环保署共同制定了第四类筛选值(C4SL)，并由多位同行专家、毒理委员会和癌症委员会共同审议、修订后发布，为英国《环境保护法案》第 2A 部分的法案修订提供技术支持(CL:AIRE, 2014)。为建立有效识别和管理污染场地的方法，《环境保护法案》第 2A 部分将污染场地分为 4 类场地。从第 4 类场地为明确未污染的场地，即不存在污染或污染引起的风险较低，第 1 类场地为具有显著风险的明确被污染的场地(图 3-4)。

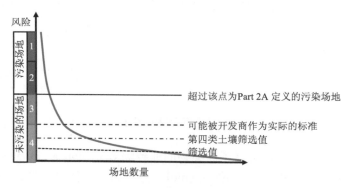

图 3-4　英国四类污染场地类型

3.2.2　土壤指导值推导框架

英国土壤指导值或通用评估标准(SGV 或 GAC)的推导与 SR2 和 SR3 报告紧密结合，采用 CLEA 模型(最新版本为 CLEA Software Version 1.07)推导计算。SGV 仅用于筛选人群长期暴露于某种污染物可能产生的健康风险，而非针对建筑工人或非人类受体。SGV 考虑了 3 种用地类型：居住用地(带花园或不带花园)，敏感受体为 0～6 岁的女童；蔬菜用地，敏感受体为 0～6 岁的女童；工商业用地，敏感受体为 16～59 岁的女性工人。与美国和中国风险评估技术导则不同，CLEA 模型对污染物的毒性参数用健康基准值(health criteria value，HCV)表示，HCV 包括两种毒性效应的污染物：对于临界污染物(非致癌污染物)，健康基准值为容许日均摄入量(tolerable daily intake，TDI)，并考虑了非土壤日均摄入量的影响，因此容许土壤日均摄入量(tolerable daily soil intake，TDSI)=TDI–MDI，并限定 MDI

小于等于 50% 的 TDI；对于非临界污染物（致癌污染物），英国没有设定可接受风险水平，健康基准值为指标剂量（index dose，ID），即人体暴露于土壤污染物产生最小健康风险所对应的污染物浓度。英国采用砂壤土的性质参数，假设土壤有机质（soil organic matter, SOM）含量为 6%，利用 CLEA 模型推导土壤筛选值，概率参数取值 5000 次，预测暴露量的 95% 置信上限为日均暴露量（average daily exposure，ADE），再与 HCV 比较，当 ADE/HCV 超过 1 时，则表明可能对土地使用者产生不可接受的风险，需要进一步调查或修复。

目前英国筛选值导则只发布了 11 种污染物的 SGV 值（表 3-2），包括砷、苯、镉、二噁英、呋喃、多氯联苯、乙苯、汞（元素汞、无机汞、甲基汞）、苯酚、硒、甲苯、二甲苯（邻二甲苯、间二甲苯、对二甲苯）。SGV 推导的暴露途径包括：直接摄入土壤，皮肤接触土壤，吸入室内、室外土壤蒸气和土壤颗粒物，食用受污染的自产农作物，但不考虑土壤污染物经地下水的暴露途径（如吸入地下水室内外蒸气、饮用地下水、洗澡时的皮肤接触）。对于非临界污染物（致癌污染物），英国导则通常定义的"最小风险"为 1×10^{-5}，但每种污染物的指示剂量（ID）对应的风险水平并不唯一，其范围为 $1\times10^{-4}\sim1\times10^{-5}$；而对于临界污染物，可接受非致癌危险商为 1，与美国保持一致。

表 3-2　英国土壤筛选值　　　　　　（单位：mg/kg）

污染物名称		CAS 编号	英国土壤筛选		
英文	中文		居住用地	工商业用地	私租蔬菜地
arsenic	砷	7440-38-2	32	640	43
benzene	苯	71-43-2	0.33	95	0.07
cadmium	镉	7440-43-9	10	230	1.8
dioxin	二噁英	—	8	240	8
furan	呋喃	—			
polychlorinated biphenyls	多氯联苯	—			
ethylbenzene	乙苯	100-41-4	350	2800	90
mercury	汞　元素汞	7439-97-6	1	26	26
	无机汞		170	3600	80
	甲基汞		11	410	8
phenol	苯酚	108-95-2	420	3200	280
selenium	硒	7782-49-2	350	13000	120
toluene	甲苯	108-88-3	610	4400	120
xylene	二甲苯　邻二甲苯	95-47-6	250	2600	160
	间二甲苯	108-38-3	240	3500	180
	对二甲苯	106-42-3	230	3200	160

SGV 或 GAC 的推导方法基本包括：

(1)估计受体的非土壤背景暴露(水、食物和空气)的平均日均摄入量；

(2)非土壤背景暴露量 ADE[mg/(kg·d)]加上土壤暴露量 ADE 等于总 ADE；

(3)利用 HCV 除以 ADE 来计算评估标准。

3.2.3 第四类筛选值推导框架

C4SL 与 SGV 的关键区别在于两者所描述的风险等级不同。SGV 被定义为人群受体长期暴露于某种污染物，土壤中污染物对人群暴露的允许浓度或引起最小风险的浓度；而 C4SL 关注的污染物浓度更高，虽然污染引起的风险不是最低，但仍要足够低。

C4SL 作为第 4 类污染场地的通用筛选值用于界定那些可能具有一定风险、但风险仍然较低的场地。如果评估结果发现该场地可以被归类为第 4 类污染场地，则不需要开展进一步风险评估。具有以下特征的场地可以被归类为第 4 类污染场地：

(1)场地中不存在污染泄漏情况；

(2)场地污染浓度为一般水平；

(3)场地污染浓度低于相关标准，不需要被监管；

(4)人们日常生活中从其他途径获得的暴露剂量较高，即场地污染的暴露所占比例很小；

(5)通过定量风险评估判定人群健康风险足够低。

C4SL 推导使用了低水平毒理参数(low level toxicological concern，LLTC)代替原来的健康基准值，并定义可接受风险水平一般为 2×10^{-5}，是 SGV 导则定义的可接受风险的 2 倍。C4SL 推导的基本原理与 SR2 和 SR3 技术指南相同，主要包括：

(1)通过改变污染物毒理参数和/或暴露参数修订 CLEA 模型；

(2)不确定性风险评估；

(3)评价设定 C4SL 的其他因子；

(4)共推导了 6 种污染物的 C4SL，分别为砷、苯、苯并[a]芘、镉、铬(Ⅵ)、铅。

图 3-5 给出了第 4 类污染场地土壤筛选值的推导框架，步骤 1~3 包含了修正毒性评估和暴露评估的方法，之后修正后的暴露模型被用于步骤 4 来推导产生毒性值等于 LLTC 的土壤浓度，该浓度被定义为暂定 C4SL(provisional C4SL，pC4SL)。步骤 5，随机模型被用于估算如果一种污染物在土壤中的浓度为 pC4SL 时，一个特定的理论关键受体超出 LLTC 的可能性。这是在决策时需考虑的其中

一个因素。步骤 6，评价由 pC4SL 代表的浓度是否合适，具体步骤如下。

（1）确立 LLTC 时的不确定性（步骤 6a）。

（2）未经随机模型定量计算的参数所产生的额外变异性与不确定性，可能导致低估或者高估超过 LLTC 的可能性（步骤 6b）。

（3）其他相关的科学考虑因素（如土壤背景浓度、其他暴露途径、流行病学的证据）（步骤 6c），以及社会和经济影响因素，如未来评估或修复的费用，或风险的社会认知（步骤 6d）。

通过综合分析，如果 pC4SL 被认为能够起到有效的预防作用，则可以判断为适宜使用。然而，如果有相关权威机构认为提出的 pC4SL 的预防水平过高或者过低，则它们可能会通过回顾和改进对毒物评估或者暴露模拟修正（步骤 1～3）等方式被调整，再通过步骤 4～7 推导直到给出合理的预防水平。

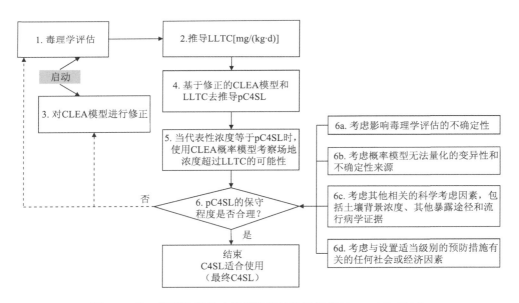

图 3-5　第 4 类污染场地土壤筛选值的推导框架（CL:AIRE, 2014）

C4SL 推导关注的用地类型包括：居住用地、工商业用地、私租蔬菜地和公共开放用地方式（居住用地中绿化用地和公园用地）。各用地类型下包括的暴露途径如表 3-3 所示。每种用地类型包括的特定受体类型和年龄段总结如表 3-4 所示。表 3-5 为 C4SL 草案提出应修正的暴露参数，提案认为这些参数值原先的设置过于保守，并依据现有研究报告提出了更科学的修正值，但部分参数的修正在报告最终发布时并未被采纳。表 3-6 为英国环保署提出的六种污染物的 C4SL 值，与

SGV 或 GAC 值比较可以看到，除了铅的筛选值比之前有所降低，其他污染物的筛选值都比之前有所增大。

表 3-3 C4SL 推导包括的用地类型和暴露路径

暴露途径	一般土地利用类型					
	居住用地		私租蔬菜地	工商业用地	公共开放用地(居住)	公共开放用地(公园)
	有自产农作物	无自产农作物				
直接摄入土壤(室外)和源自土壤的灰尘(室内)	√	√	√ (1)	√	√	√ (1)
摄入附着在水果/蔬菜上的土壤	√		√			
摄入水果/蔬菜	√		√			
皮肤接触土壤(室内)	√	√		√	√	
皮肤接触土壤(室外)	√	√	√	√	√	√
吸入土壤颗粒(室内)	√	√		√	√	
吸入土壤颗粒(室外)	√	√	√	√	√	√
吸入蒸气(室内)	√	√		√		
吸入蒸气(室外)	√	√		√		

(1)表示仅包括室外摄入土壤途径。

表 3-4 不同用地类型下特定受体类型和年龄段

土地利用类型	关键受体	模拟的年龄范围/岁	CLEA 模型年龄分段
居住用地有自产农作物	女童	0～6	1～6(1)
居住用地无自产农作物	女童	0～6	1～6(1)
私租蔬菜地	女童	0～6	1～6(1)
工商业用地	女工	16～65	17
公共开放用地(居住)	女童	3～9	4～9(2)
公共开放用地(公园)	女童	0～6	1～6(1)

(1)对于居住用地、私租蔬菜地和公共开放用地(公园)，当需要考虑终生平均作用时(如镉的评估)，特定受体为女性儿童期和成人期的暴露(第1～18年龄段)；(2)对于公共开放用地(居住)，当需要考虑终生平均作用时(如镉的评估)，特定受体为女性儿童期和成人期的暴露(第4～18年龄段)。

表 3-5 C4SL 推导草案提出应修正的暴露参数

暴露参数	涉及改变的用地类型		
	居住用地	私租蔬菜地	工商业用地
降低居住用地和工商业用地中土壤摄入率	×		×
私租蔬菜地儿童暴露频率减半		×	
居住用地条件下儿童土壤黏附系数由 1 mg/cm² 降低到 0.1 mg/cm²	√		

续表

暴露参数	涉及改变的用地类型		
	居住用地	私租蔬菜地	工商业用地
居住用地受体暴露频率由 365 d/a 降低到 170 d/a	√		
更新 2011 年 EPA 推荐的平均空气吸入率	√		√
为更好地反映 PM$_{2.5}$ 浓度，降低居住用地和工商业用地条件下的颗粒物载入因子	×		×
使用集中趋势方法估算水果和蔬菜消耗率，而非 90% 置信上限值	√	√	
降低居住用地下自产农作物的百分比	×		
推导 C4SL 时不考虑背景暴露的浓度	×	×	×

注："×"表示最初提出了修正意见，但最终未被采纳；"√"表示最终修正的参数。

表 3-6 英国环保署提出的六种污染物的 C4SL 值

污染物	居住用地		私租蔬菜地	工商业用地	公共开放空间（居住）	公共开放空间（公园）
	有自产农作物	无自产农作物				
砷	37	40	49	640	79	170
苯	0.87	3.3	0.18	98	140	230
苯并[a]芘	5	5.3	5.7	77	10	21
镉	22	150	3.9	410	220	880
铬（VI）	21	21	170	49	21	250
铅	200	310	80	2330	630	1300

3.3 中国土壤筛选值

3.3.1 筛选值体系发展历程

2000 年以前，我国在国家层面上出台的土壤质量标准仅包括《土壤环境质量标准》和《展览会用地土壤环境质量评价标准(暂行)》，而这两个标准均不适用于建设用地的污染风险筛选。2007 年之后，国家环保部门逐步重视工业场地环境污染引起的人群和环境安全隐患问题，并加强对我国建设用地再开发的环境监管，出台了一系列政策、法规及相应的技术导则文件。2018 年 6 月生态环境部和国家市场监督管理总局颁布的《土壤环境质量 建设用地土壤污染风险管控标准(试行)》(GB 36600—2018)，针对我国建设用地，假设未来开发情景下保护人群受体的健康安全规定了保护人体健康的建设用地土壤污染风险筛选值(risk screening values for soil contamination of development land，RSVs)和建设用地土壤污染风险管制值(risk intervention values for soil contamination of development land,RIVs)两套标准。目前,北京、上海、浙江、重庆、广东(针对珠江三角洲地区)等省(直辖市)和地区已陆续制定了适用于本地区的建设用地土壤污染风险筛选值。

3.3.2　风险筛选值推导框架

RSVs 主要依据我国《建设用地土壤污染风险评估技术导则》(HJ 25.3—2019)推荐的模型推导计算,同时采用了最新的污染物毒性参数和土壤性质参数、建筑物参数等,并在此基础上参考了美国 RSL 标准值,对某些过于保守的筛选值做了人为调整,最终制定了 85 种污染物基于人群健康风险的筛选值(生态环境部,2019)。部分污染物的筛选值如表 3-7 所示。

表 3-7　我国生态环境部推荐的部分污染物土壤筛选值和管制值　　(单位: mg/kg)

污染物	CAS 编号	筛选值		管制值	
		第一类用地	第二类用地	第一类用地	第二类用地
砷	7440-38-2	20	60	120	140
苯	71-43-2	1	4	10	40
镉	7440-43-9	20	65	47	172
二噁英	—	1×10^{-5}	4×10^{-5}	1×10^{-4}	4×10^{-4}
多氯联苯	—	0.14	0.38	1.4	3.8
乙苯	100-41-4	7.2	28	72	280

RSVs 将城市建设用地分为第一类和第二类用地。第一类用地考虑敏感受体为儿童和成人,主要包括:居住用地、中小学用地、医疗卫生用地和社会福利设施用地,公园绿地中的社区公园或儿童公园用地也列入第一类用地。第二类用地主要考虑成人的长期暴露风险,主要包括:工业、物流仓储用地,商业服务设施、道路与交通设施用地,公用设施用地,公共管理与服务用地,绿地与广场用地等。

暴露途径主要包括:

(1)经口摄入土壤;

(2)皮肤接触土壤;

(3)吸入土壤颗粒物;

(4)吸入室外空气中来自表层土壤的气态污染物;

(5)吸入室外空气中来自下层土壤的气态污染物;

(6)吸入室内空气中来自下层土壤的气态污染物。

根据我国风险评估技术导则，制定筛选值基于单一污染物可接受致癌风险水平为 $1×10^{-6}$ 或非致癌危害商为 1 来反向推导。

3.4　筛选值计算方法

3.4.1　溶质迁移模型

中、英、美三国在推导土壤筛选值时，推荐的迁移模型均为解析模型。以居住用地为例，各国推导筛选值的暴露途径和模型总结如表 3-8 所示。确定暴露途径是选择污染物迁移模型的前提，在暴露途径设置上，只有英国考虑了食用农作物途径，而美国和中国没有考虑食用农作物途径。对于吸入下层土壤室内蒸气途径，英国筛选值导则假设土壤污染物迁移到室内空气的衰减系数为 0.1，不考虑利用蒸气入侵模型推导筛选值；但美国没有考虑吸入下层土壤蒸气途径的暴露，而是直接制定了室内空气的筛选值；中国导则利用了 Johnson-Ettinger & Mass Balance 模型推导蒸气入侵挥发因子。由于吸入下层土壤室内蒸气途径对挥发性有机污染物的筛选值推导影响较大，因此针对挥发性有机污染物，英国和美国推导的筛选值相对于中国的筛选值更加宽松。对于吸入下层土壤室外蒸气途径，英国和美国导则均认为污染物在表层土壤中挥发的贡献较高，而下层土壤向室外挥发的可能性不大，因此未考虑该途径的暴露。此外，只有美国未考虑吸入下层土壤室内颗粒物途径。对于吸入室外土壤颗粒物途径，英国和美国采用的是 EPA Q/C

表 3-8　居住用地类型下，中、英、美三国制定筛选值的暴露途径和模型总结

土壤分层	暴露途径	美国模型	英国模型	中国模型
表层土壤	食用农作物	不考虑该途径	NA	不考虑该途径
	经口摄入土壤	NA	NA	NA
	皮肤接触土壤	NA	NA	NA
	吸入室内土壤颗粒物	不考虑该途径	EPA Q/C 模型	C-RAG 模型（国家导则推荐模型）*
	吸入室外土壤颗粒物	EPA Q/C 模型	EPA Q/C 模型	C-RAG 模型（国家导则推荐模型）*
	吸入表层土壤室外蒸气	EPA Q/C 模型	EPA Q/C 模型	ASTM 模型
下层土壤	吸入下层土壤室外蒸气	不考虑该途径	不考虑该途径	Johnson-Ettinger & Mass Balance 模型
	吸入下层土壤室内蒸气	不考虑该途径	规定衰减系数为 0.1	Johnson-Ettinger & Mass Balance 模型
	土壤淋溶至地下水	ASTM 模型	不考虑该途径	不考虑该途径

注：NA 表示无迁移扩散模型；

*表示 C-RAG 模型为我国《建设用地土壤污染风险评估技术导则》（HJ 25.3—2019）单独推荐模型，与英国和美国推荐模型不同。

模型，中国导则采用的是 C-RAG 模型。英国和中国导则未考虑土壤淋溶至地下水途径，美国导则实际上单独推导了基于保护人体健康和基于保护水环境的土壤筛选值。

1. 颗粒物扩散模型

颗粒物扩散模型如表 3-9 所示。吸入土壤颗粒物途径对重金属的暴露风险影响较大，但是对有机污染物的影响几乎可以忽略。对于吸入土壤颗粒物途径，美国和英国都使用了 EPA Q/C 模型推导筛选值。EPA Q/C 模型根据 Cowherd 等(1985)提出的风力侵蚀模型来估算环境空气中来源于土壤的颗粒物浓度。模型假设空气中污染物主要吸附在粒径小于 10 μm 的土壤颗粒物上，颗粒物扩散因子(particle emission factor，PEF)通过 Q/C_{wind} 计算。

表 3-9 颗粒物扩散模型

EPA Q/C 模型		C-RAG 模型
$$PEF = \dfrac{\dfrac{0.036}{3600} \times (1-VC) \times \left(\dfrac{u}{u_t}\right)^3 \times F(x)}{Q/C_{wind}}$$ 其中： $$\dfrac{Q}{C_{wind}} = A \times \exp\left\{\dfrac{[\ln A_s - B]^2}{C}\right\}$$ $x<2$ 时，$F(x) =$ $1.191207 - 0.0278085x + 0.48113x^2 - 1.09871x^3 + 0.335341x^4$ $x>=2$ 时， $F(x) = 0.18(8x^3 + 12x)e^{(-x^2)}$ $x = 0.886 \times \left(\dfrac{u_t}{u_m}\right)$		$PEF_{ip} = PM_{10} \times fspi \times 10^{-6}$ $PEF_{op} = PM_{10} \times fspo \times 10^{-6}$

参数符号	定义	中国默认值	英国默认值	美国默认值
PEF	颗粒物扩散因子(kg/m³)	$PEF_{ip}=9.52\times10^{-8}$ $PEF_{op}=5.95\times10^{-8}$		7.35×10^{-10} (地区特定值)
Q/C_{wind}	空气扩散因子{[g/(m²·s)]/(kg/m³)}	—	2400	93.77 (地区特定值)
VC	植被覆盖率(—)		0.75	0.5
u	7m 高处年平均空气流速(m/s)		5(10 m 高处)	4.69

续表

参数符号	定义	中国默认值	英国默认值	美国默认值
u_t	7 m 高处年最大空气流速(m/s)	—	7.2 (10 m 高处)	11.32
$F(x)$	风速经验公式(—)	—	1.22	0.194
A_s	污染源面积(acre)	—	0.01(居住用地) 0.5(私租蔬菜地) 2(工商业用地)	0.5 (0.5~500)
B	扩散常数(—)	—	—	地区特定值
C	扩散常数(—)	—	—	地区特定值
PM_{10}	空气中可吸入颗粒物含量(mg/m³)	0.119	—	—
fspi	室内空气中来自土壤的颗粒物所占比例(—)	0.8	—	—
fspo	室外空气中来自土壤的颗粒物所占比例(—)	0.5	—	—

英国利用美国大气模拟软件 AERMOD PRIME (07026)来模拟污染物以 1 g/(m²·s)的速率从面源扩散的过程。假设气态污染物的浓度(kg/m³)从四种面积 (0.01~2hm²)的污染源中扩散,并在两个受体高度(0.8 m 和 1.6 m)产生暴露。英国对 13 个城市近 5 年的逐时气象资料进行了统计,并使用空气扩散因子(air dispersion factor,Q/C_{wind})来反映当地的空气特征参数(表 3-10)。英国推导 SGV 时,默认值采用了纽卡斯尔(Newcastle)的 Q/C 平均值,污染源面积 0.01 hm^2、0.5 hm^2 和 2 hm^2 分别对应居住用地、私租蔬菜地和工商业用地的默认值(EA,2009b)。根据污染面积不同 Q/C_{wind} 具有显著差异,美国也总结了不同城市和区域的 Q/C_{wind} 值,如表 3-11 所示。我国风险评估导则推荐了一个简单的经验公式,利用可吸入颗粒物(PM_{10})浓度与室内/外空气中来自土壤的颗粒物所占比例的乘积来估算 PEF,这里简称为 C-RAG 模型。由于我国导则中假设室内/外空气中来自土壤颗粒的比例较高,因此在默认参数条件下,利用 C-RAG 模型推导的筛选值较 EPA Q/C 模型更保守。

2. 气态污染物挥发模型

气态污染物挥发模型如表 3-12 所示。对于吸入土壤室外蒸气途径,土壤中挥发性有机污染物向空气中扩散主要发生在地表附近的土壤,假设在最糟糕的情况下,模型只模拟地表以下 0.5 m 内、地下水位以上的非饱和带土壤蒸气的扩散作用。美国和英国均只模拟了表层土壤蒸气的暴露情况,并采用了简化的 EPA Q/C 模型代替 RAGS Part B 推荐的 ASTM 模型(EPA,1991b)模拟挥发性污染物向室外空气的扩散。对于吸入土壤室外蒸气途径，美国导则认为地表土壤 20 cm 以内的污染物很容易被空气挥发稀释掉，因此模型假设污染物连续分布于地表以下 20～100 cm 的土壤中；而英国模型则假设污染物连续分布于地表至地下 10 cm 内的土壤中。Jury 等(1984)提出的 EPA Q/C 模型，是一个无限源模型，利用通用空气扩散因子(Q/C_{vol})来更加准确地反映当地气候特征对污染物通过空气扩散可能对受体产生的影响(EA，2009a)。在计算通用筛选值时，英国推导默认值采用 Newcastle 空气扩散因子的平均值(EA，2009c)；美国选择了洛杉矶(Los Angeles)污染面积大约为 0.5 英亩(2023 m²)的 Q/C_{vol} 值{68.81[g/(m·s)]/(kg·m³)}作为默认值(EPA，1996)。该模型需要结合特定污染物的化学性质和土壤性质特征计算，土壤性质参数包括土壤含水率、干容重和有机碳含量，推导筛选值时一般采用较保守的砂壤土的性质参数。此外，对于蒸气挥发途径，CLEA 导则还考虑了土壤温度对挥发性有机物在土壤中气、固、液三相分配的影响，默认土壤温度为 10 ℃，因此需要对默认亨利常数(25 ℃)进行换算矫正。

表 3-10　英国 13 个城市年不同受体高度和不同污染面积条件下年均空气扩散因子(Q/C)

(单位：[g/(m² · s)]/(kg/m³))

城市	受体高度(0.8 m)				受体高度(1.6 m)			
	污染面积				污染面积			
	0.01 hm²	0.05 hm²	0.5 hm²	2 hm²	0.01 hm²	0.05 hm²	0.5 hm²	2 hm²
阿伯丁	3100	640	170	100	28000	2500	360	170
贝尔法斯特	3000	670	190	120	28000	2500	380	190
伯明翰	2800	610	170	110	26000	2300	350	170
加的夫	3400	770	230	140	32000	2700	450	230
爱丁堡	3100	670	190	110	28000	2500	380	180
格拉斯哥	3000	640	170	100	27000	2400	360	170
伊普斯威奇	3300	780	240	150	32000	2700	460	240
伦敦	2500	510	130	78	23000	2100	290	130
曼彻斯特	2900	610	160	97	28000	2400	340	160
纽卡斯尔	2400	500	120	68	19000	2000	280	120
诺丁汉	3200	760	230	140	30000	2600	440	230
普利茅斯	3500	840	270	170	32000	2800	500	270
南安普敦	2200	490	130	71	18000	1900	280	130

表 3-11　美国不同污染面积、城市和气候带的年均空气扩散因子（Q/C）

（单位：[g/(m^2·s)]/(kg/m^3)）

区域	城市	污染面积					
		0.5 hm^2	1 hm^2	2 hm^2	5 hm^2	10 hm^2	30 hm^2
一区	西雅图	82.72	72.62	64.38	55.66	50.09	42.86
	塞勒姆	73.44	64.42	57.09	49.33	44.37	37.94
二区	弗雷斯诺	62	54.37	48.16	41.57	37.36	31.9
	洛杉矶	68.81	60.24	53.3	45.93	41.24	35.15
	旧金山	89.51	78.51	69.55	60.03	53.95	46.03
三区	拉斯维加斯	95.55	83.87	74.38	64.32	57.9	49.56
	菲尼克斯	64.04	56.07	49.59	42.72	38.35	32.68
	阿尔伯克基	84.18	73.82	65.4	56.47	50.77	43.37
四区	博伊西	69.41	60.88	53.94	46.57	41.87	35.75
	温尼马卡	69.23	60.67	53.72	46.35	41.65	35.55
	盐湖城	78.09	68.47	60.66	52.37	47.08	40.2
	卡斯帕	100.13	87.87	77.91	67.34	60.59	51.8
	丹佛	75.59	66.27	58.68	50.64	45.52	38.87
五区	俾斯麦	83.39	73.07	64.71	55.82	50.16	42.79
	明尼阿波利斯	90.8	79.68	70.64	61.03	54.9	46.92
	林肯	81.64	71.47	63.22	54.47	48.89	41.65
六区	小石城	73.63	64.51	57.1	49.23	44.19	37.64
	休斯敦	79.25	69.47	61.53	53.11	47.74	40.76
	亚特兰大	77.08	67.56	59.83	51.62	46.37	39.54
	查尔斯顿	74.89	65.65	58.13	50.17	45.08	38.48
	罗利	77.26	67.75	60.01	51.78	46.51	39.64
七区	芝加哥	97.78	85.81	76.08	65.75	59.16	50.6
	克利夫兰	83.22	73.06	64.78	55.99	50.38	43.08
	亨廷登	53.89	47.24	41.83	36.1	32.43	27.67
	哈里斯堡	81.9	71.87	63.72	55.07	49.56	42.4
八区	波特兰	74.23	65.01	57.52	49.57	44.49	37.88
	哈特福德	71.35	62.55	55.4	47.83	43	36.73
	费城	90.24	79.14	70.14	60.59	54.5	46.59
九区	迈阿密	85.61	74.97	66.33	57.17	51.33	43.74

表 3-12 土壤中气态污染物向室外挥发模型

表层土壤 EPA Q/C 模型	表层土壤 ASTM 模型

$$VF^{sur-ov} = \frac{\rho_b}{Q/C_{vol}} \sqrt{\frac{4 \times D_s^{eff}}{\pi \times \tau} \times \frac{H}{K_{sw} \times \rho_b}} \times 10^6$$

$$VF_{s1}^{sur-ov} = \frac{2W_{dw}\rho_b}{U_{air}\delta_{air}} \sqrt{\frac{D_s^{eff}}{\pi \times \tau} \times \frac{H}{K_{sw} \times \rho_b}} \times 10^3$$

$$VF_{s2}^{sur-ov} = \frac{W_{dw} \times d \times \rho_b \times 10^3}{U_{air} \times \delta_{air} \times \tau}$$

$$VF_s^{sur-ov} = \min\left(VF_{s1}^{sur-ov}, VF_{s2}^{sur-ov}\right)$$

下层土壤 无	下层土壤 Johnson-Ettinger & Mass Balance 模型

$$VF_{s1}^{sub-ov} = \frac{H}{K_{sw} \times \left(1 + \dfrac{U_{air}\delta_{air}L_s}{D_s^{eff}W_{dw}}\right)} \times 1000$$

$$VF_{s2}^{sub-ov} = \frac{W_{dw} \times d_{sub} \times \rho_b \times 1000}{U_{air} \times \delta_{air} \times \tau}$$

$$VF_s^{sub-ov} = \min\left(VF_{s1}^{sub-ov}, VF_{s2}^{sub-ov}\right)$$

$D_s^{eff} = D_{air}\dfrac{\theta_{as}^{3.33}}{\theta_{Ts}^2} + \left(\dfrac{D_{wat}}{H}\right)\left(\dfrac{\theta_{ws}^{3.33}}{\theta_{Ts}^2}\right)$（美国）；$\quad D_s^{eff} = D_{air}\dfrac{\theta_{as}^{3.33}}{\theta_{Ts}^2} + \left(\dfrac{D_{wat}}{K_{aw}}\right)\left(\dfrac{\theta_{ws}^{3.33}}{\theta_{Ts}^2}\right)$（英国）

$K_{sw} = \dfrac{\theta_{ws} + (K_d\rho_b) + (H\theta_{as})}{\rho_b}$（中国、美国）；$\quad K_{sw} = \dfrac{\theta_{ws} + (K_d\rho_b) + (K_{aw}\theta_{as})}{\rho_b}$（英国）

仅针对有机污染物：$K_d = K_{oc} \times f_{oc}$

参数符号	定义	中国默认值	英国默认值	美国默认值
D_{wat}	水中扩散系数（m²/s）	污染物特定值	污染物特定值	污染物特定值
D_{air}	空气中扩散系数（m²/s）	污染物特定值	污染物特定值	污染物特定值
VF	污染物挥发因子（kg/m³）	—	—	—
Q/C_{vol}	空气扩散因子 [g/(m²·s)]/(kg·m³)	—	2400（0.01 英亩）	68.18（0.5 英亩）
ρ_b	包气带土壤容重（g/cm³）	1.21	1.5	1.5
D_s^{eff}	包气带中污染物的有效扩散系数（m²/s）	污染物特定值	污染物特定值	污染物特定值
D_{wat}	水中扩散系数（m²/s）	污染物特定值	污染物特定值	污染物特定值
D_{air}	空气中扩散系数（m²/s）	污染物特定值	污染物特定值	污染物特定值
H	亨利常数（25℃）（—）	污染物特定值	污染物特定值	污染物特定值
K_{aw}	气-水分配系数（10℃）（—）	—	污染物特定值	—
τ	气态污染物入侵持续时间（s）	7.88×10^8	8.2×10^8	8.2×10^8
K_{sw}	总土壤-水分配系数（cm³/g）	污染物特定值	污染物特定值	污染物特定值
θ_{ws}	包气带孔隙水体积比（—）	0.3	0.15	0.33
θ_{as}	包气带孔隙空气体积比（—）	0.13	0.28	0.2
θ_{Ts}	包气带总孔隙体积比（—）	0.43	0.43	0.53
K_d	土壤-水分配系数（cm³/g）	污染物特定值	污染物特定值	污染物特定值

续表

参数符号	定义	中国默认值	英国默认值	美国默认值
f_{oc}	土壤有机碳含量(g/g)	0.0088	0.006	0.01
K_{oc}	有机碳-水分配系数(cm³/g)	污染物特定值	污染物特定值	污染物特定值
U_{air}	混合区大气流速(m/s)	2	—	—
δ_{air}	混合区高度(m)	2	—	—
W_{dw}	平行于风向的污染源宽度(m)	40	—	—
d	表层污染土壤层厚度(m)	0.5	—	—
L_s	下层污染土壤层顶部埋深(m)	0.5	—	—
d_{sub}	下层污染土壤层厚度(m)	1	—	—

注:1 英亩≈4046.86m²。

我国风险评估技术导则分别模拟了表层土壤(50 cm)和下层土壤(50～150 cm)中气态污染物向室外空气的扩散,根据 RAGS Part B 推荐的 ASTM 模型计算表层土壤污染物挥发因子 VF_s^{sur-ov};根据有限源模型(Johnson-Ettinger & Mass Balance 模型)计算下层土壤污染物挥发因子 VF_s^{sub-ov}。

ASTM 模型和 EPA Q/C 模型的计算公式很接近,二者最大的区别在于模拟空气扩散的方法不同。ASTM 模型利用箱式模型来保守模拟受体在污染源下风向 2 m 高的位置上呼吸的空气暴露浓度(ASTM, 2000),EPA Q/C 模型则利用充分混合的箱式模型,并要根据当地城市近地表的空气扩散因子预测受体在室外空气暴露的浓度(EPA, 1996),并且荷兰的 CSOIL 模型也根据当地的气候特征条件采用了 EPA Q/C 来模拟土壤室外蒸气挥发因子(Van den Berg,1994)。

土壤中气态污染物室内蒸气入侵模型如表 3-13 所示。对吸入下层土壤室内蒸气入侵途径,美国没有针对该途径制定土壤筛选值,英国筛选值导则假设土壤中污染物的浓度迁移到室内空气的衰减系数为 0.1。当需要利用模型计算通用筛选值时,英国通常采用了比较保守的无限源模型(Johnson-Ettinger 模型),并且考虑有气压驱动的情景,而中国采用了保守性较低的有限源模型(Johnson-Ettinger & Mass Balance 模型),并且不考虑存在室内外压力差的情景。

表3-13 土壤中气态污染物室内蒸气入侵模型

Johnson-Ettinger 模型 ($Q_s>0$)	Johnson-Ettinger & Mass Balance 模型 ($Q_s=0$)
$$VF_{s2}^{iv} = \cfrac{\cfrac{1000 \times H}{K_{sw}} \times \left[\cfrac{D_s^{eff}/L_s}{ER \times L_B}\right] e^{\xi}}{e^{\xi} + \left[\cfrac{D_s^{eff}/L_s}{ER \times L_B}\right] + \left[\cfrac{D_s^{eff}/L_s}{Q_s/A_b}\right]\left[e^{\xi}-1\right]}$$ $$\xi = \frac{Q_s \times L_{crack}}{D_{crack}^{eff} \times A_b \times \eta}$$ $$Q_s = \frac{2\pi \Delta P k_v X_{crack}}{\mu_{air}\ln\left(\cfrac{2Z_{crack}X_{crack}}{A_b \eta}\right)}$$ $$D_{crack}^{eff} = D_{air}\frac{\theta_{acrack}^{3.33}}{\theta_{Tcrack}^2} + \left(\frac{D_{wat}}{H}\right)\left(\frac{\theta_{wcrack}^{3.33}}{\theta_{Tcrack}^2}\right)$$	$$VF_{s1}^{iv} = \cfrac{\cfrac{1000 \times H}{K_{sw}} \times \left[\cfrac{D_s^{eff}/L_s}{ER \times L_B}\right]}{1 + \left[\cfrac{D_s^{eff}/L_s}{ER \times L_B}\right] + \left[\cfrac{D_s^{eff}/L_s}{(D_{crack}^{eff}/L_{crack}) \times \eta}\right]}$$ $$D_{crack}^{eff} = D_{air}\frac{\theta_{acrack}^{3.33}}{\theta_{Tcrack}^2} + \left(\frac{D_{wat}}{H}\right)\left(\frac{\theta_{wcrack}^{3.33}}{\theta_{Tcrack}^2}\right)$$ $$VF_{MB} = \frac{\rho_b \times d_{sub} \times A_b}{ER \times L_B \times A_b \times \tau} \times 1000$$ $$VF_s^{iv} = \min(VF_{MB}, VF_{s1}^{iv})$$

参数符号	定义	中国默认值	英国默认值
VF	下层土壤-室内空气挥发因子(kg/m^3)	—	—
D_s^{eff}	土壤中污染物的有效扩散系数(cm^2/s)	—	—
D_{crack}^{eff}	污染物在地基与墙体裂隙中的有效扩散系数 (m^2/s)	—	—
D_{wat}	水中扩散系数(m^2/s)	污染物特定值	污染物特定值
D_{air}	空气中扩散系数(m^2/s)	污染物特定值	污染物特定值
ER	室内空气交换率(s^{-1})	敏感用地：1.38889×10^{-4} 非敏感用地：2.31481×10^{-4}	1.38889×10^{-4}
L_B	室内空间体积与气态污染物入渗面积之比 (m)	敏感用地：2 非敏感用地：3	—
Q_s	流经地下室地板裂隙的对流空气流速 (cm^3/s)	0	>0
A_b	室内地板面积(m^2)	70	—
ΔP	为室内室外气压差(Pa)	0	3.1
η	地基和墙体裂隙表面积所占比例(—)	0.01	—
Z_{crack}	地面到地板底部厚度(m)	0.15	—
X_{crack}	室内地板周长(m)	34	—
L_{crack}	室内地基厚度(m)	0.15	0.15
θ_{wcrack}	地基裂隙中水体积比(—)	0.12	—
θ_{acrack}	地基裂隙中空气体积比(—)	0.26	—
θ_{Tcrack}	地基裂隙总孔隙度(—)	0.38	—
k_v	土壤气渗透性(m^{-2})	—	10^{-12}
μ_{air}	空气黏滞系数$[(N \cdot s)/m^2]$	—	—

Johnson-Ettinger 模型仍然是目前风险评估中比较常用的蒸气入侵模型，我国风险评估技术导则中虽然同时给出了有压差和无压差条件下的 Johnson-Ettinger 模型公式，但在推导筛选值时主要推荐了无压差模型。详细风险评估阶段，评估者可以根据场地的特征参数和用地类型暴露情景，考虑有压差的 Johnson-Ettinger 模型，这样对于土壤饱和渗透系数较低的土壤类型，将可以适当提高修复目标的值，降低模型的过保守性。与 Johnson-Ettinger 模型相关的敏感性参数如表 3-14 所示，评估者应慎重考虑参数选择对模型结果的影响。

3. 土壤淋溶迁移模型

土壤淋溶迁移模型如表 3-15 所示。对土壤淋溶途径，我国 C-RAG 导则和英国 CLEA 导则中均没有考虑土壤污染可能对地下水产生的影响，只有美国考虑了较保守的 ASTM 模型，该模型仅考虑污染物在土壤气–液–固相之间的吸附–溶解三相分配作用和稀释作用。ASTM 模型模拟污染物在淋溶过程中分配平衡及与地下水混合稀释作用。该模型基于较为简单的箱式模型计算，假设上层土壤中污染物直接淋溶进入地下水，不考虑挥发或生物降解作用损失，并在下层地下水混合区均匀混合。K_{sw} 代表污染物在土壤中总浓度与土壤孔隙水中浓度的分配比例，反映了污染物自土壤释放并进入淋滤液的趋势。其计算假设为污染物在土壤固、液、气三相中的分配达到平衡，且无自由相和过饱和蒸气压存在。

表 3-14　与 Johnson-Ettinger 模型相关的敏感性参数（Hers et al., 2003；Johnson, 2002）

分类	参数	相对敏感性
土壤	有机碳含量	中到高度
	总孔隙度	低
	孔隙水体积比	低到中度
	土壤容重	低
	压力驱动气体流量	中到高度
	土壤气渗透性	中到高度
建筑	空气压降	中度
	空气交换率	中度
	高度	中度
	地基面积	低到中度
	地基深度	低
	地板与墙的裂缝比	低
	裂缝含水率	低
	地基底板的深度	低
污染物	亨利常数	低到中度
	空气扩散系数	低

表 3-15　土壤淋溶迁移模型

ASTM 模型

$$LF = \frac{1}{K_{sw} \times LDF}, \quad LDF = 1 + 365 \times \frac{V_{gw}\delta_{gw}}{IW_{gw}}, \quad V_{gw} = K \cdot i$$

参数符号	定义	美国默认值
LF	土壤淋溶因子 (g 土壤/cm³ 孔隙水)	—
LDF	土壤淋滤稀释因子(—)	—
V_{gw}	地下水达西速率(m/d)	场地特定值
K_{sw}	污染物在土壤中总浓度与土壤孔隙水中浓度的分配比例(—)	污染物特定值
δ_{gw}	地下水混合区厚度(m)	场地特定值
I	土壤中水的入渗速率(m/a)	0.18
W_{gw}	平行于地下水流向的土壤污染源宽度(m)	场地特定值
K	含水层水力传导系数(m/d)	场地特定值
i	水力梯度(—)	场地特定值

4. 食用农作物途径模型

中、英、美三国在推导筛选值时，只有英国考虑了食用农作物暴露途径，并且英国 SGV 或 GAC 考虑了无机化合物-PRISM 模型、有机化合物-绿叶蔬菜模型 (Ryan et al., 1998)、有机化合物-根茎蔬菜模型、有机化合物-块茎蔬菜模型、有机化合物-树上水果模型等计算方法(表 3-16)。

表 3-16　食用农作物模型

无机化合物-PRISM 模型

$$CR = \frac{\delta}{\theta_{ws} + \rho_b K_d} \times f_{int}$$

参数符号	定义	英国默认值
CR	土壤-根系浓度因子[(mg/g)/(mg/g)]	—
δ	土壤-植物矫正因子(—)	0.5/5/50
θ_{ws}	包气带孔隙水体积比(cm³/cm³)	场地特定值
ρ_b	包气带土壤容重(g/cm³)	场地特定值
K_d	土壤-水分配系数(cm³/g)	场地特定值
f_{int}	根系中污染物迁移至可食用部位(根、茎、果实或胚芽)矫正因子	0.5

续表

有机化合物-绿叶蔬菜(organic compounds-green vegetable)

$$CF_{Green} = (10^{0.95\log K_{ow}-2.05} + 0.82)(0.784 \times 10^{-0.434(\log K_{ow}-1.78)^2/2.44})\left(\frac{\rho_s}{\theta_w + \rho K_{oc} f_{oc}}\right)$$

参数符号	定义	英国默认值
CF_{Green}	土壤-绿叶蔬菜植物浓度因子[(mg/g 植物鲜重)/(mg/g 土壤干重)]	—
$\log K_{ow}$	污染物的辛醇-水分配系数(一)	污染物特定值
ρ_s	包气带土壤容重(g/cm³)	场地特定值
θ_w	包气带孔隙水体积比(cm³/cm³)	场地特定值
K_{oc}	有机碳-水分配系数(cm³/g 干重)	污染物特定值
f_{oc}	土壤中有机碳含量(一)	0.006

有机化合物-根茎蔬菜(organic compounds–root vegetable)

$$CF_{Root} = \frac{(Q/K_d)}{\frac{Q}{K_{rw}} + (k_g + k_m)\rho_p V}, \quad K_{rw} = \frac{W}{\rho_p} + \frac{L}{\rho_p} a K_{ow}^b$$

参数符号	定义	英国默认值
CF_{Root}	土壤-根茎蔬菜植物浓度因子[(mg/g 植物鲜重)/(mg/g 土壤干重)]	—
K_{rw}	植物根-水平衡分配系数(cm³/g 鲜重)	—
Q	蒸腾流速(cm³/d)	1000
ρ_p	植物根系密度(g/cm³)	1
V	根部体积(cm³)	1000
k_g	一阶生长率常数(d⁻¹)	0.1
k_m	一级代谢率常数(d⁻¹)	0
W	蔬菜根茎的含水量(g/g)	0.89
L	根部的脂肪含量(g/g)	0.025
a	水与辛醇的密度修正系数(一)	1.22
K_{ow}	辛醇-水分配系数(一)	污染物特定值
b	根的修正系数(一)	0.77

有机化合物-块茎蔬菜(organic compounds–tuber vegetable)

$$CF_{Tuber} = \frac{k_1}{k_2 + k_g}, \quad K_{pw} = \frac{W}{\rho_p} + (f_{ch}K_{ch}) + \frac{L}{\rho_p} a K_{ow}^b, \quad K_{sw} = \frac{\theta_w + \rho K_{oc} f_{oc} + H\theta_a}{\rho},$$

$$k_1 = k_2\left(\frac{K_{pw}}{K_{sw}}\right), \quad k_2 = \frac{23\left(\dfrac{3600 D_w(W^{7/3}/\rho_p)}{K_{pw}}\right)}{R^2}$$

参数符号	定义	英国默认值
CF_{Tuber}	土壤-块茎蔬菜植物浓度因子[(mg/g 植物鲜重)/(mg/g 土壤干重)]	—
k_g	块茎蔬菜的指数增长率(h⁻¹)	0.0014
W	块茎蔬菜含水量(g/g)	0.79
ρ_p	块茎蔬菜组织密度(g/cm³)	1

参数符号	定义	英国默认值
R	块茎蔬菜半径(m)	0.04
K_{sw}	土壤渗滤液分配因子(kg/L)	—
f_{ch}	块茎蔬菜中碳水化合物的比例(—)	0.209
K_{ch}	碳水化合物水分配系数(cm^3/g 鲜重)	污染物特定值
L	块茎蔬菜的脂肪含量(g/g)	0.001
a	水与辛醇的密度修正系数(—)	1.22
b	根的修正系数(—)	0.77
K_{ow}	辛醇-水分配系数(—)	污染物特定值
K_{pw}	块茎蔬菜和水之间的平衡分配系数(cm^3/g 鲜重)	—
D_w	污染物水中的扩散系数(m^2/s)	污染物特定值
k_1	块茎蔬菜内部化学通量率(h^{-1})	—
k_2	块茎蔬菜外部化学通量率(h^{-1})	—
θ_a	包气带孔隙空气体积比	—

有机化合物-树上水果(organic compounds-tree fruit)

$$CF_{Tree\ Fruit} = \frac{\left(M_f Q_{fruit} DM_{fruit} \dfrac{C_{stem}}{K_{wood}}\right)/M_f}{C_s}, \quad \ln K_{wood} = -0.27 + 0.632\log K_{ow}$$

$$C_{xy} = \left(\frac{C_s}{K_{sw}}\right)0.756e^{\frac{-(\log K_{ow}-2.5)^2}{2.58}}, \quad C_{stem} = \frac{C_{xy}\dfrac{Q}{M}}{\dfrac{Q}{K_{wood}M} + k_e + k_g}$$

参数符号	定义	英国默认值
$CF_{Tree\ Fruit}$	土壤-树上水果植物浓度因子[(mg/g 植物鲜重)/(mg/g 土壤干重)]	—
K_{wood}	木-水分配系数[(mg/g 木材干重)/(mg/cm^3 水)]	—
C_{xy}	木质部汁液化学浓度[(mg/cm^3)/(mg/g)]	—
C_s	土壤中污染物浓度(mg/g 干重)	场地特征参数
C_{stem}	木质茎化学物质的浓度[(mg/cm^3)/(mg/g)]	—
Q	蒸腾流速(cm^3/d)	25000000
M	木质茎的质量(g dw)	50000
k_e	化学代谢率(a^{-1})	0
k_g	树木生长稀释率(a^{-1})	0.01
M_f	水果的质量(g fw)	1
Q_{fruit}	单位质量水果的水流量(cm^3/g fw)	20
DM_{fruit}	水果干重比(g/g)	0.16

3.4.2　筛选值推导公式

筛选值等于污染物的毒性基准值与假设人群受体长期暴露于某种污染介质的平均暴露量的比值。根据不同的敏感人群、污染物毒性差异、不同用地类型和暴露途径，筛选值的推导公式也具有一定差异性。本节主要以居住用地为例，比较中、英、美三国筛选值推导公式之间的差异。从毒性分类角度来说，美国区域筛选值(RSL)对污染物的毒性进行了细化，包括非致癌效应、致癌效应和致突变效应。对致癌效应，RSL 综合考虑了成人期和儿童期的暴露，暴露周期共 32 年，平均作用时间为 70 年；对非致癌效应，RSL 则分别推导了成人期和儿童期的暴露，此外对氯乙烯、三氯乙烯的筛选值推导也单独设置了公式。中国和美国的毒性参数设置基本保持一致：对致癌效应，中国筛选值(RSVs)也综合考虑了成人期和儿童期的暴露，暴露周期共 30 年，平均作用时间为 76 年；对非致癌效应，RSVs 的推导主要参考了 ASTM E20181 导则(ASTM，2000)，仅考虑儿童受体的暴露。英国土壤指导值(SGV)推导利用临界效应值(TDI)和非临界值(ID)作为毒性参数，对致癌或非致癌效应，均只考虑 0~6 岁女童受体的暴露，并且将 0~6 岁女童分为 6 个年龄段，每个年龄段都有特定的推荐参数。此外，对于致癌和非致癌效应，英国导则都规定暴露周期等于平均作用时间，这与中、美两国的导则差异较大。

1. 基于非致癌效应的筛选值推导

居住用地类型下，对于非致癌污染物的暴露模型，美国 RSL 和中国 RSVs 的推导原则是一致的，区别在于 RSVs 考虑了非土壤污染源的背景暴露量，允许土壤污染暴露剂量=参考剂量×土壤剂量分配比例(soil allocation factor，SAF)。但不同暴露途径下，美国模型和中国模型之间也存在一些细微的差异。如表 3-17 所示，经口摄入暴露途径下，RSL 推导引入了相对生物有效因子(relative bioavailability factor，RBA)的概念，但目前仅推荐了砷、铅和二噁英的 RBA 值，对其他污染物的 RBA 值为 1；吸入颗粒物和蒸气暴露途径下，美国模型与中国模型的差异较大，这是由于两个公式分别考虑了参考浓度 RfC (mg/m^3) 和参考剂量 $RfD_i[mg/(kg \cdot d)]$ 两个参数，虽然它们是污染物非致癌毒性参数的两种表现形式，二者之间可以通过受体的日均呼吸体积(respiratory volume, RV)和体重(body weight, BW)来换算，但是换算过程中由于只考虑了成人受体的参数，而中国的非致癌暴露模型中考虑了儿童的 RV 和 BW，因此换算后并不能把这两个参数抵消，这就导致了中国日均和美国日均最终筛选值的差异，并且中国模型相对于美国模型更加保守，保守的程度取决于受体日均呼吸体积和体重的参数值，关于中国和美国在呼吸途径下推导筛选值的差异讨论，也可以参考 Han 等(2016)的相关研究。英国 SGV 的导则与美国和中

表 3-17　基于非致癌效应推导筛选值

美国 RSL	中国 RSVs	英国 SGV
经口摄入暴露途径		
儿童: $GAC^{RSLs}_{nc\_ing\_c} = \dfrac{THQ \times AT_{nc\_c} \times BW_c}{ED_c \times EF_c \times ET_c \times \dfrac{RBA}{RfD_o} \times IRS_c}$ 成人: $GAC^{RSLs}_{nc\_ing\_a} = \dfrac{THQ \times AT_{nc\_a} \times 365\,d/a \times BW_a}{EF_a \times ED_a \times \dfrac{RBA}{RfD_o} \times IRS_a}$	儿童: $GAC^{RSVs}_{nc\_ing\_c} = \dfrac{THQ \times AT_{nc} \times BW_c}{EF_c \times ED_c \times \dfrac{1}{RfD_o \times SAF} \times IRS_c}$	儿童: $GAC^{SGVs}_{nc\_ing\_c} = \dfrac{TDSI_{oral}}{\sum\limits_{i=1}^{6} \dfrac{EF \times ED \times IRS_c}{BW_i \times AT}}$ $TDSI_{oral} = TDI_{oral} - MDI_{oral} \times \sum\limits_{j=1}^{6} \dfrac{EF \times ED \times CF_j}{BW_j \times AT}$
皮肤接触暴露途径		
儿童: $GAC^{RSLs}_{nc\_der\_c} = \dfrac{THQ \times AT_{nc\_c} \times BW_c}{EF_c \times ED_c \times \dfrac{SA_c}{RfD_o \times ABS_{gi}} \times AF_c \times E_v \times ABS_d}$ 成人: $GAC^{RSLs}_{nc\_der\_a} = \dfrac{THQ \times AT_{nc\_a} \times BW_a}{EF_a \times ED_a \times \dfrac{SA_a}{RfD_o \times ABS_{gi}} \times AF_a \times ABS_d}$	儿童: $GAC^{RCS}_{nc\_der\_c} = \dfrac{THQ \times AT_{nc\_c} \times BW_c}{EF_c \times ED_c \times \dfrac{SA_c}{RfD_o \times ABS_{gi}} \times AF_c \times E_v \times ABS_d \times SAF}$	儿童: $GAC^{SGVs}_{nc\_der\_c} = \dfrac{TDSI_{oral}}{\sum\limits_{i=1}^{6} \dfrac{EF \times ED \times IRS_c \times SA_c \times AF_c \times E_v \times ABS_d}{BW_i \times AT}}$ (室外) $GAC^{SGVs}_{nc\_der\_c} = \dfrac{TDSI_{oral}}{\sum\limits_{i=1}^{6} \dfrac{EF \times ED \times IRS_c \times SA_c \times AF_c \times E_v \times ABS_d \times TF}{BW_i \times AT}}$ (室内) 注: 推导 SGV 时, 直接用经口途径的 HCV 与皮肤暴露剂量比较

续表

美国 RSL	中国 RSVs	英国 SGV
吸入颗粒物和蒸气暴露途径		
儿童：$GAC^{RSLs}_{nc\_inh\_c} = \dfrac{THQ \times AT_{nc\_c}}{EF_c \times ED_c \times \dfrac{1}{RfC} \times (VF+PEF)}$ 成人：$GAC^{RSLs}_{nc\_inh\_a} = \dfrac{THQ \times AT_{nc\_a}}{EF_a \times ED_a \times \dfrac{1}{RfC} \times (VF+PEF)}$	儿童： $GAC^{RSVs}_{nc\_inh\_c} = \dfrac{THQ \times AT_{nc\_c} \times BW_c}{EF_c \times ED_c \times \dfrac{1}{RfD_i \times SAF} \times RV_c \times (VF+PEF)}$ $RfD_i = \dfrac{RfC \times RV_a}{BW_a}$	儿童：$GAC^{SGVs}_{nc\_inh\_c} = \dfrac{TDSI_{inhalation}}{\displaystyle\sum_{i=1}^{6} \dfrac{EF \times ED \times RV_i}{BW_i \times AT} \times (VF+PEF)}$ （室外）
食用农作物途径		
		儿童：$GAC^{SGVs}_{nc\_ing\_c} = \dfrac{TDSI_{oral}}{\displaystyle\sum_{i=1}^{6} \dfrac{EF \times ED \times IRS_{plant\_uptake}}{BW_i \times AT}}$ $IRS_{plant\_uptake} = \displaystyle\sum_{all\_produce\_groups}^{6} CF_x \times CR_x \times BW_x \times HF_x$

注：ABS_{gi} 表示消化道吸收因子；RBA 表示相对生物可反应性；ABS_d 表示皮肤接触生物可反应性；a 表示成人；c 表示儿童；nc 表示非致癌效应；下角标 nc 表示非致癌效应；RV$_c$ 表示日均呼吸率；ing 表示经口摄入；inh 表示呼吸吸入；der 表示皮肤接触；oral 表示经口途径；i 表示呼吸途径；plant_uptake 表示植物吸收；all_produce_groups 表示所有植物。RBA 表示相对生物反应率因子；RV$_c$ 表示皮肤接触吸收率因子；VF 表示土壤污染物挥发因子；PEF 表示颗粒物扩散因子，（kg/m³）。

国的筛选值推导差异较大，首先英国所采用的毒性参数为 TDSI（TDSI=TDI–MDI），并限制 MDI≤50%TDI，即考虑了非土壤背景暴露。TDSI 可以等同于 RfD 输入模型，但不同途径的暴露模型公式均和中国及美国有较大差异。对于经口摄入暴露途径，在模型参数完全相同的前提下，英国的筛选值可以与中国和美国保持一致。但对于皮肤接触暴露途径，由于皮肤暴露的健康基准值通常较难获取，因此皮肤接触暴露途径的 SGV 是直接以皮肤的暴露剂量与经口摄入暴露途径的 HCV_{oral} 比较来推导的，并不考虑利用经口容许土壤日均摄入量（$TDSI_{oral}$）与消化道吸收因子（ABS_{gi}）的换算，因此理论上更加保守。在呼吸吸入土壤颗粒物和蒸气途径上，首先各国的暴露途径设置不完全相同，各模型计算的颗粒物扩散因子和蒸气挥发因子就具有差异，另外，英国模型需要把 TDSI 换算成 RfC 同样存在受体暴露参数不能抵消的问题。总体上，对非致癌污染物来说，美国的筛选值更宽松，而中国的筛选值更严格。

2. 基于致癌效应的筛选值推导

居住用地类型下，对于致癌污染物的暴露模型，中、英、美三国都不考虑非土壤背景暴露问题，中国和美国可以接受的额外风险为 $1×10^{-6}$ 推导筛选值，而英国没有给出统一的可接受风险，而是以引起最小风险的指示剂量 ID 作为健康基准值（HCV）来推导筛选值，污染物 ID 对应的风险范围一般在 $1×10^{-5}\sim1×10^{-4}$。中国和美国导则均假设成人和儿童受体可能受到终生致癌影响，即致癌效应的平均作用时间（AT_{ca}）等于人的平均寿命（美国 RSL 标准中人均寿命为 70 年，我国 RSVs 标准为 76 年）；而英国仍然只考虑女童受体的暴露，并且暴露周期与平均作用时间（6 年）相等。

对于中国和美国筛选值导则，由于成人和儿童受体的暴露周期、暴露频率（exposure frequency，EF）、日均摄入/暴露率和体重在整个暴露周期内均不同，因此暴露模型一般根据不同年龄段模拟受体的暴露剂量，美国模型引入了"根据受体年龄修正暴露剂量"这个中间参数，并且该参数需要根据特定的暴露途径来设置计算公式；中国模型虽然没有单独设置该参数，但在暴露模型中包含了相同的概念，二者本质相同，因此为了方便比较两国的模型，本书将计算公式的书写形式保持一致。英国导则虽然只包括了儿童受体，但由于儿童受体分为 6 个年龄段，因此也需要做暴露剂量的修正。各国导则基于污染物的致癌效应推导筛选值的参数如表 3-18 所示，与非致癌效应暴露模型相对应，在经口摄入暴露途径，RSL 标准同样考虑了 RBA 参数，但两个标准在皮肤暴露途径下的暴露模型完全一致。而对于吸入颗粒物和蒸气暴露途径，RSL 标准是直接以吸入单位空气体积的污染浓度为单位来评价的；而中国模型是以吸入单位体重质量的污染剂量为单位来评价的，与非致癌效应暴露模型差异同理，因此中国模型相对于美国模型更加保守。

表 3-18　基于致癌效应推导筛选值

美国 RSL	中国 RSVs	英国 SGV
经口摄入暴露途径		
$GAC_{ca\_ing}^{RSLs} = \dfrac{TCR \times AT_{ca}}{SF_o \times RBA \times IFS_{adj}}$ $IFS_{adj} = \dfrac{EF_c \times ED_c \times IRS_c}{BW_c} + \dfrac{EF_a \times ED_a \times IRS_a}{BW_a}$	$GAC_{ca\_ing}^{RCS} = \dfrac{TCR \times AT_{ca}}{SF_o \times IFS_{adj}}$ $IFS_{adj} = \dfrac{EF_c \times ED_c \times IRS_c}{BW_c} + \dfrac{EF_a \times ED_a \times IRS_a}{BW_a}$	$GAC_{ca\_ing\_c}^{SGVs} = \dfrac{ID_{oral}}{\displaystyle\sum_{i=1}^{6} \dfrac{EF \times ED \times IRS_c}{BW_i \times AT}}$
皮肤接触暴露途径		
$GAC_{ca\_der}^{RSLs} = \dfrac{TCR \times AT_{ca}}{\dfrac{SF_o}{ABS_{gi}} \times DFS_{adj} \times ABS_d}$ $DFS_{adj} = \dfrac{EF_c \times ED_c \times SA_c \times AF_c}{BW_c} + \dfrac{EF_a \times ED_a \times SA_a \times AF_a}{BW_a}$	$GAC_{ca\_der}^{RCS} = \dfrac{TCR \times AT_{ca}}{\dfrac{SF_o}{ABS_{gi}} \times DFS_{adj} \times ABS_d}$ $DFS_{adj} = \dfrac{EF_c \times ED_c \times SA_c \times AF_c}{BW_c} + \dfrac{EF_a \times ED_a \times SA_a \times AF_a}{BW_a}$	$GAC_{ca\_der\_c}^{SGVs} = \dfrac{ID_{oral}}{\displaystyle\sum_{i=1}^{6} \dfrac{EF \times ED \times IRS_c \times SA_c \times AF_c \times E_v \times ABS_d}{BW_i \times AT}}$ （室外） $GAC_{ca\_der\_c}^{SGVs} = \dfrac{ID_{oral}}{\displaystyle\sum_{i=1}^{6} \dfrac{EF \times ED \times IRS_c \times SA_c \times AF_c \times E_v \times ABS_d \times TF}{BW_i \times AT}}$ （室内） 注: 推导 SGV 时, 直接用经口途径的 HCV 与皮肤暴露剂量比较

续表

美国 RSL	中国 RSVs	英国 SGV
吸入颗粒物和蒸气暴露途径		
$$GAC_{ca\_inh}^{RSLs} = \frac{TCR \times AT_{ca}}{(EF_c + EF_a) \times (ED_c + ED_a) \times IUR \times (VF + PEF)}$$	$$GAC_{ca\_inh}^{RCSs} = \frac{TCR \times AT_{nc\_c}}{INFS_{adj} \times SF_i \times (VF + PEF)}$$ $$INFS_{adj} = \frac{EF_c \times ED_c \times RV_c}{BW_c} + \frac{EF_a \times ED_a \times RV_a}{BW_a}$$ $$SF_i = \frac{IUR \times BW_a}{RV_a}$$	儿童: $$GAC_{ca\_inh\_c}^{SGVs} = \frac{ID_{inhalation}}{\dfrac{\sum_{i=1}^{6} EF \times ED \times RV_c \times (VF + PEF)}{BW_i \times AT}}$$ （室外） $$GAC_{ca\_inh\_c}^{SGVs} = \frac{ID_{inhalation}}{\dfrac{\sum_{i=1}^{6} EF \times ED \times RV_c \times (VF + PEF + TF \times DL)}{BW_i \times AT}}$$ （室内） 儿童: $$GAC_{ca\_ing\_c}^{SGVs} = \frac{ID_{oral}}{\dfrac{\sum_{i=1}^{6} EF \times ED \times IRS_{plant\_uptake}}{BW_i \times AT}}$$ $$IRS_{plant\_uptake} = \sum_{all\_produce\_groups}^{6} CF_x \times CR_x \times BW_x \times HF_x$$

注:IFS_{adj}、DFS_{adj}、$INFS_{adj}$ 分别表示经口摄入、皮肤接触和呼吸吸入暴露途径下的年龄矫正因子;ABS_{gi} 表示胃肠吸收因子;下角标 ca 表示致癌效应;c 表示儿童;
a 表示成人;ing 表示经口摄入;der 表示皮肤接触;inh 表示呼吸吸入。

英国导则推导致癌污染物的筛选值和非致癌污染物的筛选值的暴露模型并没有较大差异，只是 HCV 所采用的毒性参数不同，但由于只考虑了儿童受体，因此和中国及美国筛选值的差异更大。总体上，由于英国筛选值所基于的可接受致癌风险普遍高于中国和美国，因此筛选值的制定要相对更加宽松。暴露参数总结见表 3-19。

表 3-19　暴露参数总结

参数符号	定义	RSVs 默认值		RSL 默认值		
		敏感用地	非敏感用地	居住用地	工业用地	建筑用地
BW_a	成人平均体重(kg)	61.8	61.8	80	80	80
BW_c	儿童平均体重(kg)	19.2	—	15	—	—
ED_a	成人暴露期(a)	24	25	20	25	1
ED_c	儿童暴露期(a)	6	—	6	—	—
EF_a	成人暴露频率(经口摄入和皮肤接触)(d/a)	350	250	350	复合工人：250 室外工人：225 室内工人：250	250
EF_c	儿童暴露频率(经口摄入和皮肤接触)(d/a)	350	—	350	—	—
EFI_a	成人室内暴露频率(呼吸吸入)(d/a)	262.5	187.5	—	— 室内工人：250	—
EFI_c	儿童室内暴露频率(呼吸吸入)(d/a)	262.5	—	—	—	—
EFO_a	成人室外暴露频率(呼吸吸入)(d/a)	87.5	62.5	350	— 室外工人：225	—
EFO_c	儿童室外暴露频率(呼吸吸入)(d/a)	87.5	—	350	—	—
SA_a	成人皮肤暴露表面积(cm^2)	5374	5374	6032	复合工人：3527 室外工人：3527 室内工人：无	3527
SA_c	儿童皮肤暴露表面积(cm^2)	2848	—	2373	—	—
SAF	土壤剂量分配比例(—)	0.2	0.2	—	—	—
$SSAR_a$	成人皮肤表面土壤黏附系数(mg/cm^2)	0.07	0.07	0.07	复合工人：0.12 室外工人：0.12 室内工人：无	0.3

续表

参数符号	定义	RSVs 默认值		RSL 默认值		
		敏感用地	非敏感用地	居住用地	工业用地	建筑用地
$SSAR_c$	儿童皮肤表面土壤黏附系数（mg/cm²）	0.2	—	0.2	—	—
E_v	每日皮肤接触事件频率（次/d）	1	1	1	复合工人：1 室外工人：1 室内工人：无	1
$OSIR_a$	成人每日摄入土壤量（g/d）	0.1	0.1	0.1	复合工人：0.1 室外工人：0.1 室内工人：0.05	0.33
$OSIR_c$	儿童每日摄入土壤量（g/d）	0.2	—	0.2	—	—
$GWCR_a$	成人每日饮用水量（mL/d）	1000	1000	2500	2000	—
$GWCR_c$	儿童每日饮用水量（mL/d）	700	—	780	—	—
$DAIR_a$	成人每日空气呼吸量（m³/d）	14.5	14.5	20	20	20
$DAIR_c$	儿童每日空气呼吸量（m³/d）	7.5	—	20	—	—
τ	气态污染物入侵持续时间（s）	946080000	788400000	—	—	—
fspi	室内空气中来自土壤的颗粒物所占比例（—）	0.8	0.8	—	—	—
fspo	室外空气中来自土壤的颗粒物所占比例（—）	0.5	0.5	—	—	—
PIAF	吸入土壤颗粒物在体内滞留比例（—）	0.75	0.75	—	—	—
AT_{nc}	非致癌效应平均作用时间（d）	2190	9125	儿童2190 成人9490	9125	350
AT_{ca}	致癌效应平均作用时间（d）	27740	27740	25550	25550	25550
TCR	目标致癌风险（—）	1×10^{-6}	1×10^{-6}	1×10^{-6}	1×10^{-6}	1×10^{-6}
THQ	目标非致癌危害商（—）	1	1	1	1	1

第4章 典型污染物土壤筛选值

4.1 关注污染物毒理特征

本书筛选了污染场地中较典型的 91 种污染物作为 COC，并参考英国 SGV 导则、C4SL 导则、美国 ATSDR 数据库（https://www.atsdr.cdc.gov/substances/toxsubstance.asp?toxid=15）和 IRIS 数据库（https://cfpub.epa.gov/ncea/iris/search/index.cfm?）对其中典型污染物的环境归趋和毒性参数进行了总结。COC 具体包括以下几类。

重金属/类金属(5 种)：砷(无机)、镉、铬(VI)、汞(无机)、镍。

氯代烃(18 种)：四氯化碳、氯仿、氯甲烷、1,1-二氯乙烷、1,2-二氯乙烷、1,1-二氯乙烯、顺式-1,2-二氯乙烯、反式-1,2-二氯乙烯、二氯甲烷、1,2-二氯丙烷、1,1,1,2-四氯乙烷、1,1,2,2-四氯乙烷、四氯乙烯、1,1,1-三氯乙烷、1,1,2-三氯乙烷、三氯乙烯、1,2,3-三氯丙烷、氯乙烯。

氯苯和氯酚类(7 种)：一氯苯、1,2-二氯苯、1,4-二氯苯、2-氯酚、2,4-二氯酚、2,4,6-三氯酚、五氯酚。

苯系物(7 种)：苯、乙苯、苯乙烯、甲苯、间二甲苯、对二甲苯、邻二甲苯。

总石油烃(6 种)：Aliph > C5～C8、Aliph > C9～C18、Aliph > C19～C32、Arom > C6～C8、Arom > C9～C16、Arom > C17～C32。

多环芳烃(8 种)：苯并[*a*]蒽、苯并[*a*]芘、苯并[*b*]荧蒽、苯并[*k*]荧蒽、䓛、二苯并[*a,h*]蒽、茚并[1,2,3-*cd*]芘、萘。

多氯联苯(16 种)：3,3′-二氯联苯胺、多氯联苯 77、多氯联苯 81、多氯联苯 105、多氯联苯 114、多氯联苯 118、多氯联苯 123、多氯联苯 126、多氯联苯 156、多氯联苯 157、多氯联苯 167、多氯联苯 169、多氯联苯 189、多氯联苯(高风险)、多氯联苯(低风险)、多氯联苯(最低风险)。

农药(14 种)：阿特拉津、氯丹、*p*, *p*′-滴滴滴、*p*, *p*′-滴滴伊、滴滴涕、敌敌畏、乐果、硫丹、七氯、*α*-HCH、*β*-HCH、*γ*-HCH、六氯苯、灭蚁灵。

其他污染物(10 种)：邻苯二甲酸二(2-乙基己基)酯、邻苯二甲酸丁基苄酯、邻苯二甲酸二正辛酯、二噁英类(总毒性当量)、二噁英(2,3,7,8-TCDD)、多溴联苯、硝基苯、苯胺、2,4-二硝基甲苯、2,4-二硝基酚。

4.1.1 重金属

1. 砷(As)

1)基本性质特征

自然条件下元素砷(CAS No. 7440-38-2)以两种形式存在：钢灰色脆性金属固体或深灰色无定形固体。尽管砷通常被归类为重金属，但它是一种类似于磷的类金属。砷在自然环境中主要以含砷矿物的形式存在，目前已经确定了 200 多种，其中约 60% 为砷酸盐，20% 为硫化物，其余 20% 包括砷化物、亚砷酸盐和氧化物。毒砂是最常见的砷矿物形式，含砷量达 46.01%，是制取砷和各种砷化物的主要矿物原料。

砷可以形成无机砷和有机砷，常见的价态包括–3 价、+3 价、+5 价。As_2O_3(CAS No. 1327-53-3)在常温下为固态晶体，它通常是提炼非铁金属如铜或铅等的副产物。多数 As_2O_3 能转化成砷酸(H_3AsO_4)，进而再变成砷酸盐。

砷具有致癌毒性，因此在许多应用中已被禁止使用或逐步淘汰。目前，砷主要用于生产砷酸铜镉、木材防腐剂和农药。高纯度砷也用于制造砷化镓半导体、电信系统、太阳能电池和太空研究。历史上，包括砷酸钙、砷酸铅和亚砷酸钠在内的无机砷化合物都曾被用作杀虫剂，其中砷酸铅曾被用于果园的害虫防治。砷及其无机化合物也曾被用于玻璃制造、合金生产、兽医药品以及铅酸电池的生产。

2)毒性评估

砷是一种已知的具有基因毒性的致癌物质，国际癌症研究机构将砷定义为已知的人类致癌物(IARC, 2012)。砷能以不同的氧化态形式存在，并形成多种不同的无机和有机化合物，多数毒性与无机砷有关。无机砷对人体具有致癌作用，因此风险评估主要考虑无机砷的毒性参数。

美国 IRIS 数据库提出砷的经口摄入参考剂量 RfD 如表 4-1 所示。根据饮用水中砷浓度(0.001～0.017 mg/L)的算术平均值计算得到砷的无可见损害作用剂量(NOAEL)为 0.009 mg/L。该值包括了从食物中摄入砷的量，假设人体日均饮水量为 4.5 L/d，体重为 55 kg，则换算 NOAEL=(0.009 mg/L×4.5 L/d+0.002 mg/d)/55 kg= 0.0008 mg/(kg·d)。RfD 根据 NOAEL 与不确定因子(UF)=3 的比值计算结果为 0.3 μg/(kg·d)。砷的经口致癌斜率因子 SF_o 为 1.5 [mg/(kg·d)]$^{-1}$，饮用水单位风险为 $5×10^{-5}$(μg/L)$^{-1}$。呼吸单位风险(IUR)为 $4.3×10^{-3}$(μg/m^3)$^{-1}$。

英国 SGV 导则给出砷健康基准值如表 4-2 所示。砷的经口指示剂量(ID_{oral})根据英国饮用水标准(10 μg/L)推导，该标准对应的额外终身致癌风险为 $4×10^{-4}$～$40×10^{-4}$(EA, 2009d)，假设受体体重为 70 kg，日均饮水量为 2 L/d，则换算成 ID_{oral} 为 0.3 μg/(kg·d)。但如果根据最小风险原则来推导 ID_{oral} 的范围应该为 0.0006～

0.003 μg/(kg·d)。英国环保署提出如果立法监管机构采用的致癌物质管理标准比推导的 ID 值宽松，则对污染场地风险评估所采用的 ID 值也不必要如此保守。砷的呼吸指示剂量(ID$_{inh}$)则是基于世界卫生组织提出的空气质量标准来推导的，该标准对应的额外终身肺癌风险为十万分之一(10^{-5})。并且由于呼吸指示剂量对应的风险远低于经口暴露风险(40~400 倍)，因此在推导 SGV 时，并没有考虑砷的呼吸途径。

表 4-1　砷经口摄入参考剂量

关键影响	实验剂量	不确定因子 UF	修正因子 MF	参考剂量 RfD/[mg/(kg·d)]
色素沉着过度，角化病和血管并发症，人类慢性经口暴露	NOAEL：0.009 mg/L 转换为 0.0008 mg/(kg·d)；LOAEL：0.17 mg/L 转换为 0.014 mg/(kg·d)	3	1	$3×10^{-4}$

表 4-2　砷的健康基准值

导则	健康基准值	单位	砷
SGV 导则	ID$_{oral}$	μg/(kg BW·d)	0.3
	ID$_{inh}$	μg/(kg BW·d)	0.002
C4SL 导则	LLTC$_{oral}$	μg/(kg BW·d)	0.3
	LLTC$_{inh}$	μg/(kg BW·d)	0.004

注：ID$_{oral}$ 和 LLTC$_{oral}$ 基于英国饮用水标准推导；BW 表示体重。

英国 SGV 导则也推荐了成人从空气中吸入无机砷的暴露剂量大约为 0.014 μg/d，从食品或饮用水中摄入砷的暴露剂量要更高，约为 5 μg/d(EA, 2009d)，但对于致癌污染物的土壤筛选值，并不考虑背景暴露剂量的影响。

英国 C4SL 导则综述了世界卫生组织/食品添加剂联合专家委员会(WHO/JECFA, 2011a, 2011b)、欧洲食品标准局(EFSA, 2009)和国际癌症研究机构 (IARC, 2012)对砷毒性的研究成果，更新了砷的毒性参数。C4SL 导则利用基准剂量响应值(benchmark dose response，BDR)或它的 95%置信下限值(benchmark dose lower confidence level, BMDL)基于暴露范围(margin of exposure，MOE)得到了风险水平为 $2×10^{-5}$ 的 LLTC$_{oral}$ 值为 0.01~0.04 μg/(kg BW·d)，这远低于原来的 0.3 μg/(kg BW·d)(表 4-2)，但最终出于英国的政策管理方面考虑，仍以 0.3 μg/(kg BW·d)作为经口摄入的 LLTC$_{oral}$ 值，但该值对应的风险水平为 $5×10^{-4}$。砷的呼吸吸入 LLTC$_{inh}$ 值为 0.004 μg/(kg BW·d)，对应的风险水平为 $2×10^{-5}$。需要说明的是，由于经口摄入的 LLTC$_{oral}$ 比呼吸吸入的 LLTC$_{inh}$ 高出几个数量级，因此推导砷的 C4SL 值时，英国导则并没有考虑砷的 $LLTC_{inh}$，而是直接将所有途径的暴露剂量 ADE（经口摄入、皮肤接触、呼吸吸入）与 $LLTC_{oral}$ 的比值等于 1 来推导 C4SL。

3）环境归趋

砷在土壤中的天然来源主要是母岩风化。尽管砷出现在火山岩中，但黏质的沉积岩（如页岩和泥岩）和高度硫化矿化区域中仍能发现浓度较高的砷。

砷的人为来源包括发电厂、冶炼厂、采矿废物以及城市、工商业活动产生的灰渣。发电厂产生的灰渣可掺入水泥作为道路和建筑材料，因此砷可能会从这些物质释放到土壤中。砷也可以通过施用杀虫剂和化肥进入土壤环境。污水处理产生的污泥也可能是土壤中砷的另一来源。

英国的一项土壤调查项目表明，乡村土壤中砷的浓度范围为 0.5～143 mg/kg 干重土，平均值 10.9 mg/kg 干重土（EA, 2007）。根据我国 1990 年发布的《中国土壤元素背景值》，我国土壤中砷的背景浓度 95%置信上限值范围为 11.1～69.1 mg/kg。

在典型的表层土壤中，无机砷的主要形态为亚砷酸盐（AsO_3^{3-}）和砷酸盐（AsO_4^{3-}），而后者主要形成于氧化条件下。砷酸盐和亚砷酸盐在土水系统中的关系较为复杂，土壤中黏土矿物、铁铝氧化物、有机质、氧化还原电位和 pH 均可能影响二者之间的相互转化。

在低 pH 条件下，亚砷酸盐通常被认为比砷酸盐更容易迁移。二者都能吸附在土壤的铁和铝的水合氧化物、黏土和有机质上，但磷酸盐可能对二者的吸附有干扰。铝氧化物和氢氧化物在酸性土壤中对砷的吸附影响显著。一般认为土壤中主要影响砷吸附的因素为铁的含量。砷酸盐被发现能够与铁锰氧化物发生强烈的键合作用。但也有研究发现砷酸盐在碱性条件下能够从铁氧化物上解吸下来。

砷天然存在于土壤和矿物质中，可能会在风力作用下以颗粒形式进入空气、水和土地，并可能通过径流和淋溶作用进入水中。砷能够与多种金属元素构成伴生矿物，如铜矿和铅矿，因此砷可以在矿石的开采和冶炼过程中进入环境。由于煤和灰渣中也含有一些砷，因此燃煤发电厂和焚烧炉可能会释放少量的砷到大气中。

砷在环境中不会被降解，只发生价态改变，发电和其他燃烧过程中释放的砷通常会附着在微小的胶体颗粒上，而土壤中的砷通常吸附于较大的颗粒上。这些颗粒可能沉淀在地面上，或者被雨水从空气中淋滤到地表。附着在极小颗粒上的砷也可能会在空气中停留数天，并传播很远的距离。许多常见的砷化合物可以溶解在水中，一些砷会附着在水中的颗粒或湖泊、河流底部的沉积物上，并可能随水流迁移。多数砷最终会进入土壤或沉积物，而进入河流湖泊的砷可能会被鱼和贝类吸收，导致砷在水生动物组织中积累，但累积物质多以有机砷的形式存在，因此危害作用较小。

4）潜在健康危害

砷可以通过呼吸吸入或经口摄入途径暴露于人体，砷通过吸入途径被吸收主要取决于颗粒大小和溶解度。人体长期吸入或经口暴露于砷将导致肺癌等一系列癌症（肝癌、肾癌、皮肤癌、膀胱癌和肺癌等）的发生。砷的皮肤暴露风险较低，EPA 推荐砷的皮肤黏附系数（ABS_d）为 0.03，用于推导筛选值。目前研究砷从土壤到颗粒物的传输因子数据较少，英国 SGV 导则默认传输因子为 0.5 g/g。尽管已有研究利用体外肠胃模拟实验考察了砷在 165 个英国城市土壤样品中的生物可给性（bioaccessiblility）的比例，但研究结果表明，砷的生物可给性的比例范围为 6%～68%，平均值为 22%～30%，不同地域之间的值变异性非常大，因此在推导筛选值时，暂不考虑砷的生物可给性，即假设经口摄入和呼吸吸入途径的生物可给性为 100%。

砷被发现存在于多数植物中，但目前人们对砷的生物化学作用知之甚少。摄入过量的砷被认为会扰乱酶功能，影响植物吸收磷酸盐。通常认为允许的砷浓度为 2 mg/kg 干重植物。越来越多的文献研究表明，砷能存在于植物和水果中，而且英国对果园和租赁蔬菜地的调查结果发现，几乎所有植物种类中均有砷检出。

2. 镉（Cd）

1）基本性质特征

镉（CAS No. 7440-43-9）具有银白色金属光泽，在室温下可以轻松切割，在潮湿空气中可缓慢氧化形成氧化镉。氧化镉为绿黄色、棕红色、红色至黑色结晶固体或粉末。尽管镉广泛分布于岩石和土壤中，但地壳中镉的丰度较低，很少以单质形式存在，硫镉矿（CdS）、硒化镉（CdSe）和方镉石（CdO）是镉的主要矿物形式。镉主要来自锌矿、锌铅矿、铜矿开采的副产物或废旧电池。镉主要用于镍镉电池的生产，并作为太阳能电池及其他电子设备中的半导体和光电导体元件等材料来使用，同时也可用于塑料、玻璃和陶瓷的颜料、杀菌剂、PVC 等塑料的稳定剂以及钢铁和其他有色金属的耐腐蚀涂层。

镉的化学性质与锌相近，对硫具有很强的亲和力，在化合物中主要为+2 价，且有颜色。镉容易与氧、硫和常见阴离子（包括 Cl^-、NO_3^- 和 CO_3^{2-}）形成简单盐类。在水溶液中，镉通常形成简单的水合氢氧根离子，如$[Cd(OH)(H_2O)_x]^+$，也可以与卤化物、氢氧化物、氰化物和硝酸盐等配体发生配位反应，但范围远小于其他过渡金属。在空气和水中，有机镉化合物反应剧烈且极不稳定，常用于从酰氯制备酮。

2）毒性评估

美国 IRIS 数据库提出镉的经口摄入参考剂量如表 4-3 所示。根据毒理动力学模型预测镉的 NOAEL 分别为 5 μg/(kg·d) 和 10 μg/(kg·d)，经过不确定因子（UF=10）

换算为饮用水参考剂量为 0.5 μg/(kg·d)，食用的参考剂量 RfD 为 1 μg/(kg·d)（表 4-3），镉的土壤筛选值也是根据经口食用参考剂量推导而来。镉的吸入参考剂量为 0.01 μg/m^3，呼吸单位风险 IUR 为 1.8×10^{-3} (μg/m^3)$^{-1}$。

表 4-3　镉经口摄入参考剂量

关键影响	实验剂量 /[μg/(kg·d)]	不确定因子 UF	修正因子 MF	参考剂量 RfD /[μg/(kg·d)]
低分子尿蛋白增多，涉及长期暴露的人体研究	NOAEL（水）：5	10	1	0.5（水）
	NOAEL（食品）：10	10	1	1（食品）

表 4-4 为镉的健康基准值（HCV）。英国采用的镉总允许日均摄入量（TDI$_{oral}$）基于人体流行病学数据得到，为基准剂量响应值为 5% 时 95% 的置信下限，TDI$_{oral}$ 为 0.36 μg/(kg BW·d)（EA, 2009e）。根据欧盟委员会工作组的建议，总允许日均吸入量（TDI$_{inh}$）基于致肺癌的最低风险得到（EA, 2009e）。英国采用镉的毒性参数都远低于美国。镉对皮肤的暴露影响并不显著，目前尚未有皮肤暴露的健康基准值。

表 4-4　镉的健康基准值

导则	健康基准值	单位	镉
SGV 导则	TDI$_{oral}$	μg/(kg BW·d)	0.36
	MDI$_{oral}$	μg/d	13.4
	TDI$_{inh}$	μg/(kg BW·d)	0.0014
	MDI$_{inh}$	μg/d	0.02
C4SL 导则	LLTC$_{oral}$	μg/(kg BW·d)	0.54
	LLTC$_{inh}$	μg/(kg BW·d)	0.0029

注：BW 表示体重；TDI 表示容许日均摄入量；MDI 表示日均摄入量。

英国 SGV 导则提出镉的成人经口日均摄入量（MDI$_{oral}$）为 13.4 μg/d，呼吸日均摄入量（MDI$_{inh}$）约为 0.02 μg/d。我国人体膳食镉摄入的平均剂量约为 0.51 μg/(kg BW·d)（Song et al., 2017），已经超过了 TDI$_{oral}$ 的值。

英国 C4SL 导则对镉的毒性进行更新，根据人体流行病学的数据，以产生 10% 的额外致癌风险即 BMR 为 10% 的响应值的 95% 置信下限值（BMDL$_{10}$）0.54 μg/(kg BW·d) 作为 LLTC$_{oral}$，这个值略微超过了 ATSDR 提出的毒性参数 0.5 μg/(kg BW·d)（ATSDR, 2012a），但仍然能够起到降低癌症风险的作用。以 10% 的响应值的 95% 置信下限值（BMDL$_{10}$）为分离点（POD），对应每肌酸酐水平中有 0.5 μg 镉。专门针对呼吸途径，根据美国 ATSDR 毒理动力学模拟效果，假设从饮食中摄入背景镉浓度为 0.3 µg/(kg BW·d)，基于 0.5 µg 镉/肌酸酐水平反推空气中镉的浓度应为 100 ng/m³，考虑到不确定性因素，假设 $LLTC_{inhal}$ 为 100/9 = 11.1 ng/m³（约为 10 ng/m³）。对于体重为 70 kg 的成年人，日均呼吸体积为 20 m³/d，则换算 $LLTC_{inhal}$ 为 0.0029 µg/(kg BW·d)。

3）暴露评估

镉在土壤中的天然来源为母岩的风化作用。镉在沉积岩中的浓度范围较广，在沉积磷酸盐矿床和黑色页岩中浓度最高。多数土壤中的镉来自母岩的风化作用，浓度一般小于 1 mg/kg，但在黑色页岩与矿化沉积物风化的土壤中，镉的浓度可能更高。

镉能够通过非铁金属采矿和精炼、磷肥生产、化石燃料燃烧、废物焚烧和弃置等方式进入土壤、水和空气环境中。镉是磷肥中的微量元素，根据欧洲央行（2007年）报告，磷肥中镉的含量约为 79 mg/kg。由于磷肥的使用，欧盟估计每年有 231 t 镉进入农田。

镉在土壤中通常以二价阳离子(Cd^{2+})形式存在，水合游离阳离子$[Cd(H_2O)_6]^{2+}$是镉的主要形式，但也可以与氯离子($CdCl^+$、$CdCl_3^-$、$CdCl_4^{2-}$)，羟基{$[Cd(OH)]^+$、$[Cd(OH)_3]^-$、$[Cd(OH)_4]^{2-}$}和碳酸氢盐以及中性可溶性物质如硫酸镉($CdSO_4$)和氯化镉($CdCl_2$)结合成络合离子。可溶性和不溶性的有机物络合物也可能很重要，尽管镉与腐殖酸和富里酸形成的稳定络合物比铜和铅形成的络合物要少。

在大多数污染土壤中，决定镉在土壤溶液和土壤固相之间的浓度分布似乎为表面吸附过程，而不是沉淀。但是在极高的镉浓度下，镉的磷酸盐和碳酸盐也会沉淀。在厌氧条件下，不溶性硫化物的形成可能对土壤溶液中的镉产生影响。

土壤对镉的吸附很大程度上依赖于 pH，其迁移率随着碱度的增加而降低。土壤有机质也是一个重要因素。研究表明，镉的土壤-水分配系数(K_d)的变化主要是由土壤 pH、土壤有机质含量和总镉浓度决定。控制镉迁移的次要因素是铁和锰水合氧化物以及有机物-铁络合物。

土壤中镉能够通过淋溶作用进入水体，尤其是在酸性条件下。有研究证明，城市固废焚烧产生的氯代络合物能降低镉在两种常见黏土(高岭土、伊利石)中的吸附作用。此外，研究也发现，阳离子竞争吸附作用会增强镉的迁移，含镉土壤颗粒也能通过扩散作用进入空气或水体。镉能够在水生生物和农作物中发生富集。此外，由于镉能被植物有效吸收，进而进入人群或动物的食物链，因此镉污染的土壤受到人们的广泛关注。镉在水环境中比其他重金属(如铅)更容易迁移，其在水中能够与其他无机物或有机物形成水合离子或离子配合物。

4）潜在健康危害

镉能够通过经口摄入和呼吸吸入对人体肾脏和骨骼产生毒性，长期吸入镉的工作人员有罹患肺癌的风险。镉还能在肾脏中累积，并且如果暴露浓度超过临界阈值，将导致肾小管细胞和肾功能受损。镉的积累还会影响维生素 D 的代谢，扰乱人体内的钙平衡，导致骨骼内矿物质含量下降，引起骨质疏松和骨软化(EA, 2009e)。

日常生活中，镉暴露于人群的途径包括食物摄入、饮用水、吸入空气中的颗粒物、吸烟或直接摄入污染土壤或颗粒物。食物摄入可能是镉暴露于不吸烟人群的主要途径。绿叶菜(生菜、菠菜)、土豆、谷物、花生、黄豆和向日葵种子中均能富集较高含量的镉，其含量为 0.05～0.12 mg/kg。由于烟叶能从土壤中富集较高含量的镉，因此吸烟是镉暴露于吸烟人群的主要途径。

一般认为土壤中镉及其无机化合物被皮肤吸收的效果不显著。美国 EPA(2011)建议镉的皮肤吸收因子(ABS_d)为 0.001。假设食物中的镉在消化道中的吸收因子(ABS_{gi})为 0.025，饮用水中镉的 ABS_{gi} 为 0.05，镉从土壤向颗粒物的迁移因子默认值为 0.5 g/g 干重。

5)土壤筛选值

英国推导镉筛选值时，对于居住用地和私租蔬菜地用途，采用了终身平均暴露的算法。尽管幼儿通常更易暴露于土壤污染物，但镉的肾脏毒性以及 TDI_{oral} 和 TDI_{inh} 的推导均是基于对 50 年左右镉累积对肾脏产生的负担(EA, 2009e)。对镉来说，经口、皮肤和呼吸暴露途径均会对肾脏和骨骼系统产生影响，因此，经口和皮肤暴露剂量之和与 $LLTC_{oral}$ 比较，呼吸途径的暴露剂量与 $LLTC_{inhal}$ 比较，并且镉筛选值推导同时考虑了儿童期和成人期的长期(18 个年龄段)平均暴露。

当食用自产农作物时，在居住用地和私租蔬菜地情景下，镉的食用暴露对总暴露的贡献最大，并且是主导风险暴露途径；对于工商业用地情景，土壤经口摄入暴露对总暴露量的贡献最大，而吸入室内颗粒物途径对总暴露量的贡献微不足道，但是吸入室内颗粒物途径在工商业用地情景下是一个重要的风险驱动因素，因为通过非经口途径镉的潜在毒性阈值明显较低(TDI_{inh} 比 TDI_{oral} 低约 250 倍)。背景暴露在所有土地利用情景下对总暴露量均有重要贡献因素。

英国 SGV 导则提出暴露于包括饮食和环境空气在内的非土壤来源的镉分别高于 TDI_{oral} 和 TDI_{inh}，对于幼儿来说，非土壤暴露量可能超过相关 TDI 的 50%(EA, 2009e)。因此，在推导 SGV 时，设定土壤来源的暴露量最小为 TDI 的 50%，这代表土壤浓度大于 SGV 时，土壤和非土壤来源的总暴露量将超过 TDI。

3. 六价铬[Cr(Ⅵ)]

1)基本性质特征

铬(CAS No. 7440-47-3)常见于岩石、动植物、土壤、火山灰和气体中，以多种形态存在于环境中，最常见的形式为 0 价、Ⅲ价和Ⅵ价铬。铬(Ⅲ)天然存在于环境中，是一种必需的营养物质，铬(Ⅵ)和铬单质通常在工业过程中产生。金属铬主要用于炼钢。铬(Ⅵ)和铬(Ⅲ)用于生产镀铬、染料和颜料,在皮革鞣制以及木材防腐工艺中也有使用。铬的化合物无任何味道或气味。

铬(Ⅵ)能产生于多种工业活动,包括生产铬酸盐和重铬酸盐,制备铬铁合金、铬颜料、不锈钢,焊接,表面镀铬,原料鞣制,煤炭和石油燃烧,废物焚烧等活动。全球每年约产生 194.2 万 t 铬(Ⅵ)的化合物,估计约有 17.5 t 铬(Ⅵ)被释放到环境中(CL:AIRE, 2014)。

进入环境中的铬(Ⅵ)可能通过各种生物或非生物途径被还原成铬(Ⅲ),因此铬(Ⅵ)的影响范围通常只局限于污染源的周边。在生物体系中,铬(Ⅲ)不会被氧化为铬(Ⅵ),并且食品中铬的形式主要是铬(Ⅲ)。

2)毒性评估

根据小鼠饮用铬(Ⅵ)(K_2CrO_4)污染水周期为 1 年的毒理实验,得出 NOAEL 的值为 2.5 mg/(kg·d),除以 UF=300 和 MF=3 可得经口摄入参考剂量 RfD 为 3×10^{-3} mg/(kg·d)(表 4-5)。

表 4-5 铬(Ⅵ)经口摄入参考剂量总结

关键影响	实验剂量	不确定因子 UF	修正因子 MF	参考剂量 RfD/[mg/(kg·d)]
大鼠饮水 1 年的研究	NOAEL: 25 mg/L 铬(Ⅵ)K_2CrO_4 2.5 mg/(kg·d) LOAEL: 无	300	3	3×10^{-3}

对铬酸雾和溶解铬(Ⅵ)气溶胶环境中的亚慢性职业人群暴露研究表明,此环境中的人群易患上鼻黏膜刺激、萎缩及胃穿孔等疾病,LOAEL 为 2×10^{-3} mg/m³(矫正后为 7.14×10^{-4} mg/m³),然而这种暴露相对于一般的环境颗粒具有较大的差异性。研究发现,小鼠暴露于铬(Ⅵ)颗粒产生的呼吸影响较小,基准剂量(BMD)为 0.016 mg/m³(矫正后为 0.034 mg/m³),除以 UF=300 和 MF=1 可得呼吸参考浓度 RfC 为 1×10^{-4} mg/m³(表 4-6)。根据多级风险-剂量的外推法得到空气呼吸单位风险 IUR 为 1.2×10^{-2} (μg/m³)$^{-1}$。

英国 C4SL 导则综述了权威机构总结的 Cr(Ⅵ)的毒性剂量为 0.5~5 μg/(kg·d)。美国国家毒理学计划(National Toxicology Program,NTP)推荐的值范围更低,为 0.5~0.9 μg/(kg·d)。对于阈值效应,较多权威机构(WHO、EPA 和 ATSDR)通常根据 NTP 的推荐值计算出基准剂量的 95%置信下限值(BMDL$_{10}$),并以不确定因子 UF 为 100 对分离点进行了外推计算,最后得到的参考剂量(RfD)、容许日均摄入量(TDI)或最小风险水平为 0.9 μg/(kg·d)或 1 μg/(kg·d)(取决于 BMDL$_{10}$ 附近的值)(EPA, 2010b; IPCS, 2011; ATSDR, 2012b)。

表 4-6　铬（Ⅵ）吸入参考浓度总结

	关键影响	实验剂量	不确定因子 UF	修正因子 MF	参考浓度 RfC/(mg/m³)
铬酸雾和溶解的 Cr(Ⅵ)气溶胶	人类亚慢性职业研究	NOAEL：无 LOAEL：2×10^{-3} mg/m³ 7.14×10^{-4} mg/m³(修正值)	90	1	8×10^{-6}
Cr(Ⅵ)颗粒	小鼠亚慢性研究	BMD：0.016 mg/m³ 0.034 mg/m³(修正值)	300	1	1×10^{-4}

注：8 h 职业暴露的呼吸率为 10 m³；24 h 连续暴露的呼吸率为 20 m³；职业暴露为 5 d/周；连续暴露：7 d/周。RDDR（颗粒的区域沉积剂量比，用以解释小鼠与人之间的差异）为 2.16。

对于致癌效应，EPA 根据小鼠小肠中产生肿瘤的试验获取了 $BMDL_{10}$，如果每天暴露剂量为 0.1 μg/(kg·d)，则以 70 年平均作用时间推算产生的风险为 8×10^{-4}。而 WHO 计算的终生致癌风险为 5×10^{-4}，所对应的暴露剂量为 1 μg/(kg·d)（IPCS，2011）。

英国目前采用的健康基准值与美国 EPA 采用 RfD 保持一致，该基准值根据 Cr(Ⅵ)饮用水的最大污染水平 100 μg/L 来推导，假设体重为 70 kg 的成人每天饮用 2 L 水，则相当于摄入剂量为 3 μg/(kg·d)。而且，英国 SGV 导则认为土壤中主要以 Cr(Ⅲ)为主，而 Cr(Ⅵ)对人群健康产生风险的可能性较低，因此，在健康风险评估中没有考虑 Cr(Ⅵ)的致癌效应，而主要考虑了非致癌效应的暴露风险。

英国 C4SL 导则推导 Cr(Ⅵ)的 LLTC 值时，根据基准剂量 BMD_{10} 为 2.2 mg/(kg·d)，预留边界为 5000 倍，则临时 LLTC(非阈值效应)为 0.44 μg/(kg·d)。该值低于目前所采用的参考剂量值 3 μg/(kg·d)，也低于 ATSDR 推荐的最小风险水平值 0.9 μg/(kg·d)，能够预防弥漫性上皮增生疾病，但是高于成人和儿童从食品和饮水中日均摄入的 Cr(Ⅵ)的量。

3）环境归趋

人类接触铬的来源既有自然源，也有人为源。铬天然存在于地壳中，其主要的自然接触源是环境中存在的胶体颗粒。人类活动使铬大量释放到环境中，占大气铬排放总量的 60%～70%。研究表明，美国每年人为排放到大气中的铬为 2700～2900 t，约有 1/3 为铬(Ⅵ)。工业排放是铬进入空气、水和土壤的主要途径。电镀、制革和纺织工业将向地表水排放大量的铬。含铬工业产品和电力公司及其他工业产生的煤灰是土壤中铬的主要来源。铬酸盐生产过程中产生的固废和炉渣及垃圾填埋场铬的渗漏也可能是铬暴露的潜在来源。

铬可以溶解在水中或吸附在水中黏土、有机质或氧化铁(Fe_2O_3)颗粒上。

多数可溶性铬为铬(VI)或铬(III)的络合物,一般铬(III)的比例较小。可溶性铬(VI)可存在于某些水体中,但最终会被水中的微生物或其他还原剂还原为铬(III)。铬(VI)和铬(III)在湖泊水体中的停留时间为 4.6~18 年。释放到水中的大部分铬最终会聚集在沉积物中。美国地表水中总铬的浓度可达 84 μg/L,雨水中铬的浓度可达 0.2~1 μg/L。铬化合物不具有挥发性,因此很难从水中转移到大气中。

铬在土壤中的迁移速率与铬的形态有关,铬的形态是土壤氧化还原电位和 pH 的函数。在大多数土壤中,铬主要以铬(III)氧化态形式存在,其溶解度和反应活性较低,因此铬(III)在土壤中迁移性较差。在氧化条件下,土壤中的铬(VI)可能以 CrO_4^{2-} 和 $HCrO_4^-$ 形态存在,此时,铬(VI)相对容易溶解和迁移。

4)潜在健康危害

吸入高浓度铬(VI)可造成鼻黏膜刺激、鼻溃疡、流鼻涕以及哮喘、咳嗽、气短或气喘等呼吸症状。不同形态的铬会对人体造成不同程度的影响,相比铬(III),铬(VI)即使在浓度很低的情况下也会对人体产生不良影响。动物在摄入铬(VI)的化合物后会导致胃部和小肠刺激与溃疡和贫血等问题。此外,实验室研究表明,暴露于铬(VI)的雄性动物存在产生精子障碍或生殖系统受损的问题。皮肤接触某些铬(VI)化合物可能引起皮肤红肿甚至溃烂的现象。美国卫生与人类服务部(U.S. Department of Health and Human Service, DHHS)、国际癌症研究机构及美国环保局已证实铬(VI)是已知的人类致癌物质。吸入铬(VI)的工人易患肺癌,长期饮用铬(VI)污染的水也会增加罹患胃癌的风险。

4. 汞

1)基本性质特征

汞(CAS No. 7439-97-6)是一种致密的银白色金属,室温下为挥发性液体。汞不能与较轻的过渡金属如铁形成合金,但很容易与钠和锌形成合金。汞在环境中常以元素形式存在,如无机汞(II)化合物或单甲基汞化合物,汞的来源主要为天然存在的矿物朱砂(HgS)。由于无机汞的自然微生物转化作用,甲基汞化合物最可能存在于土壤中。毒理学研究主要以氯化甲基汞的毒性作为有机汞化合物的代表。

2)毒性评估

由于汞的毒性数据比较缺乏,汞的呼吸吸入参考浓度 RfC 被指定为中等置信度。1994 年 11 月 EPA 的汞研究工作组审议报告指出,当 UF=30,MF=1 时,计算得到汞的 RfC 为 $3×10^{-4}$ mg/m³(表 4-7)。

表 4-7 汞呼吸吸入参考浓度总结

关键影响	实验剂量	不确定因子 UF	修正因子 MF	参考浓度 RfC/(mg/m³)
手震颤，记忆障碍增加；自主神经功能轻微障碍的主观和客观证据	NOAEL：无 LOAEL：0.025 mg/m³ 0.009 mg/m³(修正值)	30	1	3×10⁻⁴

3）环境归趋

地壳中汞的丰度(0.02～0.06 mg/kg)较低，主要集中在泥质沉积物和煤层中。人为活动是汞排放进入空气的主要来源，也是导致土壤汞污染的重要原因。汞的工业生产主要来自硫化矿，该矿物是火山活动热液矿化作用的产物。尽管农田肥料中也含有微量汞，但汞污染的主要来源包括采矿和冶炼、化石燃料燃烧、工业生产氢氧化钠和氯化物以及废物焚烧等活动。

环境中汞多以金属汞和无机汞化合物的形式存在。金属汞和无机汞可能通过采矿、燃煤发电、市政和医疗废物燃烧、水泥生产等工业生产活动释放到大气中。金属汞在室温下为液体，但是液态汞会蒸发到空气中，并且长距离迁移。空气中的汞蒸气能够转化为其他形式的汞，并且在雨雪天气沉降至水体或土壤中。无机汞还可能通过汞矿石的风化作用、工厂或水处理设施排放污水和含汞的城市垃圾(如温度计、电子开关、荧光灯)焚烧进入环境。土壤中甲基汞化合物的主要来源为土壤系统中非生物和微生物对无机汞的甲基化作用。汞通常滞留在沉积物或土壤中，不会迁移至地下水。

表层土壤中，总汞有 1%～3% 为甲基汞，其余为汞(Ⅱ)的化合物。甲基汞能够进入食物链并在食物链中积累，但是无机汞不存在这种情况。多数植物(如玉米、小麦和豌豆)中汞的含量极低，即使在汞背景含量较高的土壤中生长也是如此。但如果蘑菇在汞污染的土壤中生长，则会受到影响并累积高浓度的汞。

4）潜在健康危害

汞毒性作用的主要靶器官包括中枢神经系统、大脑和肾脏。世界卫生组织提出汞为公共卫生关注的十大化学品之一。环境中的汞主要通过两种途径对人体产生暴露：①食用鱼类或海洋动物(如鲸鱼、海豹)，它们的体内组织中可能含有甲基汞；②填料(如充填龋齿的银汞合金材料)中汞合金里元素汞的释放。金属汞常以汞蒸气的形式引起人体中毒。由于汞蒸气具有高度的扩散性和较大的脂溶性，其可通过呼吸道进入肺泡，经血液循环转运到全身。血液中的汞进入脑组织后，被氧化成汞离子并逐渐在脑组织中积累，达到一定浓度后，将会对脑组织造成损害。主要损害部位包括大脑皮层、小脑和末梢神经。汞离子被人体肠道吸收并分布于全身，大部分积累到肝和肾脏中。因此，慢性汞中毒的临床表现主要为神经系统症状，如头痛、头晕、肢体麻木和疼痛、肌肉震颤、运动失调等。日本著名的公害病——水俣病即由甲基汞慢性中毒引起。

4.1.2　氯代有机物

1. 三氯乙烯

1）基本性质特征

三氯乙烯（CAS No. 79-01-6），分子式为 C_2HCl_3，是一种无色易挥发的液体，具有强挥发性，不易燃，有甜味。

三氯乙烯的主要用途包括两类，一是作为去除金属部件中油脂的洗涤剂，或用于制造其他化学品，如制冷剂 HFC-134a；二是作为油脂、蜡和焦油的提取溶剂，如在纺织加工业中用于洗涤棉和羊毛等布料。

2）毒性评估

三氯乙烯毒性参数为经口致癌斜率因子 $SF_o=4.60×10^{-2}[mg/(kg·d)]^{-1}$，呼吸单位风险 $IUR=4.10×10^{-6}(\mu g/m^3)^{-1}$，经口摄入参考剂量 $RfD=4.8×10^{-4}\ mg/(kg·d)$（表 4-8），呼吸吸入参考浓度 $RfC=2×10^{-3}\ mg/m^3$（表 4-9），具有致突变性的消化道吸收因子为 1。

表 4-8　三氯乙烯经口摄入参考剂量总结

关键影响	分离点	不确定因子 UF	长期参考剂量 /[mg/(kg·d)]
综合	综合	综合	0.0005
30 周饮用水研究中，雌性 B6C3F1 小鼠胸腺重量下降	$HED_{99,LOAEL}$（人体等效剂量）：0.048 mg/(kg·d)	100	RfD=0.00048
B6C3F1 小鼠从妊娠期 0 至 3 或 8 周饮水暴露后，斑块形成细胞反应降低，迟发型超敏反应增加	LOAEL：0.37 mg/(kg·d)	1000	RfD=0.00037

表 4-9　三氯乙烯呼吸吸入参考浓度总结

关键影响	分离点	不确定因子 UF	参考浓度 RfC/(mg/m³)
综合	综合	综合	0.002 (0.0004 mg/L)
30 周饮用水研究中，雌性 B6C3F1 小鼠胸腺重量下降，基于 PBPK 模型的路径间外推	$HEC_{99,LOAEL}$（人体等效浓度）：0.19 mg/m³ (0.033 mg/L)	100	
大鼠胎儿心脏畸形增加，基于 PBPK 模型的路径外推	$HEC_{99,BMDL10}$：0.021 mg/m³ (0.0037 mg/L)	10	

3)环境归趋

空气中三氯乙烯人为排放源包括金属脱脂过程产生的气体，约占三氯乙烯总排放量的91%，其他排放源包括化学品(氯化烃和聚氯乙烯)制造、黏合剂、油漆、涂料和溶剂的蒸发。此外，飞机尾气排放也是环境中三氯乙烯的重要来源。

三氯乙烯的释放也可能发生在污染处理和处置场所。水处理设备在处理污水的过程中可通过挥发和空气剥离过程将受污染水中的三氯乙烯释放到大气中；垃圾填埋场也会排放三氯乙烯。此外，三氯乙烯也是高氯代烃如四氯乙烯的分解产物。三氯乙烯也可能存在于危险废物焚烧排放的废气中。工业废水或垃圾渗滤液中的三氯乙烯也可能进入水生系统或地下水。事实上，三氯乙烯是地下水中常见的有机污染物之一。

大气中的三氯乙烯能够与羟基自由基反应发生降解，半衰期约为 7 d。因此，大气中的三氯乙烯不是持久性化合物，但是三氯乙烯不断释放或四氯乙烯降解产生的三氯乙烯不断累积，将导致其在环境中长期滞留。大气中三氯乙烯可以通过降雨和湿沉降进入地表水或表层土壤中，但通过挥发仍会回到大气中。常温(25℃)条件下，三氯乙烯的亨利常数为 $9.85×10^{-3}$，表明三氯乙烯能够从地表水迅速分配至大气中。

土壤对三氯乙烯的吸附作用主要受土壤有机质含量和成分的影响。不同有机质成分对三氯乙烯的亲和力不同，脂肪、蜡、树脂对三氯乙烯具有较强的吸附分配作用。通过实验获取三氯乙烯的土壤有机碳吸附系数(K_{oc})通常在 49～460，这表明三氯乙烯在土壤中的迁移能力较强。土壤表层的三氯乙烯能够挥发进入大气或通过淋溶作用进入深层土壤中。由于三氯乙烯是一种致密的非水相液体，它可以通过包气带迁移到饱和带，进而取代土壤孔隙水。

地下水中三氯乙烯通过微生物还原脱卤作用发生降解，降解产物为二氯乙烯和氯乙烯，其中氯乙烯是一种致癌物，但通过加入电子供体可进一步降解为乙烯等无毒化合物。

4)潜在健康危害

日常生活中，空气、水和土壤等环境中的三氯乙烯能够通过食物摄入、皮肤接触、饮用水、呼吸吸入蒸气及吸入颗粒物等途径进入人体。通过不同方式进入人体的三氯乙烯，一部分通过呼吸排出体外，另一部分会进入人体血液中。肝脏会将大部分血液中的三氯乙烯转化为其他化学物质。当人体吸收的三氯乙烯不能迅速分解时，部分三氯乙烯或分解产物可以短时间储存于人体脂肪中。

三氯乙烯的长期暴露会导致人体罹患肾癌、肝癌和恶性淋巴瘤(血癌)。长期接触三氯乙烯会导致小鼠患肝癌的概率增加，并且暴露于高浓度三氯乙烯的大鼠患肾癌的概率会增加。美国国家毒理学计划、美国环保局和国际癌症研究机构都已证实三氯乙烯具有致癌效应。

一些人体研究表明，三氯乙烯可能导致新生儿发育缺陷，如自然流产、先天性心脏缺陷、中枢神经系统缺陷和出生体重小等症状。一些动物研究结果表明，动物发育过程中接触三氯乙烯可能会导致其体重下降、心脏缺陷发生率增加、神经系统病变以及免疫系统受到破坏等现象。

2. 三氯甲烷

1）基本性质特征

三氯甲烷（CAS No. 67-66-3，又称氯仿），为无色无刺激性味气体、微甜、高温下易燃，是一种天然存在的化合物，也可以人工合成。

环境中的三氯甲烷主要来源于人为因素，产生于制造业、工业、市政、饮用水、游泳池、温泉等水处理的氯化过程。厌氧条件下，一些细菌可以通过四氯化碳脱氯反应释放三氯甲烷。目前，三氯甲烷经常用于一些药品的制备，或作为萃取剂广泛用于实验室和一些医疗过程（如用于牙根管外科手术，也可与阿司匹林一起应用于带状疱疹的治疗）。

2）环境归趋

三氯甲烷作为农药载体可能会释放到土壤中，进而通过挥发或淋滤作用扩散到大气或者进入地表水或地下水中。三氯甲烷具有较低的土壤吸附性和较高的水溶性，因此三氯甲烷很容易从土壤浸出到地下水中，并且可能长期存在于地下水中。

常温常压条件下，三氯甲烷以蒸气相存在于大气中。三氯甲烷易溶于水，因此它可以通过湿沉降法从大气中去除，但也会因挥发作用强烈，而再次回到大气中。三氯甲烷的土壤有机碳吸附系数（K_{oc}）为31.8，因此三氯甲烷不会显著吸附在地表水的沉积物和悬浮物的有机质中，泥炭藓、黏土、石灰岩或水中的砂砾中几乎检测不到三氯甲烷。

水解或微生物降解是去除三氯甲烷的主要途径。但由于受三氯甲烷的毒性影响，微生物降解通常发生在浓度较低的情况下。此外，微生物的降解作用也可能由于存在其他高浓度的芳烃（如甲苯）、氯代烃（如三氯乙烯）和重金属（如锌）而受到抑制。

3）潜在健康危害

人类呼吸或饮用含有大量三氯甲烷的空气或液体后，人体的中枢神经系统（大脑）、肝脏和肾脏容易受损。短时间吸入高浓度的三氯甲烷（900 mg/L）会导致人体出现疲劳、头晕和头痛等症状；如果人们长时间呼吸、食用或饮用被污染的空气和食物或含有高浓度三氯甲烷的水，可能会导致肝脏和肾脏器官的损害。大量三氯甲烷接触到人体皮肤会引起皮肤溃疡。

研究发现，三氯甲烷与结肠癌和膀胱癌之间可能存在联系。老鼠长期食用或饮用含有大量三氯甲烷的食物或水会增加罹患肝癌和肾癌的风险。根据动物研究结果，国际癌症研究机构、美国卫生与人类服务部已经确定三氯甲烷为一种可能致癌物质。

4）毒性评估

三氯甲烷的经口摄入参考剂量为 0.01 mg/(kg·d)（表 4-10），三氯甲烷致癌暴露风险浓度为 $2.3×10^{-5}$ μg/m³。呼吸单位风险为 $2.3×10^{-5}$ $(μg/m^3)^{-1}$。

表 4-10　三氯甲烷经口摄入参考剂量总结

关键影响	实验剂量	不确定因子 UF	修正因子 MF	参考剂量 RfD/[mg/(kg·d)]
狗肝脏中形成中度/显著脂肪囊肿	NOAEL：无 LOAEL：15 mg/(kg·d) 12.9 mg/(kg·d)（修正值）	1000	1	0.01

3. 氯苯

1）基本性质特征

氯苯（CAS No. 108-90-7）为一种带苦杏仁味的无色液体，人体对氯苯的气味阈值为 0.21 mg/L。氯苯的沸点为 132℃，高于环境中典型的氯代烷烃和氯代烯烃的沸点（通常低于 100℃），因此氯苯的挥发性较低。氯苯的水溶解度为 472 mg/L（25℃），低于典型的氯代有机物。氯苯在自然界中浓度较低，主要作为有机溶剂和化学品的中间体被大量生产。

氯苯主要被用于农药制剂、二异氰酸酯制造、汽车部件脱脂等溶剂、生产硝基氯苯等卤代有机物的中间体，以及生产有机硅树脂的中间体。

2）环境归趋

氯苯对环境有严重危害，对水体、土壤和大气均可造成污染。由于氯苯具有一定挥发作用，在水中具有中等溶解度（500 mg/L），通常在水和土壤中的氯苯会很快地挥发到空气中，大气是氯苯在环境中迁移转化的主要媒介，对氯苯的环境归趋起着重要作用。氯苯在沙土中的生物降解很慢，能通过淋滤作用进入地下水，若存在于有机的土壤中，它可能会被生物降解形成矿物质。氯苯具有较强吸收紫外光的能力，在模拟大气条件下，氯苯的半衰期为 20～40 h，在水中的氯苯蒸发的半衰期大约为 4.5 h（在缓和的风中），在温暖的地方半衰期较短。在水体中的氯苯主要通过蒸发、水解和微生物作用被降解。河水中氯苯的半衰期为 75 d。土壤环境中的氯苯能够快速被生物降解（1～2 周）。

3）潜在健康危害

氯苯的主要暴露途径：蒸气吸入、经口摄入及皮肤接触，由于氯苯是一种挥发性化合物并广泛用作溶剂，非居住用地最有可能发生氯苯暴露。目前缺乏氯苯对人体致死效应，以及对呼吸系统、心血管、胃肠道、血液系统、肌肉骨骼、肝脏、肾脏和皮肤/眼部等身体系统影响的相关数据，尤其缺少皮肤暴露产生的毒性数据。

氯苯对中枢神经系统具有抑制和麻醉作用，对皮肤和黏膜具有刺激性作用。接触高浓度的氯苯可能导致人体麻醉，甚至昏迷。氯苯溶液对皮肤有轻度刺激性，如反复接触，会引起皮肤红斑或轻度浅表性坏死。氯苯慢性暴露将引起人体眼痛、流泪、结膜充血等症状。

4) 毒性参数

根据肝脏组织病理学，IRIS 数据库将氯苯的无可见损害作用剂量 (NOAEL) 从 27.25 mg/(kg·d) 调整为 19 mg/(kg·d)，经过不确定因子 (UF=1000) 换算，口服参考剂量 RfD 为 0.02 mg/(kg·d) (表 4-11)。

表 4-11　氯苯经口摄入参考剂量总结

关键影响	实验剂量	不确定因子 UF	修正因子 MF	参考剂量 RfD/[mg/(kg·d)]
对狗肝脏组织病理学改变	NOAEL：27.25 mg/(kg·d) 19 mg/(kg·d) (修正值) LOAEL：54.5 mg/(kg·d)	1000	1	0.02

注：转换系数:剂量根据 5 d/7 d 的给药计划进行调整。

4.1.3　苯系物

苯、甲苯、乙苯和二甲苯通常被统称为苯系物 (BTEX)，它们在化学结构上密切相关，且具有相似的归趋和迁移性质。苯系物广泛用于工业和石油产品中，并且通常与环境污染具有一定相关性。

1. 苯

1) 基本性质特征

苯 (CAS No. 71-43-2) 是一种透明、无色、极易挥发、微溶于水、具有芳香气味的天然芳香烃，易与大多数有机溶剂混溶，常温常压下高度易燃。

自然环境中，苯主要来源于火山喷发和森林火灾的排放物，它也是原油成分之一。然而天然来源的苯远低于人类活动向环境释放的苯含量。

苯是常见的炼油产品，也是一种重要的工业化学品，在石油、煤炭和天然气冷凝物的回收中产生。大部分的苯能够在石化和石油精炼工艺中回收。工业中苯的杂质主要包括甲苯、二甲苯、苯酚、噻吩、二硫化碳、乙腈和吡啶。

苯在全球范围内大量使用，除了用于汽油的添加剂，以苯为基本单元的化学品也可作为生产其他化学品的中间体，如乙苯(用于生产苯乙烯)、异丙基苯(用于生产尼龙)、硝基苯、烷基苯、马来酸酐和氯化苯。据估计，在欧洲，苯作为化学品中间体的年产量为 580～720 万 t。

苯在制造消费品生产过程中被广泛用作溶剂，包括制造溶剂、工业涂料、黏合剂、油漆去除剂和脱脂剂以及人造革、橡胶制品和鞋。汽油中加入苯能够提高其辛烷值。欧洲的汽油质量标准要求苯的含量低于 1%。

2) 环境归趋

苯在环境中广泛存在，工业生产是苯进入环境的主要来源。煤炭和石油燃烧、苯废料储存、汽车尾气排放、汽油站气体挥发等活动都将导致苯释放进入空气。另外吸烟也能导致苯进入空气。工业废气的排放、含苯产品的处置以及地下储油罐汽油的泄漏都能导致苯进入土壤和水体。空气中的苯也能通过降雨或降雪沉降到地面。

苯极易挥发，常温(25℃)条件下苯的蒸气压为 95.2 mmHg，水溶解度为 1780 mg/L，亨利常数为 5.5×10^{-3}。苯微溶于水，能够通过湿沉降作用从大气中去除，但进入表层土壤或地表水中的苯也能通过挥发作用回到空气中。

表层土壤中的苯能通过三相分配作用进入大气，地表径流作用进入地表水体，降雨淋溶作用进入地下水环境。苯的土壤有机碳吸附系数(K_{oc})为 60～146，因此苯在土壤中迁移性较强，容易通过淋溶作用进入地下水环境。苯迁移的其他影响因素包括土壤类型(如砂土或黏土)、降雨量、地下水埋深、降解程度。有研究表明，苯在地下水中也能被含水层介质吸附，并且有机碳含量增加有利于苯的吸附。挥发性和淋溶作用是苯不能在砂土中持久滞留的主要控制因素。

研究表明，苯在海洋生物中富集性较低，苯的生物浓度或生物富集在水生食物链中似乎并不显著，这与苯较低的辛醇-水分配系数($\log K_{ow}$=2.13 或 2.15)有关。由于苯主要以气相存在，因此通过空气向叶面的扩散被认为是苯污染植物的主要途径。苯也能富集在植物叶片和果实中，研究表明植物在富含苯的环境中生长 40 d 后，叶片和果实中累积苯的量高于通过空气分配作用向植物转移的量。

苯在环境中能够发生一系列转化和降解反应。空气中的苯能够被羟基自由基在较短时间内降解，苯在土壤和水体中降解速度较慢，主要依赖于挥发作用、光氧化及生物降解作用。地表水中的苯主要通过间接光降解作用被去除；自然环境中，在好氧条件下，土壤中的苯能够被微生物降解。

3) 潜在健康危害

苯暴露于人体的途径包括呼吸吸入、经口摄入和皮肤接触，其中呼吸作用通常为苯的主要暴露途径。摄入含有高浓度苯的食物或液体将引起恶心、胃痛、头晕、嗜睡、抽搐、心跳加快、昏迷等症状甚至致死，而摄入低浓度苯对健康的影响尚不知晓。尽管苯容易被皮肤吸收，但是大量的苯较容易从皮肤表面挥发，而被人体吸收的苯能富集在脂肪组织中。呼吸吸入苯将引起人体嗜睡、头晕、神志不清等症状。苯的长期暴露将对人体骨髓产生危害，并导致患贫血和白血病等。经口摄入和呼吸吸入暴露被认为是导致人体患白血病的关键途径。

4) 毒性参数

苯为明确的人体致癌物（A 类）。根据人体职业性呼吸研究，根据人体淋巴细胞数减少对应的苯的毒性基准剂量的 95% 置信下限值与不确定因子（UF）的比值推导，苯的经口摄入参考剂量为 4.0×10^{-3} mg/(kg·d)（表 4-12），呼吸吸入参考浓度为 0.03 mg/m^3（表 4-13）。苯的关键健康影响为通过呼吸途径使人体患白血病或血液疾病，美国环保局推导苯的单位空气浓度（1 μg/m^3）所产生的呼吸致癌风险水平为 $2.2 \times 10^{-6} \sim 7.8 \times 10^{-6}$，呼吸单位风险（IUR）为 7.8×10^{-3} (μg/m^3)$^{-1}$。基于同样的数据，WHO 报道当空气中苯的浓度为 1 μg/m^3 时，产生额外呼吸单位风险水平的几何平均值为 6×10^{-6}。因此产生额外呼吸单位风险水平为 1×10^{-6} 时，对应的空气浓度为 0.17 μg/m^3。

表 4-12　苯经口摄入参考剂量总结

关键影响	实验剂量 /[mg/(kg·d)]	不确定因子 UF	修正因子 MF	参考剂量 RfD/[mg/(kg·d)]
淋巴细胞计数减少	BMDL=1.2	300	1	4.0×10^{-3}

表 4-13　苯呼吸吸入参考浓度总结

关键影响	实验剂量/(mg/m^3)	不确定因子 UF	修正因子 MF	参考浓度 RfC/(mg/m^3)
淋巴细胞计数减少	BMCL=8.2	300	1	0.03

美国推荐苯的经口致癌斜率因子根据呼吸毒性参数推导获得，假设呼吸吸收率为 50%，而经口吸收率为 100%，为了推导经口致癌斜率因子，首先将呼吸浓度（μg/m^3）转换为剂量单位[μg/(kg·d)]。假设人均呼吸率为 20 m^3/d，标准体重为 70 kg，呼吸暴露的吸收率为 50%，则苯的浓度为 1 μg/m^3 时，转化为暴露剂量等于 1 μg/m^3×20 m^3/d×0.5/70 kg=0.143 μg/(kg·d)，因此推导经口致癌斜率因子=风险/剂量=2.2×10^{-6}/0.143 μg/(kg·d)～7.8×10^{-6}/0.143 μg/(kg·d)=$1.54 \times 10^{-2} \sim 5.45 \times 10^{-2}$ [mg/(kg/d)]$^{-1}$。

英国环保署根据 WHO 饮用水标准 10 μg/L 推导苯的经口指示剂量（WHO，2003，2006），该浓度对应的额外致癌风险为 1×10^{-5}，因此基于成人的体重（70 kg）和日均饮水量（2 L/d），推导的经口指示剂量为 0.29 μg/(kg·d)（EA，2009f）。因此推导经口致癌斜率因子 = 风险 / 剂量 = $1×10^{-5}/0.29$ μg/(kg · d) = $3.45×10^{-2}$ [mg/(kg/d)]$^{-1}$。

美国环保局推荐苯的空气质量标准为 3.2 μg/m^3，相当于单位体重日均摄入量 0.9 μg/(kg · d)(EPAQS, 1994)。WHO 提出苯的空气浓度为 17 μg/m^3、1.7 μg/m^3 和 0.17 μg/m^3 时，所对应的额外致癌风险水平为 $1×10^{-4}$、$1×10^{-5}$、$1×10^{-6}$，相当于单位体重日均摄入量为 5.0 μg/(kg · d)、0.5 μg/(kg · d)和 0.05 μg/(kg · d)。而英国推荐苯的空气质量标准为 5 μg/m^3(DEFRA, 2007)，对应的致癌风险为 1/34000，相当于单位体重日均摄入量 1.4 μg/(kg · d)(EA, 2009f)，换算为呼吸单位风险为 $5.88×10^{-3}$ (μg/m^3)$^{-1}$。

2. 甲苯

1) 基本性质特征

甲苯(CAS No. 108-88-3)是一种透明、无色、易挥发、常温常压下易燃易爆的液体，微溶于水，可溶于多数有机溶剂。甲苯的自然来源主要为森林火灾，其次原油中也含有微量甲苯。纯净的甲苯至多含有 0.01% 的苯，而工业甲苯则最多可能含有 25% 的苯。

甲苯是一种在世界范围内大量生产的重要工业化学品。欧盟年均消耗甲苯的量约为 2.8 亿 t(不包括汽油中的消耗)。甲苯既可作为单独产品生产，也可作为混合物中的成分被生产，工业生产中大约有 80% 的甲苯是作为生产其他产品的中间产物。甲苯的一个主要用途是作为汽油添加剂来提高辛烷值。甲苯还可作为大量化工产品生产的原材料，如苯、二甲苯、酚、甲苯二异氰酸酯、苯甲酸、苯甲醛、对甲苯磺酰氯以及其他甲苯的衍生物。此外甲苯还可作为生产其他产品的中间物质或溶剂，包括家用气雾剂、油漆、清漆、黏合剂、胶水、炸药、染料、洗涤剂、杀虫剂、木材防腐剂、药品、指甲油、化妆品、去污剂、织物染料和皮革。

2) 环境归趋

甲苯主要来自石油蒸馏转化过程，通过石油产品的生产、销售和使用过程进入环境。甲苯可能出现在生产场地的土壤和地下水环境中，也可能在使用场所出现。管理不善造成的石油管道或溶剂产品泄漏可能导致土壤中出现高浓度的甲苯。

甲苯一旦释放到土壤中，将从包气带向饱和带迁移(EA, 2007)。甲苯是一种轻质非水相液体(light non-aqueous phase liquid, LNAPL)，如果浓度足够高，则能够在水中富集。甲苯溶解度较低，分子量较小，辛醇-水分配系数较低，因此甲苯较容易从土壤中溶出。虽然甲苯的淋溶作用也受到土壤有机物质的控制，但甲苯的 K_{oc} 值较小，土壤吸附甲苯的能力较弱。土壤吸附甲苯的能力随土壤性质(如土壤有机物质、可用吸附位点和孔隙度)和环境条件(如温度)的变化而变化。甲苯具有较高的蒸气压、气-水分配系数和较小的 K_{oc}，因此甲苯较容易从表层土壤中挥发出来。尽管随土壤深度增加，甲苯的挥发速率逐渐下降，但由土壤向空气的挥发仍是甲苯非常重要的迁移途径。土壤孔隙率增大有利于甲苯的挥发，而较高的有机质含量和含水率则不利于甲苯挥发作用。在有氧和无氧条件下，土壤中的甲苯都会被微生物降解，但在有氧条件下降解速率更快。

甲苯污染通常与石油产品溢出或渗漏有关。ECB(2007)报道了甲苯在土壤中的一级降解半衰期为 2~93 d，因而保守假设以半衰期为 90 d 来预测有氧条件下土壤中甲苯的浓度变化。ATSDR(2000)报告认为甲苯的典型一级降解半衰期为 1~7 d。有研究表明当土壤中甲苯浓度大于 250 mg/kg 时，可能会对微生物产生毒性作用，进而抑制生物降解作用。据文献报道，土壤中的甲苯可被生物快速降解。但是，在场地特定条件并存在复合污染的条件下，甲苯的降解可能会比预期的长。

3) 潜在健康危害

甲苯主要对人体的中枢神经系统(大脑和神经)产生危害，例如，出现头痛、眩晕、神志不清等症状。长期暴露于甲苯可能导致身体不协调、认知缺损、出现幻觉、失聪等症状。此外，在孕期暴露于甲苯可能导致胎儿智力和身体发育滞后。甲苯也可能对人体免疫系统、肾脏、肝脏和生殖器官产生危害。

短时间内吸入大量含有甲苯的涂料或油漆挥发的气体，可能会导致轻度头痛，如果长期暴露则可能导致嗜睡、神志不清甚至死亡。甲苯引起死亡主要是通过干扰呼吸和心跳等方式。长期低浓度的职业暴露将引起身体疲劳、头昏、虚弱、失忆、恶心、没食欲等症状。当停止暴露，这些症状就会逐渐消失。美国国家毒理学计划研究表明，甲苯引起人体或动物致癌的证据不充分，因此未将甲苯列入致癌物质清单。

4) 毒性参数

通过平均 13 周的小鼠实验，观察暴露于甲苯导致小鼠肝脏和肾脏重量的变化，根据 NOAEL 为 223 mg/(kg·d)，UF 为 1000，进而推算甲苯的 RfD 为 0.2 mg/(kg·d)。目前，根据美国最新毒性基准剂量软件(BMDS，Version 1.3)模拟，IRIS 将甲苯的 BMDL 更新为 238 mg/(kg·d)，UF 为 3000，因此甲苯的经口摄入参考剂量 RfD 的修正值为 0.08 mg/(kg·d)(表 4-14)。通过吸入途径推导甲苯的 NOAEL 修正值为 46 mg/m³，经 UF(100)换算 RfC 为 5 mg/m³(表 4-15)。

表 4-14　甲苯经口摄入参考剂量总结

关键影响	实验剂量 /[mg/(kg·d)]	不确定因子 UF	参考剂量 RfD/[mg/(kg·d)]
肾脏重量增加	BMDL: 238 BMD: 431	3000	0.08

注：BMDL 为基准剂量的 95%置信下限值，BMD 为基准剂量的最大似然估计值。

表 4-15   甲苯吸入参考浓度总结

关键影响	实验剂量	不确定因子 UF	参考浓度 RfC/(mg/m³)
影响职业暴露工人的神经系统	NOAEL（平均值）：34 mg/L（128 mg/m³） NOAEL（修正值）：46 mg/m³	100	5

3. 乙苯

1）基本性质特征

乙苯（CAS No. 100-41-4）是一种天然芳香烃化合物，是苯环上一个氢被一个乙基取代的产物。乙苯为无色、易挥发、常温常压下易燃易爆液体，微溶于水，可溶于多数有机溶剂。乙苯存在于煤焦油和某些柴油中，其蒸气与空气可形成爆炸性混合物。乙苯遇明火、高热或与氧化剂接触，可能引起燃烧爆炸的危险。

除了石油烃，95%～99.8%的乙苯用于苯乙烯的生产，小部分被用于其他化学品的中间体，还可以用作油漆、清漆和橡胶的溶剂等。

2）环境归趋

乙苯容易挥发释放到空气中。在苯乙烯或其他溶剂的生产和加工过程中，大量乙苯可能被释放到环境中。乙苯作为燃料的组成部分，也可能在储存、加油及机动车和电站的运行过程中排放。此外，它还可以在废物焚烧时被释放。

释放到土壤后，乙苯会从包气带土壤向下迁移到达饱和带土壤。由于乙苯的水溶性较低，当其浓度足够高时，它将在潜水面上形成 LNAPL。

乙苯的水溶性、分子量和辛醇-水分配系数均很低，因此能较容易地从土壤中分离出来。乙苯的 K_{oc} 较低，因此土壤有机质对乙苯的吸附性较差。尽管如此，土壤的吸附还会随着土壤有机质的增加而增加，同时土壤有机质也会对乙苯溶出产生影响。吸附性能也会随其他土壤性质（如可用的吸附点位数量、孔隙度和含水量）和环境条件（如温度）的变化而变化。

挥发是乙苯重要的迁移途径。在蒸气压、辛醇-水分配系数和 K_{oc} 的驱动下，乙苯的挥发性较强，但相比较而言，苯和甲苯的挥发速率更快。进入大气的乙苯容易被光氧化降解。光氧化反应被认为有助于乙苯毒雾的形成。

土壤介质中空气孔隙度越高，乙苯越容易挥发，如沙子和砾石。但土壤中高土壤有机质含量和高含水率则不利于乙苯挥发。乙苯的挥发速率也会随深度的增加而下降，复合污染的存在可能增加乙苯的溶解度，进而降低其挥发性。

土壤中的乙苯在好氧和厌氧条件下都能被微生物降解，前者的降解速率通常更快。生物降解速率取决于几个因素，包括微生物的种类和数量、土壤温度、乙苯的初始浓度、土壤含氧量，以及其他潜在电子受体的存在。

3) 潜在健康危害

经口摄入和呼吸吸入乙苯对人体产生毒性的主要靶器官是肝脏和肾脏。人体可在空气、水和土壤环境中暴露于乙苯。乙苯主要通过石油、天然气和煤炭等燃烧产生的工业废气排放到空气中。空气中乙苯检测的中位数为在城市和郊区为 0.62 μg/dm^3、农村地区为 0.01 μg/dm^3、室内空气为 1 μg/dm^3。自留井和公共地下水井中很少能检测到乙苯。在垃圾填埋场、垃圾场或地下燃料储罐泄漏附近的自留井中则可能发现高浓度的乙苯。乙苯也可能由于汽油或其他燃料泄漏以及工业和家庭废物处置不当而进入土壤，进一步暴露于人体。

当吸入含有乙苯的空气时，乙苯会迅速进入人体并几乎全部进入肺部。食物或水中的乙苯也可能通过消化道迅速被人体吸收。当接触含有乙苯的液体时，乙苯可能通过皮肤进入体内。一旦进入体内，乙苯就会被分解成其他化学物质。大多数化学物质会在两天内通过尿液排出体外，少量也可以通过肺部和粪便排出。

短时间暴露在含高浓度乙苯的空气中会引起眼睛和喉咙不适。暴露于较高浓度的乙苯中会导致眩晕和头晕，而低浓度乙苯在数天至数周内会对人体内耳和听力造成不可逆转的损伤，但目前尚没有明确证据表明乙苯会影响生育能力。国际癌症研究机构已经确认，长期接触乙苯可能导致癌症的发生。

4) 毒性参数

美国 IRIS 数据库提供不确定因子 UF=1000，乙苯的经口摄入参考剂量 RfD 为 0.1 mg/(kg·d)，如表 4-16 所示；不确定因子 UF=100 时，吸入参考浓度 RfC 为 1 mg/m^3，如表 4-17 所示。

表 4-16　乙苯经口摄入参考剂量总结

关键影响	实验剂量	不确定因子 UF	参考剂量 RfD/[mg/(kg·d)]
肝肾毒性，大鼠亚慢性至慢性口服生物测定	NOAEL：136mg/(kg·d)[转换为 97.1 mg/(kg·d)]　　LOAEL：408 mg/(kg·d)[转换为 291 mg/(kg·d)]	1000	0.1

注：转换因子为 5 d/7 d；因此，136 mg/(kg·d)×5 d/7 d=97.1 mg/(kg·d)。

表 4-17　乙苯吸入参考浓度总结

关键影响	实验剂量	不确定因子 UF	参考浓度 RfC/(mg/m^3)
大鼠和兔子发育毒性	NOAEL：434 mg/m^3（100 mg/L）；NOAEL（修正值）：434 mg/m^3；NOAEL（人体等效浓度）：434 mg/m^3；LOAEL：4340 mg/m^3（1000 mg/L）；LOAEL（修正值）：4340 mg/m^3；LOAEL（人体等效浓度）：4340 mg/m^3	100	1

4. 二甲苯

1)基本性质特征

二甲苯为无色透明液体，存在邻、间、对三种异构体，在工业上，二甲苯即指上述异构体的混合物，也称为混合二甲苯。混合二甲苯的组分各不相同，各组分的范围如表4-18所示。三种异构体是1,3-二甲基苯(间二甲苯)、1,2-二甲基苯(邻二甲苯)和1,4-二甲基苯(对二甲苯)。这些异构体的化学结构如图4-1所示。二甲苯为天然存在的芳烃化合物，是苯环上两个氢被两个甲基取代的产物。二甲苯与苯的相似性使其具有特殊的芳香化学行为。二甲苯在常温下为无色易燃液体，不易与水混合，具有芳香气味。尽管易与大多数有机溶剂混溶，但二甲苯在水中的溶解度较低，远低于苯。二甲苯的密度比水小，可漂浮在水中，也会挥发到大气中并通过光氧化降解。二甲苯能够在森林火灾中自然形成，是原油和煤焦油的成分之一。1940年以前，混合二甲苯从煤焦油中提取；此后，主要从石油中提取。二甲苯主要用作汽油添加剂，同时也被用作油漆和印刷油墨中的工业溶剂，或用于生产香水、农药制剂、药品和黏合剂，以及橡胶、塑料和皮革生产。

表 4-18　煤焦油和石油混合物的一般成分

混合物	煤焦油/%	石油/%
邻二甲苯	10~15	20
间二甲苯	45~70	44
对二甲苯	23	20
乙苯	6~10	15

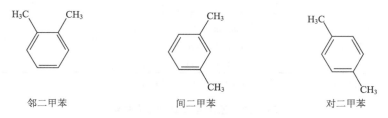

邻二甲苯　　　　　　　间二甲苯　　　　　　　对二甲苯

图 4-1　二甲苯异构体的化学结构

2)环境归趋

二甲苯溶液可能在制造、包装、运输或使用过程中发生泄漏进入土壤、地表水或地下水环境。尽管二甲苯会被释放到河流或湖泊中，但多数会蒸发到空气中。由于二甲苯极易蒸发，大多数进入土壤和水中的二甲苯(埋深不大)都会在几天内被光分解成其他危害较小的化学物质。因此，通常情况下表层土或地表水中较少能检测到高浓度的二甲苯。不能从土壤或水中快速蒸发的二甲苯会被微生物分解。只有少量的二甲苯会被植物、鱼类和鸟类吸收。位于土壤深部的二甲苯可以向下渗透穿过包气带土壤并进入地下水。在被微生物分解之前，二甲苯可能会在地下水中滞留数月。如果大量二甲苯从危险废物场所或垃圾填埋场意外泄漏进入土壤，可能会对饮用水井造成污染。

3）潜在健康危害

呼吸吸入含有二甲苯的污染空气是其暴露于人体的主要途径。人体也可能接触各种消费品中的二甲苯，包括汽油、油漆、清漆、虫胶、防锈剂和香烟等。二甲苯在人体或动物体内的化学变化主要发生在肝脏，反应后的产物水溶性更强，并能通过尿液迅速排出体外。在吸入二甲苯后的几秒内，一些未发生反应的二甲苯也会在肺部残留。在吸入含有二甲苯的空气 2 h 后，人体尿液中会出现少量二甲苯分解产物。通常，摄入的二甲苯大部分会在暴露结束后 18 h 内排出体外，有 4%～10% 的二甲苯可能会储存在脂肪中，这可能会延长二甲苯排出体外的时间。

短期接触高浓度的二甲苯会导致人体皮肤、眼睛、鼻子和喉咙受到刺激，还会造成呼吸困难、肺功能受损、视觉刺激的反应延迟、记忆受损、胃部不适，以及肝脏和肾脏功能的变化。短期和长期暴露于高浓度的二甲苯均会对神经系统产生较多影响，例如，头痛、肌肉协调缺失、头晕、意识模糊以及平衡感的变化。短时间内暴露于极高浓度的二甲苯甚至可导致死亡。国际癌症研究机构和美国环保局认为目前尚缺乏充分的证据证明二甲苯具有致癌性。

4）毒性参数

二甲苯经口摄入参考剂量为 0.2 mg/(kg·d)，如表 4-19 所示；呼吸吸入参考浓度为 0.1 mg/m³，如表 4-20 所示。二甲苯无致癌毒性数据。

表 4-19　二甲苯经口摄入参考剂量总结

关键影响	实验剂量	不确定因子 UF	修正因子 MF	参考剂量 RfD/[mg/(kg·d)]
大鼠体重下降，死亡率增加	NOAEL：250 mg/(kg·d) LOAEL：500 mg/(kg·d)	1000	1	0.2

表 4-20　二甲苯呼吸吸入的参考浓度总结

关键影响	实验剂量	不确定因子 UF	修正因子 MF	参考浓度 RfC/(mg/m³)
雄性大鼠运动协调能力受损	NOAEL：50 mg/L NOAEL（人体等效浓度）：39 mg/m³ LOAEL：100 mg/L LOAEL（人体等效浓度）：78 mg/m³	300	1	0.1

4.1.4　总石油烃

1）基本性质特征

总石油烃(total petroleum hydrocarbons，TPH)定义为环境介质中可检测的石油基烃量，用于描述最初来自数百种原油化合物的广泛族。总石油烃是多种烃类(正烷烃、支链烷烃、环烷烃、芳香烃)和少量其他有机物，如硫化物、氮化物、环烷酸类等的混合物，但主要由氢和碳组成，故统称为碳氢化合物。由于原油和其他石油产品里包含较多不同的碳氢化合物，将每种物质分开测量通常是不切实际的，所以用 TPH 来衡量这类物质的总量。TPH 检测可作为确定场地石油污染的一般指标。TPH 中的单一化合物包括己烷、苯、甲苯、乙苯、二甲苯、萘等。

总石油烃包括汽油、煤油、柴油、润滑油、石蜡和沥青等。石脑油是最轻的石蜡馏分，其次是煤油馏分。沥青原油含有较高浓度的脂肪烃和高黏度的润滑油。石油溶剂油是原油蒸馏的产物，通常按沸点范围分类。润滑油、油脂和石蜡是原油的高沸点馏分。原油中最重的固体部分是残留物或沥青。有些 TPH 是透明或浅色液体，容易蒸发，有些是浓稠的深色液体或半固体，不会蒸发。这些产品具有特征性的汽油、煤油或油性气味。现代社会广泛大量使用石油产品(如汽油、煤油、燃料油、矿物油和沥青)，因此石油烃对环境的污染极其普遍。

2）环境归趋

TPH 可通过意外事故泄漏、工业排放或日常使用产生副产物排放等途径释放到环境。汽油和燃料油等产品在燃烧过程中，由于不完全氧化，也会导致少量碳氢化合物排放。然而，与储存、运输或输油操作溢出等各种不可控因素导致的损失释放相比，不完全燃烧产生的释放量通常较小。原油从生产、运输到燃油锅炉加热都涉及石油产品的分配和储存，这为石油产品发生事故、溢出、泄漏和损耗提供了较多机会。

当 TPH 通过溢出或泄漏直接释放到水体时，部分石油烃将漂浮在水中并形成较薄的薄膜，其他重馏分则会积聚在水底的沉积物中，进而影响水体底部鱼类和水生生物的生存。释放到土壤中的 TPH 可以渗透土壤迁移到地下水中。释放到环境中的石油产品通常以两种形式向土壤迁移：①石油混合物；②分离或溶解的单独化合物在重力和毛细力作用下渗入土壤。当石油产品发生大量泄漏时，第②种情况几乎不会发生，因为相对于溶解速率而言，渗透速率通常会很快，而且水中大量不易溶解且迁移性较差的化合物溶于散装油时，容易随着大量油流一起迁移，这可能会进一步加剧土壤或地下水的污染。影响石油渗透率的因素包括土壤含水量、植被、地形、气候、释放速率(如灾难性泄漏与缓慢泄漏)、土壤颗粒大小(如砂与黏土)和油的黏度(如汽油与机油)。

当大量石油在土壤中迁移时，被土壤颗粒截留的部分在岩石孔隙中所占体积的百分数称为土壤残余饱和度。由于石油的持久性，石油烃残留相可能潜藏在土壤中多年。残余饱和度决定了土壤污染的程度，土壤颗粒中残留的 TPH 可以通过分离作用使单一化合物作为持续污染源在空气或地下水中独立迁移。如果释放到环境中的 TPH 持续存在，则会随着各化合物持续分离并溢出污染源区域向外迁移，TPH 可能通过空气或地下水对更广的区域产生影响。受汽油污染的土壤中苯、甲苯、乙苯和二甲苯的挥发程度随含水量的降低而增加。大于 C18 的正构烷烃在环境温度下没有显著的挥发性，而较轻的馏分(<C18)更易于挥发。

TPH 的溶解度通常会随着烃类化合物分子量的增加而降低。对于具有相似分子量的化合物，脂肪族烃比芳烃更易溶于水并且在水中更易迁移，在脂肪烃中含有支链的脂肪烃比直链脂肪烃溶解度更低。

轻质石油烃(如汽油)的成分具有较高的水溶性和挥发性，而重质的石油烃(如燃料油)具有较高的吸附性。汽油泄漏案例和实验室研究表明，这些轻馏分烃易通过土壤迁移，可能威胁或影响地下水安全。相反，具有较高分子量的石油烃(如石油燃料)，由于具有相对低的水溶性和挥发性以及高的吸附能力，在土壤中停留更持久。

自然环境中，已有实验证实多数微生物能够降解石油烃。石油烃的降解速率取决于其成分和具体的环境因素。通常，直链烃和芳烃比高度支链化的脂肪族化合物更容易降解。正链烷烃、正烷基芳烃和 C10~C22 范围内的芳烃是最容易被生物降解的；C5~C9 范围内的正烷烃、正烷基芳烃和芳烃在低浓度下可以进行生物降解，但通常优先通过挥发去除；C1~C4 范围内的正构烷烃只能通过一系列专门的微生物进行生物降解；而 C22 以上的正构烷烃、正烷基芳烃和芳烃通常不能被微生物降解。具有稠环结构的碳氢化合物(如具有 4 个或更多个环的 PAHs)已显示出对生物降解的对抗性，而仅具有 2~3 个环(如萘、蒽)的 PAHs 更易被生物降解。

3) 潜在健康危害

每个人都可以接触到不同的 TPH 污染源，包括泵上的汽油烟雾、路面上汽车的溢油、家庭或工作中使用的化学品。TPH 可能会通过皮肤接触或呼吸作用进入人体。如果 TPH 从地下储罐泄漏并进入地下水，将会造成水源的污染。在石油意外泄漏的区域，人们可能会吸入一些因溢出或泄漏而挥发的 TPH 化合物。

不同 TPH 馏分能够以不同方式影响人体健康。一些 TPH 化合物，特别是分子量较小的化合物，如苯、甲苯和二甲苯(存在于汽油中)，能够影响人体的中枢神经系统。如果暴露剂量足够高，甚至会导致人死亡。在浓度大于百万分之一(1 ppm)的情况下，吸入甲苯几个小时会出现疲劳、头痛、恶心和嗜睡等症状。当暴露停止时，这些症状将消失。但是，如果长时间暴露，可能会对人体中枢神经系统造成永久性损伤。摄入某些石油产品(如汽油和煤油)会导致喉咙和胃部受到刺激、中枢神经系统受到抑制、呼吸困难以及呼吸时液体进入肺部引发肺炎等情况发生。一些 TPH 组分中的化合物会影响血液、免疫系统，以及肝脏、脾脏、肾脏、肺等器官和发育中的胎儿等。某些 TPH 化合物还会刺激皮肤和眼睛，但某些 TPH 化合物（如某些矿物油）毒性不大，可用于食品中。

4）毒性参数

传统意义上，石油烃污染场地的评估主要通过测算 TPH 的含量，而非识别其中某一种单独的化合物。但目前石油烃的分析方法并不统一，同样的样品用不同检测方法测出的石油烃浓度差异较大。

TPH 不是单一物质，无法给出混合石油烃的毒性值，因此对石油烃混合物的健康影响和毒性评估存在诸多不确定性。事实上，较多评估者更倾向于分析评估石油烃中某一种具体的化合物。对于仅有 TPH 数据的条件，则只能根据 TPH 的毒性数据做风险评估。

2009 年，美国超级基金健康风险技术支持中心（Superfund Health Risk Technical Support Center）发布了六种石油烃馏分的临时性同行审议毒性数据（PPRTV, 2009），并提供了推导数据、方法和假设。这六种石油烃馏分作为代表性物质，具有特定的毒性和理化性质参数，用于推导美国区域筛选值。此外，还有正己烷、苯、甲苯、乙苯、二甲苯、商业纯己烷或实用纯己烷，中间范围的脂肪烃馏分（midrange aliphatic hydrocarbon streams）、白油（white mineral oil）、高沸点芳烃萘（high-flash aromatic naphtha）的理化毒性参数如表 4-21 所示。

表 4-21　TPH 馏分的理化毒性参数来源

TPH 馏分	碳数	等效碳数指数	代表性化合物（RfD/RfC）	代表性化合物（化学参数）
低脂肪族	C5～C8	EC5～EC8	商业纯己烷*	正己烷
中脂肪族	C9～C18	EC>8～EC16	中间范围的脂肪烃馏分	正壬烷**
高脂肪族	C19～C32	EC>16～EC35	白油	白油
低芳香族	C6～C8	EC6～EC<9	苯	苯
中芳香族	C9～C16	EC9～EC<22	2-甲基萘/萘	2-甲基萘和萘的平均值
高芳香族	C17～C32	EC22～EC35	荧蒽	荧蒽

*商业己烷的 RfC 相对于正己烷更加保守（0.6 mg/m³ vs. 0.7 mg/m³），PPRTV 报告认为，除非正己烷的含量>53%，否则应使用较小的 RfC；**PPRTV 报告中未列入中间范围的脂肪烃馏分，因此以正壬烷的理化参数作为代表性理化参数值。

4.1.5　多环芳烃

1）基本性质特征

多环芳烃是在煤炭、石油、天然木材、垃圾或其他有机质不完全燃烧过程中形成的一类化学物质，其种类超过 100 种。多环芳烃不是单一化合物，通常为复杂的混合物(如烟灰)。多环芳烃的纯化学品通常为无色、白色或浅黄绿色固体，有微弱、舒适气味。一些多环芳烃可用于药品和染料、塑料和杀虫剂生产；在道路建设时，多环芳烃还可用于沥青。多环芳烃遍布整个自然环境中，它们可以漂浮于空气中或附着在尘埃颗粒上，以及作为固体沉淀于土壤或沉积物中；此外，它们也可以储存在诸如原油、煤、煤焦油、沥青、杂酚油和焦油等物质之中。

2) 环境归趋

自然排放和人为排放是 PAHs 排放到大气中的主要源头。自然排放包括火山和森林火灾产生气体的排放。机动车尾气的排放是多环芳烃的主要来源。烟草烟雾、辐射以及燃气烹饪和加热设备可能是室内空气环境中 PAHs 的重要来源。在场地规模中，如废弃的木材处理厂(杂酚油源)和年代久远的煤气生产场地(煤焦油源)等危险废物场地可能是 PAHs 的集中来源。多环芳烃能够通过大气沉降和工业废水(包括木材处理厂)的排放以及城市废水和废旧机油的不当处置等途径进入地表水。

环境排放的 PAHs 成分因其来源不同而发生变化。例如，木材燃烧产生的 PAHs 比其他 PAHs 含有更多的苊，而汽车尾气排放的气体中则含有更多苯并[g,h,i]芘和苊。柴油机废气中的 PAHs 主要是荧蒽、菲和苊，而废气排放中的 PAHs 主要是菲和蒽。美国市政垃圾焚烧炉收集的粉煤灰和底灰样品中，菲是检出率最高且含量最多的多环芳烃。地表水中的 PAHs 主要来自大气沉降。土壤中的 PAHs 可能是局部迁移或远距离迁移后大气沉积造成的，例如，在距离工业活动区较远的土壤中仍检测到 PAHs 即可证明这一观点。土壤中 PAHs 其他潜在来源还包括公共污水处理厂的污泥处理、汽车尾气排放、焦炉废水灌溉、烟煤储存场所的渗滤液以及土壤堆肥和肥料的使用等。

PAHs 的循环过程可概括如下：释放到大气中的多环芳烃受到短距离和长距离传输的影响，通过湿法和干法沉积到土壤、水体和植被上。在地表水中，多环芳烃可能挥发、光解、氧化、生物降解、与悬浮颗粒或沉积物结合或在水生生物中累积(生物浓缩系数通常为 10~10000)。土壤中的多环芳烃也可能挥发或通过非生物(光解和氧化)或生物降解等方式在植物中积累。土壤中的多环芳烃也可能进入地下水并在含水层迁移。

多环芳烃一般不易溶于水，它们作为蒸气存在于空气中或黏附在固体小颗粒的表面，也可在长距离迁移后，通过降雨或颗粒沉降等方式返回陆地。一些多环芳烃从地表水中蒸发到大气中，但大部分会黏附在固体颗粒上并沉淀到河流或湖泊底部。土壤中的多环芳烃最容易与颗粒紧密结合。一些多环芳烃能够从表层土壤挥发到空气中并通过与空气中的光和其他化学物质反应而分解产生更持久的产物,这种分解的产物通常可存在数天到数周。土壤和沉积物中,微生物代谢是 PAHs 降解的主要过程。陆地或水体中的植物和动物的 PAHs 含量可能比土壤或水中的含量高数倍。虽然 PAHs 能在陆生和水生植物、鱼类和无脊椎动物中积累，但许多动物能够通过代谢作用将其排出。

3）潜在健康危害

人们主要通过吸入蒸气或空气中的颗粒物途径暴露于环境中的 PAHs 中。某些情况下，PAHs 可能对人体健康造成危害。动物和人体实验研究表明，当长期吸入或皮肤接触 PAHs（苯并[a]蒽、苯并[a]芘、苯并[b, j, k]荧蒽、䓛、二苯并[a,h]蒽和茚并[1,2,3-c,d]芘）或与其他化合物的混合物时，不仅会对皮肤、体液和身体系统产生有害影响，而且还会增加人体患癌的风险。

给孕期小鼠喂食高浓度的苯并[a]芘会导致其繁殖困难，其后代除了同样会产生繁殖困难的症状外，也会受到其他影响，如出生缺陷和体重下降等症状。上述试验可能也会对人体产生类似的影响，但尚无任何数据可以证明这一观点。

DHHS 已确定苯并[a]蒽、苯并[b]荧蒽、苯并[j]荧蒽、苯并[k]荧蒽、苯并[a]芘、二苯并[a,h]蒽和茚并[1,2,3-c,d]芘为动物致癌物质。国际癌症研究机构已确定苯并[a]蒽、苯并[a]芘、苯并[b]荧蒽、苯并[j]荧蒽、苯并[k]荧蒽和茚并[1,2,3-c,d]芘可能对人类有致癌作用；蒽、苯并[e]芘、䓛、荧蒽、芴、菲和芘不能归类为对人类有致癌性的物质。苊尚未被归类为致癌物质。

4）毒性参数

苯并[a]芘具有致癌毒性，并且通常作为指示化合物来换算其他致癌 PAHs 的毒性参数。IRIS 数据库提供苯并[a]芘的经口摄入参考剂量如表 4-22 所示，IRIS 数据库提供苯并[a]芘的呼吸吸入参考浓度如表 4-23 所示。苯并[a]芘致癌斜率因子为 $1[\text{mg}/(\text{kg} \cdot \text{d})]^{-1}$，吸入单位风险为 $6 \times 10^{-4}(\mu\text{g}/\text{m}^3)^{-1}$。

表 4-22 苯并[a]芘的经口摄入参考剂量总结

影响	依据	参考剂量 RfD/[mg/(kg·d)]	置信度
发育	神经行为改变，大鼠视神经发育研究（出生后 5～11 d）	3×10^{-4}	中等
生殖	卵巢卵泡减少和卵巢重量减少，亚慢性管饲大鼠生殖毒性研究（60 d）	4×10^{-4}	低
免疫	胸腺重量和血清 IgM 降低，亚慢性管饲大鼠研究（30 d）	2×10^{-4}	中等
总体 RfD	发育毒性（包括发育神经毒性）	3×10^{-4}	中等

表 4-23 苯并[a]芘的呼吸吸入参考浓度总结

影响	依据	参考浓度 RfC/(mg/m³)	置信度
发育	胚胎/胎儿存活率下降，大鼠发育毒性研究	2×10^{-6}	中低
生殖	排卵率和卵巢重量减少，大鼠的早期研究（14 d）	3×10^{-6}	中低
总体 RfC	发育毒性	2×10^{-6}	中低

4.1.6　多氯联苯

1）基本性质特征

多氯联苯（polychlorinated biphenyls，PCBs）是 209 种单独氯化联苯混合物的统称，PCBs 为油性液体或固体，无色至浅黄色，没有明确的气味或味道。PCBs 具有一定的挥发性，在空气中可能以蒸气相存在。环境中的多氯联苯通常为含有多种氯化联苯成分和杂质的混合物。

PCBs 不易燃烧且是良好的绝缘体，因而被广泛用作变压器、电容器和其他电气设备的冷却剂和润滑剂。1977 年美国停止生产多氯联苯，因为有证据表明它能在环境中积聚并可能对人体健康造成危害。

2）环境归趋

PCBs 会通过其制备、使用和处置等过程进入空气、水和土壤。运输过程中含有 PCBs 的产品意外溢出或泄漏是其进入环境的重要途径。PCBs 进入环境的途径还包括从生产、储存或处置危险废物的场地中释放；非法或不当倾倒 PCBs 废物（如旧的变压器油）；含有 PCBs 的电力变压器泄漏或释放；将含有 PCBs 的消费品随意弃置或在非正规垃圾场填埋以及市政和工业焚烧等。

PCBs 不易分解，一旦进入环境，便可长期滞留。部分学者研究发现，PCBs 易在空气、水和土壤之间循环。PCBs 可以从土壤或水中挥发进入空气。空气中的 PCBs 能够长距离迁移。通常，PCBs 分子量越小，它们就越容易从污染源向远处迁移。PCBs 会以固体颗粒或蒸气形式存在于大气中，并最终以灰尘或雨雪为载体返回土壤和水体中。

水中的 PCBs 能够通过水流迁移，并挥发到空气中或者吸附到底泥或土壤中。分子量较大的 PCBs 更容易沉积到沉积物中，且其中的 PCBs 也可重新释放到周围的水环境中，而分子量较小的 PCBs 则更容易挥发到空气中。

PCBs 可以强烈吸附在土壤中，通常不会被雨水带入土壤深处，且在土壤中不易分解并滞留数月至数年。通常，PCBs 含有的氯原子越多，其分解速度越慢。挥发是分子量较小的 PCBs 离开土壤的重要方式。

PCBs 能够在食物链中积累，它们被水生动物带入体内，进而被其他以这些水生动物为食的动物吸收。PCBs 尤其容易积累在鱼类和海洋哺乳动物（如海豹和鲸鱼）中，其浓度可能比水中高出数千倍。

3）潜在健康危害

人群接触 PCBs 的主要途径如下。

（1）使用 30 年或更久的旧荧光灯具和电子设备或电器（如电视机和冰箱）：这些物品在运行过程中的发热可能会导致少量 PCBs 泄漏到空气中，这是 PCBs 皮肤接触暴露的来源。

(2)食用受污染的食物。PCBs 的主要膳食来源包括鱼类(特别是在受污染的湖泊或河流中捕获的鱼类)、肉类和乳制品的摄入。

(3)呼吸污染空气并饮用受污染的井水。

(4)在工作场所维修和维护 PCBs 变压器。

(5)参与涉及变压器、荧光灯和其他旧电器导致的火灾或泄漏事故。

(6)参与 PCBs 材料的处理。

暴露于大量 PCBs 的人群中最常见的健康影响是皮肤病，如痤疮和皮疹。对暴露于 PCBs 的工人进行研究表明，他们可能因为肝脏受损进而导致血液和尿液的变化。一些针对工人的研究表明，暴露于 PCBs 也可能引起鼻子和肺部的刺激、胃肠道不适、血液和肝脏的变化以及抑郁和疲劳等健康问题。动物研究表明，在短时间内食用含有大量 PCBs 食物的大鼠有严重的肝脏损伤，有些甚至会死亡。数周或数月内食用少量多氯联苯的大鼠、小鼠或猴子也都会产生各种健康问题，包括贫血、痤疮样皮肤病以及肝、胃和甲状腺损伤。PCBs 对动物造成的损害还包括免疫系统功能下降、行为改变和生殖器受损。一些 PCBs 可以模仿或阻止甲状腺和其他内分泌腺体的激素作用(激素会影响多种器官的正常功能)，因此 PCBs 产生的某些影响可能是由内分泌激素变化引起的。一些研究表明，高剂量的 PCBs 可能会导致动物出现结构性先天缺陷。美国环保局和国际癌症研究机构都已确定 PCBs 可能对人类有致癌作用。

4)毒性参数

美国区域筛选值数据库提供了三种不同类型的 PCBs 化学组，包括 PCBs 混合物(Aroclors)、单一 PCBs 同系物和基于风险/持久性的 PCBs 分类。PCBs 的同系物可以视作类二噁英多氯联苯。基于风险/持久性的 PCBs 毒性值主要参考了IRIS 数据库。IRIS 提供了将 PCBs 混合物分配到不同风险/持久性等级的标准。一般认为含氯原子大于 4 的 PCBs 同系物在多氯联苯总量中所占比例低于 50%时，属最低风险/持久性等级。Aroclor 1016 几乎不含有四氯以上的 PCBs 同系物，属于最低风险/持久性等级(EPA, 1996)(表 4-24)。其他的 Aroclor(1221、1232、1242、1248、1254、1260)都被分配了高风险毒性值(表 4-25)。PCB 5460 不具有致癌毒性，毒性参数由 PPRTV 数据库提供。基于风险/持久性的 PCBs 分类特征下，高风险和长期暴露 PCBs 的经口致癌斜率因子为 2 $[mg/(kg \cdot d)]^{-1}$，吸入单位致癌风险为 $5.7 \times 10^{-4} (\mu g/m^3)^{-1}$；低风险和长期暴露 PCBs 的经口致癌斜率因子为 $0.4 [mg/(kg \cdot d)]^{-1}$，吸入单位致癌风险为 $1 \times 10^{-4} (\mu g/m^3)^{-1}$；最低风险和短期暴露 PCBs 的经口致癌斜率因子为 $0.07 [mg/(kg \cdot d)]^{-1}$，吸入单位致癌风险为 $2 \times 10^{-5} (\mu g/m^3)^{-1}$。

表 4-24　PCBs(Aroclor 1016)经口摄入参考剂量总结

关键影响	实验剂量	不确定因子 UF	修正因子 MF	参考剂量 RfD/[mg/(kg·d)]
猴出生体重减轻	NOAEL：0.25 mg/L 0.007 mg/(kg·d)(修正值) LOAEL：1 mg/L 0.028 mg/(kg·d)(修正值)	100	1	$7×10^{-4}$

表 4-25　PCBs(Aroclor 1254)经口摄入参考剂量总结

关键影响	实验剂量	不确定因子 UF	修正因子 MF	参考剂量 RfD/[mg/(kg·d)]
猴眼部有渗出物,睑板腺发炎和突出,手指和脚指甲的扭曲生长;对绵羊红细胞的抗体(IgG 和 IgM)反应降低	NOAEL：无 LOAEL：0.005mg/(kg·d)	300	1	$2×10^{-5}$

4.1.7　农药

1. p,p'-滴滴涕(DDT)、p,p'-滴滴伊(DDE)、p,p'-滴滴滴(DDD)

1)基本性质特征

DDT[1,1,1-三氯-2,2-二(对氯苯基)乙烷]是一种杀虫剂,曾广泛用于控制农作物上的昆虫和携带疟疾、斑疹伤寒等疾病的昆虫,但目前只被较少数国家使用来控制疟疾。工业级 DDT 是 p,p'-DDT(85%)、p,p'-DDE(15%)和 p,p'-DDD(微量)三种化合物的混合物。这些物质均为白色结晶,几乎没有气味。工业级 DDT 含有 DDE[1,1-二氯-2,2-二(对氯苯基)乙烯]和 DDD[1,1-二氯-2,2-二(对氯苯基)乙烷]。DDD 也被用作杀虫剂,但作用远低于 DDT。p,p'-DDD 在医学上用于治疗肾上腺癌。DDE 和 DDD 都是 DDT 的分解产物。p,p'-DDT、p,p'-DDE 和 p,p'-DDD 三种物质的主要理化性质如表 4-26 所示。

表 4-26　p,p'-DDT、p,p'-DDE 和 p,p'-DDD 的理化性质

性质	p,p'-DDT	p,p'-DDE	p,p'-DDD
分子量	354.49	318.03	320.05
颜色状态	无色晶体、白色粉末	白色晶体	无色晶体、白色粉末
物理形态	固体	固体	固体
熔点	109 EC	89 EC	109~110 EC
沸点	分解	336 EC	350 EC

性质		p,p'-DDT	p,p'-DDE	p,p'-DDD
密度		0.98~0.99 g/cm³	—	1.385 g/cm³
气味		无味或弱芳香味	—	无味
气味阈值	水	0.35 mg/kg	—	—
	空气	—	—	—
溶解度	水	0.025 mg/L，25 EC	0.12 mg/L，25 EC	0.090 mg/L，25 EC
	有机溶剂	微溶于乙醇，溶于乙醚和丙酮	脂类和大多数有机溶剂	—
分配系数	$\log K_{ow}$	6.91	6.51	6.02
	$\log K_{oc}$	5.18	4.70	5.18
蒸气压		1.60×10^{-7}，20 EC	6.0×10^{-6}，25 EC	1.35×10^{-6}，EC
亨利常数		8.3×10^{-6}	2.1×10^{-5}	4.0×10^{-6}

注：EC 表示当量碳数。

2）环境归趋

在广泛使用 DDT 时，大量 DDT 会在农药喷洒过程中释放到空气中，其生产、运输和处理过程也可能产生 DDT 的排放。大量 DDT 可能通过直接或间接方式释放到土壤，或通过大气的干湿沉降或直接迁移进入地表水。DDT 及其代谢产物可通过溶解、吸附、再活化、生物累积和挥发等过程从一种介质传输到另一种介质，也可以通过气流、风力扩散等方式在介质中传输。p,p'-DDT、p,p'-DDE 和 p,p'-DDD 对土壤有较强的吸附作用，微溶于水，因此，其在径流中的损失主要是被土壤颗粒物吸附所导致的。

大气中约 50%的 DDT 被吸附到颗粒物表面，50%存在于气相中。DDT 能够与空气中的羟基自由基反应发生降解，其半衰期约为 37 h。DDE 和 DDD 比 DDT 具有更高的蒸气压，气相 DDE 和 DDD 的半衰期分别为 17 h 和 30 h。DDT、DDE 和 DDD 能够吸附在颗粒物上，不易发生快速光降解，因此能经历长距离迁移。DDT 及其代谢物能够在大气中长距离迁移已经得到研究证实。

水中的 DDT、DDE 和 DDD 能够通过光降解和生物降解被转化。由于短波辐射不能深入水体，而光解作用主要发生在水体表面，并依赖于水体的清澈度，DDT 和 DDD 在水生系统中的直接光解非常缓慢，估计半衰期会超过 150 年。DDE 的直接光解会随着光周期和亮度的变化而变化，导致半衰期随季节和纬度的不同而不同。DDT 在 pH=9 时发生碱催化水解，半衰期为 81d，水解产物为 DDE。DDE 和 DDD 的水解反应为非主要环境归趋。DDT 在水中的生物降解为次要转化机制，而 DDE 和 DDD 在水环境中的生物降解较 DDT 更慢。

土壤中残留 DDT 的损失机制主要包括挥发、富集-去除（如植物吸收）、地表径流和化学转化。其中，前三种为迁移过程，第四种为化学转化并可能通过非生物或生物过程发生。DDT 和 DDE 的光氧化可发生在土壤表面或吸附沉积物中。土壤微生物包括细菌、真菌和藻类，DDT 和 DDE 在好氧和厌氧条件下都可能发生生物降解。在 DDT 的生物降解过程中，土壤同时形成了 DDE 和 DDD 等产物，其中 DDE 是 DDT 的主要代谢物。这两种代谢物都可能发生进一步的转化，但其程度和速率取决于土壤条件，也可能取决于土壤中存在的微生物种群。

3）潜在健康危害

自禁止使用 DDT 以来，公众暴露于 DDT、DDE 和 DDD 的概率持续减小，人群主要接触途径为食用暴露。虽然 DDT 及其代谢物在大气中普遍存在，但其浓度较低，通过吸入或皮肤接触的量不足以对人体造成危害。从饮食暴露角度来看，主要的暴露途径为食用可能含有残留 DDT 及其副产物的食品（如肉类、鱼类、家禽、乳制品）。DDT 在饮用水中的溶解度极低，因此 DDT 在饮用水中的暴露可以忽略。有利于 DDT 迁移的公共活动区域（如场地修复）有可能增加工人对 DDT 及其代谢物的暴露。居住在 DDT 污染场地附近的居民，通过皮肤接触及食用或饮用受污染的食物和水等暴露途径，可能比一般人群更易暴露于高浓度的 DDT 及其代谢物。

4）毒性参数

如表 4-27 所示，DDT 的经口摄入参考剂量为 5×10^{-4} mg/(kg · d)，经口致癌斜率因子为 0.34 [mg/(kg · d)]$^{-1}$，吸入单位致癌风险为 9.7×10^{-5} (μg/m³)$^{-1}$。DDD 的经口致癌斜率因子为 0.24 [mg/(kg · d)]$^{-1}$；DDE 的经口致癌斜率因子为 0.34 [mg/(kg · d)]$^{-1}$。

表 4-27　DDT 经口摄入参考剂量总结

关键影响	实验剂量	不确定因子 UF	修正因子 MF	参考剂量 RfD/[mg/(kg · d)]
大鼠肝脏病变	NOAEL：1 mg/L 0.05 mg/(kg BW · d)（修正值） LOAEL：5 mg/L	100	1	5×10^{-4}

2. α-HCH、β-HCH、γ-HCH

1）基本性质特征

六氯环己烷（hexachlorocyclohexane，HCH；CAS No. 608-73-1），又称六六六，分子式为 $C_6H_6Cl_6$，是一种持久性有机污染物，也是一种杀虫普及广、杀虫能力强的有机氯杀虫剂。工业上将氯气通入苯中，在光照条件下，于 25～35℃时发生加成反应制得六六六。这种方法制备的六六六是许多异构体的混合物，称为六六六原粉，以甲（α-HCH）、乙（β-HCH）、丙（γ-HCH）、丁（δ-HCH）和戊（ε-HCH）5 种异构体为主要成分，其中 γ-HCH（林丹）具有明显的杀虫作用，也可用作水果、蔬菜和作物的杀虫剂。从外观上看，工业 HCH 为粉白色或淡黄色的粉末状固体，不溶于水，可溶于乙醇、丙酮、氯仿、苯、煤油等有机溶剂。HCH 的化学性质极其稳定，不易被生物降解和光化学降解，其半衰期长达几十年，在自然环境中降解缓慢，能长期存在于环境中。α-HCH 和 γ-HCH 为 HCH 所有异构体中最不稳定、最容易降解的两种异构体，半衰期分别长达 26 年和 42 年。

HCH 作为人类氯碱工业的重要产品，曾经对人类社会，特别是在保证农业丰收方面做出过重大贡献，但其毒性强、难分解、分布广、危害大，在大量使用的同时也给环境造成难以修复的危害；加之 HCH 脂溶性大的特点，因此通过食物链的富集对人类自身的影响与危害正在逐渐显现并不断加重。我国曾是混合 HCH 的生产和使用大国，自 20 世纪 60 年代初到 1983 年期间，我国生产有机氯农药的产量呈逐年增长趋势。这一时期 HCH 的大量使用造成了该类农药在土壤和农作物中的大量累积。

2）释放进入环境

HCH 不会在环境中天然存在，主要是通过制备和使用过程释放进入环境中。虽然工业级 HCH 和其他异构体已经不再生产，但 γ-HCH 仍有从国外进口的需求并配制成各种产品。这些配制的产品多数为农药，可用作大麦、玉米、燕麦、黑麦、高粱和小麦的杀虫剂，也有少量 γ-HCH 作为处方药用于治疗疥疮和头虱。释放到环境中的 HCH 可以扩散到各种环境介质中（如污染土壤的风化作用可使农药扩散到大气中）。农业土壤和植物叶片上残留的 γ-HCH 也可以通过挥发释放到大气中。同时，γ-HCH 还可以通过地表径流或雨雪湿沉积作用释放到地表水中。通过土壤渗滤作用，γ-HCH 可迁移到地下水中。虽然现有的吸附数据表明，γ-HCH 在土壤中的迁移率较低，但监测研究结果则表明 γ-HCH 确实已经迁移到了地下水中。此外，用 γ-HCH 配制的农药直接施用于土壤或在其配制、储存和（或）处置过程中，能够直接或间接地将 γ-HCH 释放到土壤中。

虽然工业级 HCH 已被禁用多年，但这些化合物具有持久性的特点，因此 HCH 会长期存在于环境中，在危险废物场地附近的土壤和地表水中仍然能发现 α-HCH、β-HCH、γ-HCH 和 δ-HCH 等污染物。在空气、地表水、地下水、沉积物、土壤、鱼类和其他水生生物、野生动植物食品以及人体中也都检测到了 HCH 的存在。人体可能通过使用药物和食用受污染的植物、动物和动物产品暴露于 HCH，但在饮用水途径中尚未发现 HCH 的存在。

3）环境归趋

HCH 在大气中有很长的寿命，不同形式的 HCH 均可通过光化学反应被羟基自由基降解，亦可通过湿法或干法沉降从空气中除去。由于 HCH 不吸收大于

290 nm 的光，预计大气中直接光解作用不会成为 HCH 在环境中的主要降解途径。

γ-HCH 在水生系统中能够发生水解和间接光解作用，但生物降解是其主要的降解途径。有研究表明，γ-HCH 在河流、湖泊和地下水等环境中的降解半衰期分别为 3～30 d、30～300 d 和>300 d。在中性 pH 条件下，水解不是 γ-HCH 在水生环境中的重要降解途径。但是，在碱性条件下，γ-HCH 会发生快速水解作用。

在土壤或沉积物中，生物降解是 γ-HCH 的主要降解途径，但在碱性条件下，其在潮湿土壤中也可能发生水解。土壤中 γ-HCH 的浓度和持久性主要取决于土壤类型。土壤中作物的存在也影响了 HCH 残留物的持久性，对于种植和未种植作物的两种地块，α-HCH 半衰期分别为 58.8 d 和 83.8 d；β-HCH 的持久性最强，其半衰期分别为 184 d 和 100 d；γ-HCH 的半衰期分别为 107 d 和 62.1 d。

大量生物降解研究表明，γ-HCH 可转化为四氯己烯、三氯化苯、四氯化苯、五氯化苯、五环己烷、四环己烷、HCH 的其他异构体和相关化学物质等产物。产物的不同取决于环境背景中微生物的差异。

4) 潜在健康危害

γ-HCH 对人体的暴露途径包括：摄入植物、动物产品、牛奶和含有农药的水，吸入含 HCH 的空气，皮肤接触等。HCH 可能通过摄取食物或饮用水进入人体或通过吸入空气进入人体肺部。γ-HCH 作为洗剂、乳霜或洗发剂用于治疗和(或)控制疥疮和体虱时，能够通过皮肤吸收进入人体，HCH 异构体及其在体内形成的产物通常可以暂时储存在脂肪当中。六氯环己烷的异构体中，β-HCH 离开人体速度最慢。α-HCH、δ-HCH、γ-HCH 及它们在体内形成的产物，能够通过排尿、排便和呼气等方式从体内快速排出。HCH 在体内能分解生成许多产物，包括各种氯酚，其中包括一些具有毒性的物质。

人体吸入一定量的 α-HCH、δ-HCH 和 γ-HCH 可导致头晕、头痛、血液电解质紊乱及性激素水平的变化。在农药生产过程中，工人通常暴露于 HCH 蒸气并易受到上述影响。皮肤大量或经常性地暴露于 γ-HCH 会导致血液疾病或癫痫。动物研究表明，HCH 对动物抵抗力及卵巢和睾丸都有损伤。实验室啮齿动物长期口服 α-HCH、β-HCH、γ-HCH 或工业级 HCH 会导致肝癌。DHHS 已确定可合理预测 HCH(所有异构体)对人类的癌症作用。国际癌症研究机构已将 HCH(所有异构体)归类为对人体可能致癌物。美国环保局已有证据证明 γ-HCH 具有致癌性，但证据不足以评估其对人体致癌潜力。美国环保局将 α-HCH 定义为致癌物质，将 δ-HCH 和 ε-HCH 归类为非致癌物质。

5) 毒性参数

IRIS 数据库提供了 γ-HCH 的经口摄入参考剂量(RfD)为 3×10^{-4} mg/(kg·d) (表 4-28)，远低于 α-HCH 的 RfD 8×10^{-3} mg/(kg·d) (ATSDR, 2000)。α-HCH 的经口致癌斜率因子和吸入单位致癌风险分别为 6.3 $[\text{mg/(kg·d)}]^{-1}$ 和 1.8×10^{-3} $(\mu\text{g/m}^3)^{-1}$；

β-HCH 经口致癌斜率因子和吸入单位致癌风险分别为 1.8 [mg/(kg·d)]$^{-1}$ 和 5.3×10^{-4} (μg/m^3)$^{-1}$。γ-HCH 的经口暴露和吸入单位致癌风险参数取自美国加利福尼亚州环境保护局数据库，分别为 1.1 [mg/(kg·d)]$^{-1}$ 和 3.1×10^{-4} (μg/m^3)$^{-1}$。

表 4-28　γ-HCH 经口摄入参考剂量总结

关键影响	实验剂量	不确定因子 UF	修正因子 MF	参考剂量 RfD/[mg/(kg·d)]
大鼠肝肾毒性	NOAEL：4 mg/L 0.33 mg/(kg·d)（雌性）（修正值） LOAEL：20 mg/L 饮食 1.55 mg/(kg·d)（雄性）（修正值）	1000	1	3×10^{-4}

4.1.8　二噁英和呋喃

1）基本性质特征

二噁英通常指具有相似结构和理化特性的一组多氯取代的平面芳烃类化合物，包括 75 种多氯二苯并对二噁英（polychlorinated dibenzo-para-dioxins，PCDDs）和 135 种多氯代二苯并呋喃（polychlorinated dibenzofurans，PCDFs）。PCDDs 和 PCDFs 一般性化学式为 $C_{12}H_{8-n}O_2Cl_n$ 和 $C_{12}H_{8-n}OCl_n$，其中 n 代表氯的原子数量（1～8）。在 210 种理论化合物中，有 17 种 PCDDs 和 PCDFs 已被确定为受到最多毒理学关注（HPA，2008），它们与最具毒性的 2,3,7,8-四氯二苯并对二噁英（2,3,7,8-tetrachlorodibenzo-para-dioxin，2,3,7,8-TCDD）的结构相似。PCDDs 和 PCDFs 为无色固体或结晶，挥发性和水中溶解度较低，疏水性较高，容易扩散到空气、水和土壤颗粒中。

2）环境归趋

除少量 PCDDs 和 PCDFs 用于研究，自然界产生的微量 PCDDs 和 PCDFs 主要来自有机氯（如氯酚和氯苯）的生产或副产物的燃烧，或森林火灾、火山爆发。然而，这些自然排放源对 PCDDs 和 PCDFs 环境总量的影响微乎其微。PCDDs 和 PCDFs 最大的排放源主要来自意外火灾，以及塑料、橡胶和农业废物的燃烧等。多数 PCDDs 和 PCDFs 能够通过大气沉降或燃烧残渣处理过程进入土壤，或通过含氯芳烃的农药等工业化品及其副产品的使用和处理进入土壤。

PCDDs 和 PCDFs 是高度持久性化合物，存在于空气、水体、土壤、沉积物、动物和食物中，具有蒸气压和水溶性较低但吸附能力强等特点，因此可能在土壤和沉积物中长期存在。PCDDs 和 PCDFs 的生物和非生物降解过程通常比较缓慢，但在日光下的光解最为迅速。

3）潜在健康危害

虽然 2,3,7,8-TCDD 已被证实为致癌物质，但没有令人信服的证据表明它具有遗传毒性。二噁英是环境内分泌干扰物的代表。它们能干扰机体的内分泌作用，产生显著健康影响。二噁英能引起雌性动物卵巢功能障碍，抑制雌激素的产生，导致雌性动物不孕、胎仔减少、流产等状况的发生；具有显著的免疫毒性，可引起动物胸腺萎缩、细胞免疫与体液免疫功能降低；还能造成皮肤的损害，在暴露实验中可观察到动物和人群皮肤过度角化、色素沉着以及氯痤疮等症状的发生。PCDDs 引起的非致癌健康影响主要表现为对免疫系统抑制以及对生殖和发育产生的毒性。二噁英类化合物的毒性作用被认为是一种累加过程。

4）毒性参数

如表 4-29 和表 4-30 所示，IRIS 数据库提供了呋喃的经口摄入参考剂量为 1×10^{-3} mg/(kg·d)。2,3,7,8-TCDD 的经口摄入参考剂量为 7×10^{-10} mg/(kg·d)。2,3,7,8-TCDD 的经口致癌斜率因子和吸入单位致癌风险参数取自美国加利福尼亚州环境保护局数据库，分别为 1.3×10^{5} [mg/(kg·d)]$^{-1}$ 和 38 (μg/m³)$^{-1}$。

表 4-29 呋喃的经口摄入参考剂量总结

关键影响	实验剂量	不确定因子 UF	修正因子 MF	参考剂量 RfD/[mg/(kg·d)]
小鼠肝脏病变	NOAEL：2～1.4 mg/(kg·d)（每周 5 天）LOAEL：4 mg/(kg·d)（老鼠）	1000	1	1×10^{-3}

表 4-30 2,3,7,8-TCDD 的经口摄入参考剂量总结

关键影响	临床表现	实验剂量 /[mg/(kg·d)]	不确定因子 UF	参考剂量 RfD/[mg/(kg·d)]
生殖系统	接触 TCDD 的男性精子数量和活力下降/新生儿促甲状腺激素（TSH）增加	LOAEL（修订剂量）：2×10^{-8}	30	7×10^{-10}

4.2 暴露途径设置

结合我国《建设用地土壤污染风险评估技术导则》（HJ 25.3—2019）与美国区域筛选值导则推荐的用地类型，本书将土地类型划分为三大类，包括居住用地、工商业用地和建筑用地，每种用地类型下包含了特定人群受体和暴露途径，主要包括三个方面：经口摄入和皮肤接触土壤、呼吸吸入挥发蒸气和土壤颗粒物，以

及饮用土壤淋溶污染的地下水。不同用地类型下各受体和暴露途径如表 4-31 所示，一般仅在居住用地情景下考虑饮用污染地下水暴露途径；工商业用地类型下，对室外工人不考虑室内暴露途径，对室内工人不考虑室外呼吸和皮肤接触暴露途径。不同污染物在暴露途径下采用的污染物溶质迁移模型如表 4-32 所示，与我国《建设用地土壤污染风险评估技术导则》(HJ 25.3—2019)推荐模型保持一致，具体计算公式参考本书 3.4.1 节，其中经口摄入和皮肤接触属于直接暴露途径，无迁移过程因子，因此没有溶质迁移模型。在饮水污染地下水情景下，土壤中污染物通过降雨淋溶途径渗入地下水中，然后通过饮用途径被人体摄入。我国导则对下层土壤蒸气暴露和土壤淋溶途径所选用的溶质迁移模型均假设污染源为有限质量源，是一种相对不保守的假设条件。

表 4-31 不同用地类型下各受体的暴露途径

暴露途径	居住用地	工商业用地			建筑用地
	成人和儿童	室外工人	室内工人	复合工人	建筑工人
经口摄取	√	√	√	√	√
皮肤接触	√	√	×	√	√
吸入室内土壤颗粒物	√	×	√	√	×
吸入室外土壤颗粒物	√	√	×	√	√
吸入土壤室外蒸气	√	√	×	√	√
吸入土壤室内蒸气	√	×	√	√	×
饮用土壤淋溶污染的地下水	√	×	×	×	×

表 4-32 不同暴露途径下采用的污染物溶质迁移模型

分类	暴露途径	溶质迁移模型
表层土壤	经口摄入土壤	—
	皮肤接触土壤	—
	吸入室内土壤颗粒物	C-RAG 模型*
	吸入室外土壤颗粒物	C-RAG 模型*
	吸入表层土壤室外蒸气	ASTM 模型
下层土壤	吸入下层土壤室外蒸气	Johnson-Ettinger & Mass Balance 模型
	吸入下层土壤室内蒸气	Johnson-Ettinger & Mass Balance 模型
	土壤淋溶至地下水	ASTM & Mass Balance 模型

*C-RAG 模型为我国《建设用地土壤污染风险评估技术导则》(HJ 25.3—2019)单独推荐模型，与英美国家推荐模型不同。

　　土壤淋溶途径下，基于保护地下水的土壤筛选值既可以基于保护人群健康，也可以基于保护水环境来推导，本书中推导的筛选值主要是以保护人群饮用水健康为目标。土壤污染向地下水迁移假设包括两个阶段：①土壤中污染物释放溶于淋溶液；②释放的污染物向下层土壤和地下水中迁移，直至到达饮用水井。例如，假设以保护地下水环境为目标（此时最大污染物水平等于地下水质量标准），推导土壤筛选值时，如果淋溶因子为 10，最大污染物水平为 0.05 mg/L，则淋溶液的目标浓度为 0.5 mg/L，再通过气-液-固三相分配公式换算即可得到土壤污染的目标浓度，即土壤淋溶途径下的土壤筛选值。

4.3　暴露参数设置

　　不同用地类型下受体的暴露参数如表 4-33 所示。居住用地条件下，受体的暴露参数主要参考我国《土壤环境质量　建设用地土壤污染风险管控标准（试行）》（GB 36600—2018）推荐值，其次参考美国区域筛选值导则推荐值。需要特殊说明的暴露参数如下。

　　（1）暴露频率（EF）：居住用地类型下，成人和儿童的暴露频率均为 350 d/a，并假设人群在室内和室外的暴露时间比例分别为 0.75 和 0.25，则室内和室外暴露频率分别为 262.5 d/a 和 87.5 d/a。工商业用地条件下，复合工人和室内工人的暴露频率为 250 d/a（一周工作 5 d，一年工作 50 周），而室外工人的暴露频率参考美国区域筛选值导则推荐值为 225 d/a。复合工人在室内和室外的暴露频率按照室内外暴露频率比为 3∶1 的原则，其室内外呼吸吸入暴露频率分别为 187.5 d/a 和 62.5 d/a；参考美国区域筛选值导则，建筑工人的暴露频率与工商业用地复合工人保持一致。对于暴露频率参数的设置，这里需要说明的是，在工商业用地和建筑用地情景下，按照工人每天 8 h 工作制，受体的暴露时间应该在上述暴露频率的基础上乘以 1/3，但我国风险评估技术导则没有考虑暴露时间这一参数，为了与国家导则保持一致，本书中推导筛选值时忽略该参数，相当于假设增大了工商业用地和建筑用地类型下人群受体的暴露时间。

　　（2）暴露周期（ED）：居住用地类型下，成人和儿童的暴露周期分别为 24 a 和 6 a；工商业用地类型下，假设一般工人的暴露周期为 25 a；而建筑用地类型下，建筑工人在一个工地上的暴露周期较短，一般设置为 1 a。

　　（3）平均作用时间（average time，AT）：分为致癌效应下的平均作用时间（AT_{ca}）和非致癌效应下的平均作用时间（AT_{nc}）。致癌效应条件下，AT_{ca} 假设为终身作用，即时间等于人群平均寿命，76 a；非致癌效应条件下，AT_{nc} 与 ED 相等，居住用地类型下，非致癌效应的筛选值仅考虑儿童期暴露，$AT_{nc}=ED_c=6$ a，工商业用地类型下，非致癌效应的筛选值考虑成人期暴露，$AT_{nc}=ED_a=25$ a；建筑用地类型下，非致癌效应的筛选值考虑成人期暴露，$AT_{nc}=ED_a=1$ a。

表4-33 受体暴露参数

参数名称	符号	单位	居住用地 成人/儿童	工商业用地 复合工人	工商业用地 室外工人	工商业用地 室内工人	建筑用地 建筑工人
平均体重	BW	kg	61.8/19.2	61.8	61.8	61.8	61.8
平均身高	H	cm	161.5/113.15	161.5	161.5	161.5	161.5
暴露期	ED	a	24/6	25	25	25	1
暴露频率(经口摄入和皮肤接触)	EF	d/a	350	250	225	250	250
室内暴露频率(呼吸吸入)	EFI	d/a	262.5	187.5	—	250	—
室外暴露频率(呼吸吸入)	EFO	d/a	87.5	62.5	225	—	250
暴露皮肤所占体表面积比	SER	—	0.32/0.36	0.18	0.18	—	0.18
皮肤表面土壤黏附系数	SSAR	mg/cm²	0.07/0.2	0.2	0.2	—	0.2
室内空气中来自土壤的颗粒物所占比例	fspi	—	0.8	0.8	—	0.8	—
室外空气中来自土壤的颗粒物所占比例	fspo	—	0.5	0.5	0.5	—	0.5
吸入土壤颗粒物在体内滞留比例	PIAF	—	0.75	0.75	0.75	0.75	0.75
每日皮肤接触事件频率	E_v	次/d	1	1	1	—	1
每日摄入土壤量	OSIR	g/d	0.1/0.2	0.1	0.1	0.05	0.33
每日饮用水量	GWCR	mL/d	1000/700	—	—	—	—
每日空气呼吸量	DAIR	m³/d	14.5/7.5	14.5	14.5	14.5	14.5
气态污染物入侵持续时间	τ	s	94608000000	788400000	788400000	788400000	788400000
非致癌效应下的平均作用时间	AT_{nc}	d	2190	9125	9125	9125	365
致癌效应下的平均作用时间	AT_{ca}	d	27740	27740	27740	27740	27740
可接受致癌风险	ACR	—	$1×10^{-6}$	$1×10^{-6}$	$1×10^{-6}$	$1×10^{-6}$	$1×10^{-6}$
可接受危害商	AHQ	—	1	1	1	1	1

(4)每日摄入土壤量(OSIR)：居住用地类型下，成人和儿童的 OSIR 按照我国导则推荐值，分别为 0.1 g/d 和 0.2 g/d，工商业用地类型下，复合工人和室外工人的 OSIR 按照我国导则推荐值为 0.1 g/d，而室内工人由于直接暴露于污染土壤的概率降低，因此参考美国区域筛选值导则推荐值，采用 0.05 g/d；建筑用地类型下，建筑工人的工作经常涉及挖掘、搬运、搅拌等活动，工作周围的空气中浮尘较多，因而对土壤摄入量较高，参考美国区域筛选值导则推荐值，约为 0.33 g/d。

(5)可接受致癌风险/非致癌危害商：致癌污染物对人群只要产生暴露，则存在致癌风险。按照我国导则推荐值，可接受致癌风险(ACR)的概率为百万分之一(1×10^{-6})；非致癌污染物暴露条件下，当暴露剂量小于或等于参考剂量时，一般认为污染物不会对人群产生健康风险，因此假设可接受非致癌危害商为 1。

推导筛选值的其他暴露参数主要参考我国《土壤环境质量　建设用地土壤污染风险管控标准》（试行）(GB 36600—2018)，如表 4-34～表 4-36 所示。

表 4-34　土壤和地下水性质参数

参数名称	符号	单位	默认取值
表层污染土壤层厚度	d	m	0.5
下层污染土壤层厚度	d_{sub}	m	1
下层污染土壤层顶部埋深	L_s	m	0.5
平行于风向的土壤污染源宽度	W_{dw}	m	40
平行于地下水流向的土壤污染源宽度	W_{gw}	m	40
土壤中水的入渗速率	I	m/a	0.3
包气带孔隙水体积比	θ_{ws}	—	0.3
包气带孔隙空气体积比	θ_{as}	—	0.13
包气带土壤容重	ρ_b	g/cm³	1.5
包气带土壤有机碳质量分数	f_{oc}	—	0.0088
毛细管层孔隙水体积比	θ_{wcap}	—	0.342
毛细管层孔隙空气体积比	θ_{acap}	—	0.038
土壤地下水交界处毛细管层厚度	h_{cap}	m	0.05
地下水混合区厚度	δ_{gw}	m	2
含水层水力传导系数	K	m/d	6.85
水力梯度	i		0.01

表 4-35　建筑物特征参数

参数名称	符号	单位	默认取值	
			居住用地	工商业用地
地基裂隙中水体积比	θ_{wcrack}	—	0.12	0.12
地基裂隙中空气体积比	θ_{acrack}	—	0.26	0.26
地基和墙体裂隙表面积所占比例	η	—	0.0005	0.0005
室内空间体积与气态污染物入渗面积之比	L_B	m	2.2	3
室内空气交换率	ER	1/s	1.39×10^{-4}	2.31×10^{-4}
室内室外气压差	dP	Pa	0	0
地面到地板底部厚度	Z_{crack}	m	0.35	0.35
室内地板面积	A_b	m^2	70	70
室内地板周长	X_{crack}	m	34	34
室内地基厚度	L_{crack}	m	0.35	0.35

表 4-36　空气特征参数

参数名称	符号	单位	默认取值
混合区高度	δ_{air}	m	2
混合区大气流速	U_{air}	m/s	2
空气中可吸入颗粒物含量	PM_{10}	mg/m^3	0.119

4.4　筛选值推导结果

　　不同用地类型下，土壤筛选值推导结果如表 4-37 所示。居住用地类型下未考虑土壤淋溶至地下水-饮用途径的成人或儿童的暴露情景，以及工商业用地类型下复合工人的暴露情景分别对应我国 GB 36600—2018 标准推荐的第一类用地和第二类用地受体的暴露情景。从表 4-37 中可以看出，居住用地类型下，考虑土壤淋溶暴露途径的土壤筛选值普遍比未考虑时的土壤筛选值低，这是由于土壤污染通过淋溶途径进入地下水，对人群饮用水健康的风险往往最高，因此通过淋溶途径反推的筛选值相比于其他暴露途径的筛选值更严格。商业用地类型下，对于同一种污染物，由于室内呼吸途径的暴露风险普遍高于室外呼吸途径，并且室内工人的暴露时间长于复合工人，因此在工商业用地类型下，室内工人暴露情景下的筛选值普遍严于复合工人和室外工人。在建筑工地上的工人可能承受更高的暴露剂量，但由于暴露周期仅为 1 a，因此受体的暴露风险较低，相应的筛选值显著高于工商业用地类型下的筛选值。

表 4-37 根据 HERA++ 模型推导的建设用地土壤污染风险筛选值　（单位：mg/kg）

序号	污染物项目	CAS 编号	居住用地[1] 成人和儿童	居住用地[2] 成人和儿童	复合工人	工商业用地 室外工人	室内工人	建筑用地 建筑工人
1	砷（无机）	7440-38-2	0.45	0.01	1.41	1.61	2.92	12.84
2	铬（Ⅵ）*	18540-29-9	3.00	3.00	5.72	9.21	5.18	206.77
3	镉	7440-43-9	20.02	4.49	38.11	61.40	34.53	71.61
4	汞（无机）	7439-97-6	5.74	0.96	28.94	21.86	52.49	15.24
5	镍	7440-02-0	138.60	21.85	263.82	425.04	239.09	824.76
6	四氯化碳	56-23-5	0.15	0.01	0.64	17.32	0.49	214.73
7	氯仿	67-66-3	0.16	0.02	0.67	6.97	0.52	155.50
8	氯甲烷	74-87-3	5.32	5.32	28.08	1685.59	21.16	1819.87
9	1,1-二氯乙烷	75-34-3	1.38	0.12	5.88	89.74	4.51	1618.44
10	1,2-二氯乙烷	107-06-2	0.41	0.01	1.67	5.54	1.40	100.38
11	1,1-二氯乙烯	75-35-4	10.54	2.23	49.73	3054.17	37.51	2132.51
12	1,2-顺式-二氯乙烯	156-59-2	66.08	0.11	595.50	661.67	1191.01	180.46
13	1,2-反式-二氯乙烯	156-60-5	7.81	0.99	41.28	960.59	31.42	725.49
14	二氯甲烷	27639	81.22	0.34	513.53	1400.18	476.88	518.24
15	1,2-二氯丙烷	78-87-5	0.20	0.02	0.83	4.41	0.66	79.11
16	1,1,1,2-四氯乙烷	630-20-6	2.04	0.03	8.14	19.45	7.15	352.08
17	1,1,2,2-四氯乙烷	79-34-5	1.18	3.90×10^{-3}	4.01	3.34	5.41	52.10
18	四氯乙烯	127-18-4	8.70	0.33	40.88	455.37	31.83	324.30
19	1,1,1-三氯乙烷	71-55-6	535.50	93.50	2830.97	82034.01	2147.64	64799.03

续表

序号	污染物项目	CAS 编号	居住用地[1] 成人和儿童	居住用地[2] 成人和儿童	工商业用地 复合工人	工商业用地 室外工人	工商业用地 室内工人	建筑用地 建筑工人
20	1,1,2-三氯乙烷	79-00-5	0.46	0.01	2.20	3.74	1.97	4.00
21	三氯乙烯	28861	0.41	0.02	2.17	25.74	1.67	21.33
22	1,2,3-三氯丙烷	96-18-4	0.03	2.74×10^{-5}	0.09	0.10	0.18	0.69
23	氯乙烯	27398	0.12	1.08×10^{-3}	0.43	3.82	0.35	28.09
24	氯苯	108-90-7	78.87	2.15	405.73	820.34	363.53	647.99
25	1,2-二氯苯	95-50-1	776.36	15.39	3915.22	3745.41	4484.18	2731.99
26	1,4-二氯苯	106-46-7	4.30	0.40	15.27	15.26	16.11	381.40
27	2-氯苯酚	95-57-8	250.29	1.33	2255.70	2506.33	4511.40	683.55
28	2,4-二氯苯酚	120-83-2	116.88	0.33	843.48	937.20	2706.84	346.62
29	2,4,6-三氯苯酚	32296	38.96	0.22	143.25	131.78	483.68	115.54
30	五氯酚	87-86-5	1.09	0.01	2.73	3.01	13.70	35.51
31	苯	71-43-2	0.76	0.02	3.17	15.81	2.58	226.28
32	乙苯	100-41-4	5.72	0.24	22.85	55.25	20.15	937.91
33	苯乙烯	100-42-5	2308.85	39.64	12588.38	14597.06	13860.29	9535.68
34	甲苯	108-88-3	1596.17	8.86	11023.46	20634.80	12192.93	6737.24
35	间二甲苯	108-38-3	126.19	27.03	633.41	1821.33	528.19	1818.33
36	对二甲苯	106-42-3	131.57	27.26	658.96	1821.33	551.98	1818.33
37	邻二甲苯	95-47-6	172.96	29.11	851.66	1821.33	738.65	1818.33
38	总石油烃-Aliph >C5~C8	E1790666	31.82	31.82	140.19	11237.28	105.51	12132.47
39	总石油烃-Aliph > C9~C18	E1790668	5.22	3.35	23.18	1195.88	17.53	623.89

续表

序号	污染物项目	CAS 编号	居住用地[1]	居住用地[2]	工商业用地			建筑用地
			成人和儿童	成人和儿童	复合工人	室外工人	室内工人	建筑工人
40	总石油烃-Aliph >C19~C32	E1790670	99113.14	9472.90	893257.20	992508.00	1786514.40	270684.00
41	总石油烃-Arom >C6~C8	E1790672	14.78	0.29	80.02	394.41	65.34	226.28
42	总石油烃-Arom >C9~C16	E1790674	127.53	5.08	725.16	461.14	1318.53	281.10
43	总石油烃-Arom >C17~C32	E1790676	1558.44	749.25	11246.35	12495.94	36091.20	4621.66
44	苯并[a]蒽	56-55-3	5.45	3.59	15.07	16.54	52.09	165.67
45	苯并[a]芘	50-32-8	0.55	0.47	1.51	1.67	5.21	16.64
46	苯并[b]荧蒽	205-99-2	5.47	4.74	15.12	16.73	52.10	166.45
47	苯并[k]荧蒽	207-08-9	54.65	47.24	151.15	167.32	521.00	1664.48
48	䓛	218-01-9	490.68	336.57	1292.38	1304.25	3585.63	14896.05
49	二苯并[a,h]蒽	53-70-3	0.55	0.52	1.51	1.68	5.21	16.68
50	茚并[1,2,3-cd]芘	193-39-5	5.47	5.22	15.13	16.81	52.10	166.78
51	萘	91-20-3	20.72	18.49	59.76	30.60	97.94	404.34
52	3,3-二氯联苯胺	91-94-1	1.26	0.04	3.55	3.47	11.43	36.06
53	多氯联苯 77	32598-13-3	0.04	0.02	0.11	0.12	0.41	0.76
54	多氯联苯 81	70362-50-4	0.01	0.01	0.04	0.04	0.14	0.25
55	多氯联苯 105	32598-14-4	0.14	0.08	0.38	0.41	1.37	2.50
56	多氯联苯 114	74472-37-0	0.14	0.08	0.38	0.41	1.37	2.50
57	多氯联苯 118	31508-00-6	0.14	0.08	0.38	0.41	1.37	2.50
58	多氯联苯 123	65510-44-3	0.14	0.08	0.38	0.41	1.37	2.50
59	多氯联苯 126	57465-28-8	4.12×10^{-5}	2.42×10^{-5}	1.13×10^{-4}	1.23×10^{-4}	4.11×10^{-4}	7.61×10^{-4}

续表

序号	污染物项目	CAS编号	居住用地1 成人和儿童	居住用地2 成人和儿童	工商业用地 复合工人	工商业用地 室外工人	工商业用地 室内工人	建筑用地 建筑工人
60	多氯联苯156	38380-08-4	0.14	0.10	0.38	0.41	1.37	2.50
61	多氯联苯157	69782-90-7	0.14	0.10	0.38	0.41	1.37	2.50
62	多氯联苯167	52663-72-6	0.14	0.10	0.38	0.42	1.37	2.50
63	多氯联苯169	32774-16-6	1.38×10^{-4}	9.60×10^{-5}	3.77×10^{-4}	4.14×10^{-4}	1.37×10^{-3}	2.50×10^{-3}
64	多氯联苯189	39635-31-9	0.14	0.11	0.38	0.42	1.37	2.50
65	多氯联苯(高风险)	1336-36-3	0.27	0.12	0.73	0.80	2.67	8.15
66	多氯联苯(低风险)	1336-36-3	1.34	0.62	3.67	4.00	13.38	40.80
67	多氯联苯(最低风险)	1336-36-3	7.64	3.55	20.91	22.74	76.19	232.73
68	阿特拉津	1912-24-9	2.58	0.01	7.43	8.26	23.85	76.36
69	氯丹	12789-03-6	1.96	0.72	6.21	6.79	15.28	54.74
70	滴滴滴	72-54-8	2.45	1.33	7.05	7.78	22.29	72.69
71	滴滴伊	72-55-9	1.73	0.94	4.97	5.48	15.74	51.26
72	滴滴涕	50-29-3	2.08	1.22	6.74	7.44	15.74	57.56
73	敌敌畏	62-73-7	1.81	2.70×10^{-3}	4.88	3.63	18.27	27.75
74	乐果	60-51-5	85.71	0.19	618.55	687.28	1985.02	254.19
75	硫丹	115-29-7	233.77	23.77	1686.95	1874.39	5413.68	693.25
76	七氯	76-44-8	0.13	0.04	0.37	0.40	1.18	3.83
77	α-HCH	319-84-6	0.09	2.59×10^{-3}	0.26	0.28	0.85	2.69
78	β-HCH	319-85-7	0.32	0.01	0.92	0.95	2.97	9.38
79	林丹	58-89-9	0.62	0.01	1.94	2.00	4.86	16.97

续表

序号	污染物项目	CAS 编号	居住用地 [1] 成人和儿童	居住用地 [2] 成人和儿童	工商业用地 复合工人	工商业用地 室外工人	工商业用地 室内工人	建筑用地 建筑工人
80	六氯苯	118-74-1	0.33	0.02	0.94	0.90	2.78	9.77
81	灭蚁灵	2385-85-5	0.03	0.03	0.09	0.10	0.30	0.97
82	邻苯二甲酸二(2-乙基己基)酯	117-81-7	42.17	23.06	121.39	134.41	386.01	1249.90
83	邻苯二甲酸丁苄酯	85-68-7	311.90	20.93	899.71	999.68	2887.30	9243.31
84	邻苯二甲酸二正辛酯	117-84-0	389.61	273.44	2811.59	3123.99	9022.80	1155.41
85	二噁英(2,3,7,8-TCDD)	1746-01-6	5.44×10^{-6}	3.68×10^{-6}	1.76×10^{-5}	1.94×10^{-5}	4.11×10^{-5}	9.07×10^{-5}
86	多溴联苯	59536-65-1	0.02	2.61×10^{-5}	0.06	0.06	0.18	0.58
87	硝基苯	98-95-3	27.93	0.32	65.29	24.17	196.31	228.15
88	苯胺	62-53-3	89.79	0.14	242.46	95.73	893.89	85.66
89	2,4-二硝基甲苯	121-14-2	1.83	0.01	5.13	4.89	17.25	51.65
90	2,4-二硝基苯酚	51-28-5	77.92	0.62	562.32	624.80	1804.56	231.08

注：推导居住用地住用地污染土壤污染风险筛选值时，"1"表示不包含土壤淋溶至地下水—饮用途径；"2"表示包含土壤淋溶至地下水—饮用途径。

*依据我国 HJ 25.3—2019，铬(Ⅵ)的毒性参数仅参照包括 IUR 和 RfC 的值。

为了验证 HERA++软件计算结果的准确性，选取其中 14 种污染物，同时用 HERA++和污染场地风险评估电子表格(电子表格中选第二层次计算，默认参数条件)计算筛选值，结果如表 4-38 所示。HERA++和污染场地风险评估电子表格的计算结果几乎完全相同，个别污染物的结果存在细微差别，这是由于二者模型中污染物的理化毒性参数可能存在部分数据的小数位数精度或个别参数引用的数据库来源不同，由此结果相互验证了二者模型计算的准确性。但是显然通过模型计算得到的筛选值多数较我国 GB 36600—2018 标准推荐的筛选值低，这是由于国家标准推荐的土壤筛选值并非完全由模型计算得到，而是在计算值的基础上进行了人为调整，使调整值高于计算值，以满足我国当前国情下初步筛选土壤污染暴露风险的需求，这也从侧面反映出目前我国风险评估模型存在过于保守或不完善的方面，导致根据模型推导的值过于严格，无法真正起到平衡经济成本和保护人群健康及生态环境的目的。此外，GB 36600—2018 推荐筛选值的定值依据没有对公众完全公开。"《土壤环境质量　建设用地土壤污染风险管控标准(试行)(征求意见稿)》编制说明"(简称"编制说明")概述了筛选值的总体定值原则，包括：①砷、钴、钒、铅、铬有具体的定值说明；②其他部分挥发性污染物以土壤饱和浓度作为封顶值；③部分污染物参考国内外保护目标进行调整；④最终筛选值定值与国际筛选值平均水平相当，管制值略低于美国清除管理值；⑤总体上污染物筛选值的致癌风险在 $1×10^{-6}$～$1×10^{-5}$，管制值在 $1×10^{-5}$～$1×10^{-4}$。因此，从"编制说明"中只能了解个别污染物筛选值的定值依据，多数污染物的调整原则并不清楚，导致风险评估从业人员无法根据筛选值的定值原则来调整修复目标值。对于某些关注污染物，根据评估模型推导的修复目标值甚至也可能低于国家标准推荐的筛选值，导致多数实际风险评估项目最终只能以国家标准推荐的筛选值作为修复目标值，这是我国目前风险评估实际工作中普遍存在的问题和挑战。

表 4-37 的计算结果也显著低于美国和英国推荐的土壤筛选值(表 4-39)，一方面是由于三者在推导筛选值时选用的模型不完全相同，另一方面在暴露参数上也存在显著差异。如第 3.4 节所述，吸入颗粒物途径下，中国采用的模型与英国、美国均不同，当关注污染物的主导暴露途径为吸入颗粒物时，则三者推导的筛选值将存在显著差异，但是如果关注污染物的主导暴露途径为经口摄入，则结果的差异主要来源于暴露参数。并且对于吸入下层土壤室内蒸气途径，中、英、美三国在暴露途径和模型上的选择差异，也会导致挥发性污染物筛选值的显著差异。此外，工商业用地类型中，中国和英、美两国的工人受体在室内外呼吸途径下的暴露时间也存在显著差异，如 4.3 节所述，这也是导致我国筛选值比国外筛选值严格的因素之一。

表 4-38　HERA++与污染场地风险评估电子表格计算筛选值比较

(单位：mg/kg)

编号	污染物(中文)	污染物(英文)	一类用地			二类用地		
			HERA++	风险评估电子表格	GB 36600 筛选值	HERA++	风险评估电子表格	GB 36600 筛选值
1	砷(无机)	arsenic	0.45	0.45	20	1.41	1.41	60
2	铬(VI)*	chromium(VI)	20	20	20	38	38	65
3	镉	cadmium	1.03	1.03	3.00	2.80	2.80	5.70
4	镍	nickel	139	139	150	264	264	900
5	苯	benzene	0.76	0.76	1.00	3.17	3.17	4.00
6	甲苯	toluene	1596	1597	1200	11023	11035	1200
7	乙苯	ethylbenzene	5.72	5.73	7.20	23	23	28
8	对二甲苯	para-xylene	132	132	163	659	660	570
9	三氯乙烯	trichloroethylene	0.41	0.41	0.70	2.17	2.18	2.80
10	氯苯	chlorobenzene	79	79	68	406	406	270
11	苯并[a]蒽	benz-[a]-anthracene	5.45	5.46	5.50	15	15	15
12	茚并[1,2,3-cd]芘	indeno[1,2,3-cd]pyrene	5.47	5.47	—	15.13	15.13	—
13	多氯联苯(高风险)	polychlorinated biphenyls (high risk)	0.27	0.27	—	0.73	0.73	—
14	2,3,7,8-四氯二苯并对二噁英(2,3,7,8-TCDD)	2,3,7,8-tetrachlorodibenzo-para-dioxin	$5.44×10^{-6}$	$5.44×10^{-6}$	—	$1.76×10^{-5}$	$1.76×10^{-5}$	—

* HERA++与污染场地风险评估电子表格数据库中，铬(VI)的毒性参数包括 SF_0、IUR、RfD_0、RfC 的值。

表 4-39　中、英、美三国建设用地土壤污染风险筛选值

（单位：mg/kg）

序号	污染物项目	CAS 编号	中国 GB 36600—2018 筛选值		美国 RSL		英国 SGV		英国 C4SL	
			第一类用地	第二类用地	居住用地	商业用地	居住用地	商业用地	居住用地	商业用地
1	砷	7440-38-2	20	60	0.68	3	32	640	40	640
2	镉	7440-43-9	20	65	71	980	10	230	150	410
3	铬(VI)	18540-29-9	3	5.7	0.3	6.3	—	—	21	49
4	铜	7440-50-8	2000	18000	3100	47000	—	—	—	—
5	铅	7439-92-1	400	800	400	800	—	—	310	2330
6	汞	7439-97-6	8	38	9.4	40	—	—	—	—
7	镍	7440-02-0	150	900	1500	22000	—	—	—	—
8	四氯化碳	56-23-5	0.9	2.8	0.65	2.9	—	—	—	—
9	氯仿	67-66-3	0.3	0.9	0.32	1.4	—	—	—	—
10	氯甲烷	74-87-3	12	37	110	460	—	—	—	—
11	1,1-二氯乙烷	75-34-3	3	9	3.6	16	—	—	—	—
12	1,2-二氯乙烷	107-06-2	0.52	5	0.46	2	—	—	—	—
13	1,1-二氯乙烯	75-35-4	12	66	230	1000	—	—	—	—
14	顺式-1,2-二氯乙烯	156-59-2	66	596	160	2300	—	—	—	—
15	反式-1,2-二氯乙烯	156-60-5	10	54	1600	23000	—	—	—	—
16	二氯甲烷	75-09-2	94	616	57	1000	—	—	—	—
17	1,2-二氯丙烷	78-87-5	1	5	1	4.4	—	—	—	—
18	1,1,1,2-四氯乙烷	630-20-6	2.6	10	2	8.8	—	—	—	—
19	1,1,2,2-四氯乙烷	79-34-5	1.6	6.8	0.6	2.7	—	—	—	—
20	四氯乙烯	127-18-4	11	53	24	100	—	—	—	—

续表

序号	污染物项目	CAS 编号	中国 GB 36600—2018 筛选值		美国 RSL		英国 SGV		英国 C4SL	
			第一类用地	第二类用地	居住用地	商业用地	居住用地	商业用地	居住用地	商业用地
21	1,1,1-三氯乙烷	71-55-6	701	840	8100	36000	—	—	—	—
22	1,1,2-三氯乙烷	79-00-5	0.6	2.8	1.1	5	—	—	—	—
23	三氯乙烯	79-01-6	0.7	2.8	0.94	6	—	—	—	—
24	1,2,3-三氯丙烷	96-18-4	0.05	0.5	0.0051	0.11	—	—	—	—
25	氯乙烯	75-01-4	0.12	0.43	0.059	1.7	—	—	—	—
26	苯	71-43-2	1	4	1.2	5.1	—	—	—	—
27	氯苯	108-90-7	68	270	280	1300	—	—	—	—
28	1,2-二氯苯	95-50-1	560	560	1800	9300	—	—	—	—
29	1,4-二氯苯	106-46-7	5.6	20	2.6	11	—	—	—	—
30	乙苯	100-41-4	7.2	28	5.8	25	350	2800	—	—
31	苯乙烯	100-42-5	1290	1290	6000	35000	—	—	—	—
32	甲苯	108-88-3	1200	1200	4900	47000	610	4400	—	—
33	间二甲苯+对二甲苯	—	163	570	550	2400	240	3500	—	—
34	邻二甲苯	95-47-6	222	640	650	2800	250	2600	—	—
35	硝基苯	98-95-3	34	76	5.1	22	—	—	—	—
36	苯胺	62-53-3	92	260	95	400	—	—	—	—
37	2-氯酚	95-57-8	250	2256	390	5800	—	—	—	—
38	苯并[a]蒽	56-55-3	5.5	15	0.16	2.9	—	—	—	—
39	苯并[a]芘	50-32-8	0.55	1.5	0.016	0.29	—	—	—	—
40	苯并[b]荧蒽	205-99-2	5.5	15	0.16	2.9	—	—	—	—
41	苯并[k]荧蒽	207-08-9	55	151	1.6	29	—	—	—	—

续表

序号	污染物项目	CAS 编号	中国 GB 36600—2018 筛选值		美国 RSL		英国 SGV		英国 C4SL	
			第一类用地	第二类用地	居住用地	商业用地	居住用地	商业用地	居住用地	商业用地
42	䓛	218-01-9	490	1293	16	290	—	—	—	—
43	二苯并[a,h]蒽	53-70-3	0.55	1.5	0.016	0.29	—	—	—	—
44	茚苯[1,2,3-cd]芘	193-39-5	5.5	15	0.16	2.9	—	—	—	—
45	萘	91-20-3	25	70	3.8	17	—	—	—	—
46	锑	7440-36-0	20	180	31	470	—	—	—	—
47	铍	7440-41-7	15	29	160	2300	—	—	—	—
48	钴	7440-48-4	20	70	23	350	—	—	—	—
49	甲基汞	22967-92-6	5	45	7.8	120	—	—	—	—
50	钒	7440-62-2	165	752	390	5800	—	—	—	—
51	氰化物	57-12-5	22	135	—	—	—	—	—	—
52	一溴二氯甲烷	75-27-4	0.29	1.2	0.29	1.3	—	—	—	—
53	溴仿	75-25-2	32	103	19	86	—	—	—	—
54	二溴氯甲烷	124-48-1	9.3	33	0.75	3.3	—	—	—	—
55	1,2-二溴乙烷	106-93-4	0.07	0.24	0.036	0.16	—	—	—	—
56	六氯环戊二烯	77-47-4	1.1	5.2	1.8	7.5	—	—	—	—
57	2,4-二硝基甲苯	121-14-2	1.8	5.2	1.7	7.4	—	—	—	—
58	2,4-二氯酚	120-83-2	117	843	190	2500	—	—	—	—
59	2,4,6-三氯酚	88-06-2	39	137	49	210	—	—	—	—
60	2,4-二硝基酚	51-28-5	78	562	130	1600	—	—	—	—
61	五氯酚	87-86-5	1.1	2.7	1	4	—	—	—	—
62	邻苯二甲酸二(2-乙基己基)酯	117-81-7	42	121	39	160	—	—	—	—
63	邻苯二甲酸丁苄酯	85-68-7	312	900	290	1200	—	—	—	—

续表

序号	污染物项目	CAS 编号	中国 GB 36600—2018 筛选值		美国 RSL		英国 SGV		英国 C4SL	
			第一类用地	第二类用地	居住用地	商业用地	居住用地	商业用地	居住用地	商业用地
64	邻苯二甲酸二正辛酯	117-84-0	390	2812	630	8200	—	—	—	—
65	3,3'-二氯联苯胺	91-94-1	1.3	3.6	1.2	5.1	—	—	—	—
66	阿特拉津	1912-24-9	2.6	7.4	2.4	10	—	—	—	—
67	氯丹	12789-03-6	2	6.2	1.7	7.5	—	—	—	—
68	p,p'-滴滴滴	72-54-8	2.5	7.1	2.3	9.6	—	—	—	—
69	p,p'-滴滴伊	72-55-9	2	7	2	9.3	—	—	—	—
70	滴滴涕	50-29-3	2	6.7	1.9	8.5	—	—	—	—
71	敌敌畏	62-73-7	1.8	5	1.9	7.9	—	—	—	—
72	乐果	60-51-5	86	619	13	160	—	—	—	—
73	硫丹	115-29-7	234	1687	470	7000	—	—	—	—
74	七氯	76-44-8	0.13	0.37	0.13	0.63	—	—	—	—
75	α-HCH	319-84-6	0.09	0.3	0.086	0.36	—	—	—	—
76	β-HCH	319-85-7	0.32	0.92	0.3	1.3	—	—	—	—
77	γ-HCH	58-89-9	0.62	1.9	0.57	2.5	—	—	—	—
78	六氯苯	118-74-1	0.33	1	0.21	0.96	—	—	—	—
79	灭蚁灵	2385-85-5	0.03	0.09	0.036	0.17	—	—	—	—
80	多氯联苯(总量)	—	0.14	0.38	0.23	0.97	8	240	—	—
81	3,3',4,4',5-五氯联苯(PCB 126)	57465-28-8	4×10^{-5}	1×10^{-4}	3.70×10^{-5}	1.50×10^{-4}	—	—	—	—
82	3,3',4,4',5,5'-六氯联苯(PCB 169)	32774-16-6	1×10^{-4}	4×10^{-4}	1.20×10^{-4}	5.10×10^{-4}	—	—	—	—
83	二噁英类(总毒性当量)	—	5×10^{-6}	2×10^{-5}	4.80×10^{-6}	2.20×10^{-5}	—	240	—	—
84	多溴联苯(总量)	118-74-1	0.02	0.06	1.80×10^{-2}	7.70×10^{-2}	8	240	—	—
85	石油烃(C10~C40)	—	826	4500	—	—	—	—	—	—

4.5　筛选值应用条件

通用土壤筛选值(SSL)一般用于初步筛选场地的污染风险，但评估者必须注意筛选值的应用情景是否与评估场地的暴露情景相匹配等问题。筛选值是基于未来场地使用规划和场地活动假设的标准，因此只有在场地未来活动与评估假设情景一致的情况下，筛选值的应用才有意义。尽管通用 SSL 是基于风险而制定的标准，但在土壤筛选过程中推导场地特定的筛选值也是很有必要的。筛选过程不仅能够帮助评估者识别场地具有潜在风险的集中区域、污染物和暴露途径，而且有助于评估者收集后期风险评估的特定参数。

在应用通用 SSL 时，评估者应判断场地的暴露途径和场地条件与通用 SSL 的推导背景是否保持一致。首先，比较评估场地与通用 SSL 的 CSM，其次判断 SSL 所基于的前提假设是否满足场地的评估要求，最终判断是否需要对一些特殊暴露途径或关注污染物进行额外或更详细的评估。如果 CSM 包含的污染源、暴露途径或潜在受体与通用 SSL 推导背景信息不匹配，那么场地污染物浓度直接与通用 SSL 比较可能不能起到筛选风险的作用。如果场地暴露途径比较特殊，不包括在通用 SSL 涵盖的污染源和暴露途径之内，应尽早识别与通用 SSL 推导背景不匹配的信息，以便在下一阶段评估中对这些特殊情况采取相应措施。综上，筛选值应用主要从以下几方面介绍。

1) 识别评估场地的暴露途径

通用 SSL 关注的暴露途径包括：经口摄入土壤、皮肤接触土壤、吸入室内外土壤污染物挥发蒸气和颗粒物、土壤淋溶至地下水等。

评估场地的暴露途径是否均与这些暴露途径有关，取决于污染物特征和场地条件。表层土壤中污染物直接暴露主要为经口摄入途径，而吸入土壤污染物颗粒物和蒸气以及皮肤接触等暴露途径则需考虑污染物的化学性质及场地条件等相关因素。存在于下层土壤中的挥发性污染物可能具有蒸气吸入或向地下水迁移的风险。如果下层土壤中污染物不具有挥发性，则可排除其呼吸吸入暴露途径。此外，如果场地下游或附近地下水为非饮用水水源，则可排除土壤淋溶至地下水饮用暴露对人群的健康影响。

2) 识别评估场地的特殊暴露途径

特殊暴露途径的存在并不妨碍对评估场地使用通用 SSL 筛选其风险。但是，在修复调查与可行性研究中应考虑这些暴露途径可能导致的相关风险，并判断通用 SSL 是否具有充分的保护作用。如果存在以下情况，则应对特定场地开展更详细的研究。

(1) 污染水体通过地表径流或渗透作用释放到场地附近的地表水,进而导致地表水污染；

　　(2)潜在的陆地或水生生态风险；

　　(3)可能与人类产生间接接触的暴露途径(如食用牛肉、乳制品或饲养其他牲畜)；

　　(4)场地异常条件，如非水相液体；

　　(5)场地特殊的地质条件(如含有岩溶、裂隙的含水层)，导致筛选值不够保守。

　　3)可用数据与场地背景值比较

　　场地背景值包括自然形成和人为产生两种情况。自然背景条件下，场地背景值更大程度地受重金属的影响；而在人为影响条件下，场地环境背景值将更多地受到有机物和无机物的影响。通过场地背景值与通用 SSL 的比较，可以判断场地的背景浓度是否存在异常。虽然场地背景浓度可能超过通用 SSL，但这并不意味着一定存在健康风险，还需进一步查明具体情况。

　　为了判断是否需要采取应对措施，场地调查应收集关注污染物及其不同形态的场地背景数据，因为污染物的水溶解度和生物有效性(能够被生物体吸收的比例)是风险评估考虑的重要因素。污染物的水溶解度并不能代表其在暴露受体血液中的吸收情况，但有时可以通过化合物的相关形态分析来预测它在暴露受体中的相对生物有效性和毒性。例如，不同形态的金属具有不同的毒性，并且在暴露和风险方面可以产生完全不同的影响。无机重金属不易穿过生物膜，也不像有机物那样易产生生物积累。不同价态的金属会产生截然不同的毒性(如铬)；复杂有机分子上卤素取代位置和数量的变化也会影响它们的有效性和毒性(如二噁英)。对化学形态和生物有效性的深入评估是特定场地详细风险评估的关键步骤。

第5章 精细化风险评估模型

在详细定量风险评估过程中，推导修复目标值和表征污染风险是判断场地是否需要开展进一步修复工作的重要理论基础，而修复目标值的确定很大程度上决定了修复技术的可行性和修复成本。修复目标值推导可以建立在筛选值推导的基本原理之上，但并不仅限于此。评估者可以根据场地的特定条件，利用更复杂的模型来推导场地特定修复目标值。本章将对修复目标体系构建可能用到的一些特殊模型做简要介绍，以期为读者推导修复目标值提供更多参考信息。

5.1 石油烃蒸气入侵模型

5.1.1 挥发性石油烃

当石油烃的碳当量数低于 16 时，一般认为石油烃馏分为挥发性有机物(volatile organic compounds, VOCs)或半挥发性有机物(semivolatile organic compounds, SVOCs)，在环境条件下更容易通过土壤孔隙进入空气，如图 5-1 所示。

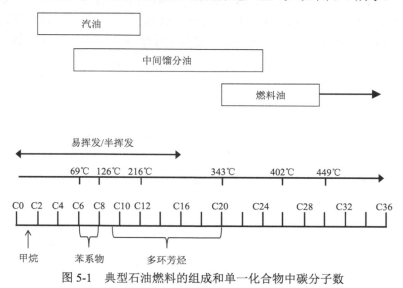

图 5-1 典型石油燃料的组成和单一化合物中碳分子数

表 5-1 为燃油中苯系物和萘的浓度范围。汽油(如车用汽油、航空汽油等)主要由 6～12 个碳原子的"轻质"碳氢化合物组成，与其他类型的燃料相比，具有

很高的挥发性。汽油中苯、甲苯、乙苯和二甲苯的含量变化较大(0.1%～20%)，尤其车辆使用汽油中，苯含量变化较大(0.1%～5%)，这取决于炼油厂、燃料性能和燃料生产的历史时期。

表 5-1　燃油中苯系物和萘浓度范围　　　　　　　　(单位：%)

物质	汽油 [1]	柴油 [2]	残余燃料 [3]
苯	0.1～4.9	0.003～0.1	0.06～0.1
乙苯	0.1～3	0.007～0.2	
甲苯	1～25	0.007～0.7	0.1～0.2
二甲苯类	1～15	0.02～0.5	0.2～0.3
萘	<1	0.01～0.8	

1 汽油范围数据引自 Potter 和 Simmons(1998)，Kaplan 等(2007)；2 柴油 #2 数据引自 Potter 和 Simmons(1998)；3 润滑和机油数据引自 Potter 和 Simmons(1998)。

中间馏分油(如柴油、煤油等)主要由碳原子数为 9～25 的碳氢化合物组成，其中苯系物所占比例较小。中间馏分油的挥发性比汽油小，但包含一些含量较小但很重要的组分，包括较轻和较易挥发的脂肪族化合物，在一定程度上还包括芳香族化合物。

重油(如 4 号、5 号和 6 号燃料油、润滑油、沥青等)由复杂的极性多环芳香族和其他高分子量的碳氢化合物组成，石油烃馏分通常介于 C24～C40。重油不含大量挥发性化合物，除了可能产生甲烷外，一般认为其蒸气入侵风险最低。

美国马萨诸塞州指定的 TPH 馏分分类如下：C5～C8 脂肪族、C9～C12 脂肪族、C13～C18 脂肪族、C19～C36 脂肪族、C9～C10 芳香族、C11～C22 芳香族。C5～C8 脂肪族、C9～C12 脂肪族和 C9～C10 芳香族化合物为易挥发物质，C13～C18 脂肪族和 C11～C22 芳香族化合物为半挥发物质，而 C18+脂肪族和 C10+芳香族化合物为不易挥发物质。

表 5-2 总结了各类燃油中 TPH 馏分的大致含量，从表中可以看出，燃油的主要成分是脂肪族化合物。其中，汽油主要由 C5～C8 脂肪族和 C9～C12 芳香族组成，但后者的比例因混合燃料的不同具有较大差异；重油主要由长链脂肪族和少量的多环芳香族化合物组成。

表 5-2　燃油中 TPH 馏分含量示例　　　　　　　　(单位：%)

馏分	汽油 [1]	柴油 [1]	重油 [2]
C5～C8 脂肪族	45	<1	<1
C9～C18 脂肪族	12	35	<1
C19+脂肪族	<1	43	75
C9～C12+芳香族	43	22	25

1 印第安纳州环境管理部(Risk Integrated System of Closure, Technical Resource Guidance Document, 2010)；2 马萨诸塞州环境保护部(Characterizing Risks Posed by Petroleum Contaminated Sites, 2002)。

5.1.2　蒸气入侵模型简介

蒸气入侵(vapor intrusion)是指挥发性和半挥发性有机污染物从地下污染源释放，在包气带土壤中发生扩散、对流和降解等作用，最后通过地表建筑物墙体或地基裂隙进入室内的过程。蒸气入侵是有机污染场地主要暴露途径之一，主要通过室内蒸气呼吸作用对人体产生健康危害(DeVaull，2007；EPA，2012)。蒸气入侵风险评估最直接有效的方法是通过实测室内空气中污染物浓度来确定风险水平，但国内污染场地大部分属于重建再利用场地，评估对象多为未来工作或居住人群，因此室内污染物浓度只能依靠模型来预测。近年来，研究人员建立了不同类型的蒸气入侵模型，按其维度可分为一维、二维、三维模型；按计算方法又可分为解析模型和数值模型。其中解析模型在计算过程和求解方法上较为简单，常被作为污染场地第二层次风险评估的计算模型。而土壤中存在着大量微生物，对石油烃类的降解作用显著，不少学者在这些模型中增加了生物降解动力学方程。

DeVaull(2007)针对石油烃污染物开发了基于限氧条件下的 Bio Vapor 蒸气入侵模型。该模型为稳态一维解析蒸气入侵模型，基于广泛使用的 Johnson-Ettinger模型，增加了限氧生物降解(oxygen-limited biodegradation)过程，能较为准确地计算好氧生物降解所需的氧气量，对室内空气中石油烃蒸气浓度进行预测。

图 5-2 为 Bio Vapor 概念模型示意图。假设污染源到地基距离为 L_T，石油烃在包气带土壤 L_T 深度上均匀分布。污染物蒸气在向上迁移过程中，将经过深层厌

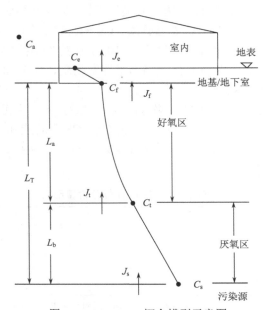

图 5-2　Bio Vapor 概念模型示意图

氧层 L_b 和浅层好氧层 L_a（$L_T=L_a+L_b$），并在好氧层中发生一阶生物降解。污染源的蒸气浓度为 C_s，在好氧-厌氧界面处的蒸气浓度为 C_t，在建筑物地基底部的污染物蒸气浓度为 C_f，而在建筑物室内空气中的污染物蒸气浓度为 C_e。污染物从污染源释放的速率，即通量为 J，定义其正（+）向上。污染物从污染源→厌氧土壤层→好氧土壤层→建筑地基/地下室→建筑物室内的通量分别为 J_s、J_t、J_f 和 J_e。污染物穿过每一层区的浓度代数关系：C_e/C_f 为穿过建筑物基层的污染物浓度比；C_f/C_t 为穿过好氧土壤层的污染物浓度比；C_t/C_s 为穿过厌氧土壤层的污染物浓度比，进而可推算出室内空气污染物与污染源的浓度比 C_e/C_s（GSI, 2012）。

5.1.3 模型假设条件

（1）石油烃的生物降解发生在限氧条件下，氧气浓度值存在上、下限值，一般上限值以空气中的氧气浓度为参考，下限值则参照土壤有机质的呼吸耗氧量；

（2）污染源的浓度保持恒定，不随时间发生变化；

（3）石油烃蒸气在包气带中迁移缓慢，主要依靠污染物浓度导致的扩散作用迁移，只有遇到渗透性差的黏土透镜体之类，产生气体的积累，形成气压差，才会形成对流作用；

（4）忽略包气带土壤的空间异质性，假设土层是均质的；

（5）假设蒸气进入室内后，与室内空气充分混合达到均匀；

（6）忽略参数的时空变化，简化模型计算。

5.1.4 计算方法

当污染物为溶解相或非水相液体时,首先发生污染源和土壤气的相分配作用。污染物蒸气向上迁移，在包气带土壤与地基之间发生扩散和对流作用；当蒸气通过地基或墙体裂隙进入室内，则与室内空气发生混合交换，污染物浓度被稀释，并且在浓度梯度的作用下发生扩散作用；或在压力差的作用下发生对流作用。石油烃生物降解过程是影响其室内蒸气入侵风险的重要因素之一，好氧生物降解过程伴随着氧气消耗，并受到基线耗氧量(土壤生物呼吸耗氧量)的制约，只有氧气浓度高于基线耗氧量时，才发生石油烃的好氧生物降解，即只有在氧气浓度临界点以上的浅层土壤中才发生好氧生物降解过程。此外，氧气与污染物蒸气在迁移中不可避免地受到土壤和地基/建筑物的阻力而发生浓度的物理衰减。

模型的控制方程主要为污染物蒸气运移方程和氧气运移方程。污染物的运移可以用一维对流弥散方程来描述。根据质量守恒，耗氧量包含了污染物组分耗氧量和土壤有机质呼吸耗氧量(基线耗氧量)两部分。在一阶降解速率下，需氧量是土壤有机质的基线呼吸和多种化学物质的生物降解作用的需氧量之和，通过改变需氧深度来迭代求解，使需氧量与供氧量相匹配(DeVaull, 2007；Ma et al., 2012)。

1) 建筑物和地基

对于可忽略的环境空气浓度，污染物穿过建筑墙体和地基时浓度比值如式 (5-1) 所示：

$$\frac{C_e}{C_f} = \frac{\dfrac{1}{L_B \cdot ER}}{\dfrac{1}{L_B \cdot ER} + \dfrac{1}{h}} \tag{5-1}$$

式中，C_f 为建筑物地基底部的污染物蒸气浓度，mg/m^3；C_e 为建筑物室内空气中污染物蒸气浓度，mg/m^3；L_B 为室内气体混合高度，cm；ER 为建筑物空气交换率，s^{-1}；h 为建筑物地基的质量传输系数，cm/s，根据经验或可用模型定义获取，详见式 (5-2) ~ 式 (5-5) (GSI, 2012)：

当 $Q_s = 0$ 时，$h = \dfrac{\eta \cdot D_{crack}^{eff}}{L_{crack}}$ \hfill (5-2)

当 $Q_s > 0$ 时，$h = \dfrac{L_B \cdot ER}{\dfrac{1}{\exp(\xi)} + \dfrac{L_B \cdot ER \cdot A_b}{Q_s} \cdot \dfrac{\exp(\xi) - 1}{\exp(\xi)} - 1}$ \hfill (5-3)

其中：

$$\xi = \frac{Q_s \cdot L_{crack}}{A_b \cdot \eta \cdot D_{crack}^{eff}} \tag{5-4}$$

式中，Q_s 为通过地基的空气流量，cm^3/s；D_{crack}^{eff} 为污染物在地基与墙体裂隙中的有效扩散系数，cm^2/s；L_{crack} 为地基厚度，cm；A_b 为地基面积，cm^2；η 为地基和墙体裂隙表面积所占比例。

式 (5-3) 中 $\exp(\xi)$ 值如果非常大，则会导致模型计算错误。此时，方程可近似为式 (5-5)：

$$h = \frac{1}{\dfrac{A_b}{Q_s} - \dfrac{1}{L_B \cdot ER}} \tag{5-5}$$

2) 土壤中的污染物

在稳态条件下，均质土层中的污染物蒸气迁移（包括一维扩散和一阶污染物降解）的控制方程如式 (5-6) 所示。

$$D_s^{eff} \cdot \frac{\partial^2 C_v}{\partial z^2} = \frac{\theta_{ws}}{H} \cdot k_w \cdot C_v \tag{5-6}$$

穿过土层的垂直坐标 z 方向上的扩散污染物通量 J，其计算公式如式 (5-7) 所示。

$$J = -D_s^{eff} \cdot \frac{\partial C_v}{\partial z} \tag{5-7}$$

式(5-6)和式(5-7)中，J 为污染物通量，$mg/(cm^2 \cdot s)$；D_s^{eff} 为土壤中污染物的有效扩散系数，cm^2/s；H 为亨利常数；θ_{ws} 为土壤含水率，cm^3/cm^3；k_w 为好氧水相(伪)一级降解速率，s^{-1}；C_v 为土壤气浓度，mg/cm^3。

基于恒定通量和浓度，求解式(5-6)和式(5-7)。污染物蒸气穿过土壤好氧区和厌氧区时的浓度比 C_f/C_t 与 C_t/C_s 的计算分别如式(5-8)和式(5-9)所示。

$$\frac{C_f}{C_t} = \frac{\dfrac{1}{L_B \cdot ER} + \dfrac{1}{h}}{A \cdot \left(\dfrac{1}{L_B \cdot ER} + \dfrac{1}{h} \right) + B \cdot \dfrac{L_a}{D_s^{eff}}} \tag{5-8}$$

$$\frac{C_t}{C_s} = \frac{A \cdot \left(\dfrac{1}{L_B \cdot ER} + \dfrac{1}{h} \right) + B \cdot \dfrac{L_a}{D_s^{eff}}}{\left[A + \dfrac{L_b}{L_a} \dfrac{(A^2 - 1)}{B} \right] \left(\dfrac{1}{L_B \cdot ER} + \dfrac{1}{h} \right) + \dfrac{B \cdot L_a + A \cdot L_b}{D_s^{eff}}} \tag{5-9}$$

式中，L_a、L_b、L_B 分别为地基下好氧区深度、厌氧区深度以及室内气体混合高度，cm。系数 A 和 B 计算公式分别如式(5-10)和式(5-11)所示。

$$A = \frac{\exp(-\alpha_a) + \exp(\alpha_a)}{2} = \cosh \alpha_a \tag{5-10}$$

$$B = \frac{\exp(\alpha_a) - \exp(-\alpha_a)}{2 \cdot \alpha_a} = \frac{1}{\alpha_a} \sinh \alpha_a \tag{5-11}$$

$$\alpha_a = \frac{L_a}{L_R} \tag{5-12}$$

$$L_R = \sqrt{\frac{D_s^{eff} \cdot H}{\theta_{ws} \cdot k_w}} \tag{5-13}$$

式中，L_R 为扩散反应深度。

对于 $\alpha_a > 0$，若 $\alpha_a \to 0$，$A \to 1$；根据洛必达法则，若 $\alpha_a \to 0$，$B \to 1$。

污染物穿过建筑墙体或地基裂隙的浓度与污染源浓度之比根据式(5-14)和式(5-15)计算得到。

$$\frac{C_f}{C_s} = \frac{C_f}{C_t} \cdot \frac{C_t}{C_s} \tag{5-14}$$

$$\frac{C_e}{C_s} = \frac{C_e}{C_f} \cdot \frac{C_f}{C_t} \cdot \frac{C_t}{C_s} \tag{5-15}$$

推算得出衰减因子（attenuation factor，AF），如式（5-16）所示。

$$AF = \frac{C_e}{C_s} = \frac{\dfrac{1}{L_B \cdot ER}}{\left[A + \dfrac{L_b}{L_a}\dfrac{\left(A^2-1\right)}{B}\right] \cdot \left(\dfrac{1}{L_B \cdot ER} + \dfrac{1}{h}\right) + \dfrac{B \cdot L_a + A \cdot L_b}{D_s^{eff}}} \tag{5-16}$$

AF 是模型的重要输出参数之一，定义为室内蒸气浓度与源蒸气浓度的比值；与好氧/厌氧深度比值 L_a/L_b、空气交换速率 ER、质量传输系数 h，扩散反应深度 L_R 等参数有关。应注意到，AF 公式中浓度均为蒸气相浓度，当需要与土壤或地下水中其他相态浓度转换时，可根据亨利定律［式（5-17）］、相分配定律［式（5-18）］，换算得到污染物在土壤液相和固相的浓度分别如式（5-19）和式（5-20）所示。

$$H = \frac{H'}{R \cdot T_{amb}} \times 10^3 \text{L/m}^3 \tag{5-17}$$

$$K_{sw} = \frac{\theta_{ws} + K_{oc} \cdot f_{oc} \cdot \rho_b + H \cdot \left(\theta_{Ts} - \theta_{ws}\right)}{\rho_b} \tag{5-18}$$

$$C_w = C_s \cdot R \cdot T_{amb} / \left(H' \times 1000 \text{L/m}^3\right) \tag{5-19}$$

$$C_{soil} = K_{sw} \times C_w \tag{5-20}$$

式中，H' 为在标准大气压下 25℃ 恒温时的亨利系数，atm·m³/mol；R 为摩尔气体常量，0.0826 L·atm·K^{-1}·mol^{-1}；T_{amb} 为环境温度，K；C_w 为土壤液中污染物浓度，mg/cm³；C_{soil} 为土壤中污染物浓度，mg/g；K_{sw} 为总土壤-水分配系数，cm³/g；θ_{Ts} 为土壤孔隙度，cm³ 孔隙/ cm³ 土壤。

式（5-10）和式（5-11）中 $\exp(\alpha_a)$ 值如果非常大，则会导致模型计算错误。此时，方程可近似为式（5-21）和式（5-22）。

$$\frac{C_f}{C_t} = \left(\frac{\dfrac{1}{L_B \cdot ER} + \dfrac{1}{h}}{\dfrac{1}{L_B \cdot ER} + \dfrac{1}{h} + \dfrac{L_R}{D_s^{eff}}}\right) \cdot 2 \cdot \exp(-\alpha_a) \qquad \alpha_a > 0 \tag{5-21}$$

$$\frac{C_t}{C_s} = \frac{\dfrac{1}{L_B \cdot ER} + \dfrac{1}{h} + \dfrac{L_R}{D_s^{eff}}}{\left(1 + \dfrac{L_b}{L_R}\right)\left(\dfrac{1}{L_B \cdot ER} + \dfrac{1}{h}\right) + \dfrac{L_R + L_b}{D_s^{eff}}} \qquad \alpha_a > 0 \tag{5-22}$$

计算得出好氧土层中污染物通量变化，如式（5-23）所示。

$$J_f - J_t = -\frac{D_s^{eff}}{L_a} \cdot \frac{A-1}{B} \cdot \left(C_t + C_f\right) \qquad \alpha_a > 0 \tag{5-23}$$

污染物穿过墙体或地基裂隙时，$J_f = J_e$，并且在非生物降解的土壤厌氧层中，$J_t = J_s$。污染物穿过建筑物地基的通量如式(5-24)所示。

$$J_f = h \cdot \left(C_f - C_e\right) \tag{5-24}$$

3）土壤中的氧

氧气在土壤层中的扩散和迁移取决于多种污染物的降解与土壤呼吸的总需氧量。

氧气通量：污染物和氧气总量分别满足质量守恒定律，如式(5-25)和式(5-26)所示。

$$\vec{\nabla} \cdot \vec{J_i} = \rho_s \cdot \Lambda_i \tag{5-25}$$

$$\vec{\nabla} \cdot \vec{J}_{O_2} = \rho_s \cdot \Lambda_{O_2} \tag{5-26}$$

氧气运移方程：总需氧量为 N 种化学组分 i 的生物降解耗氧量与土壤基线耗氧量的总和，如式(5-27)所示。

$$\Lambda_{O_2} = \sum_{i=1}^{N} \frac{\Lambda_i}{\varphi_i} + \Lambda_{base,O_2} \tag{5-27}$$

将式(5-27)代入式(5-26)中，减去式(5-25)，经数学换算后，得到土壤中的耗氧关系如式(5-28)所示。

$$\vec{\nabla} \cdot \left(\vec{J}_{O_2} - \sum_{i=1}^{N} \frac{1}{\varphi_i} \cdot \vec{J_i}\right) = \rho_b \cdot \left(\Lambda_{O_2} - \sum_{i=1}^{N} \frac{\Lambda_i}{\varphi_i}\right) = \rho_b \cdot \Lambda_{base,O_2} \tag{5-28}$$

在 z 维度上，

$$\frac{d}{dz}\left(J_{O_2} - \sum_{i=1}^{N} \frac{1}{\varphi_i} \cdot J_i\right) = \rho_b \cdot \Lambda_{base,O_2} \tag{5-29}$$

式(5-29)在土壤好氧层 L_a 上的积分方程如式(5-30)所示。

$$J_{f,O_2} - J_{t,O_2} = \sum_{i=1}^{N} \frac{1}{\varphi_i}\left(J_{f,i} - J_{t,i}\right) + \rho_b \cdot L_a \cdot \Lambda_{base,O_2} \tag{5-30}$$

氧气浓度：式(5-29)中只含扩散通量，结合式(5-7)，得到式(5-31)。

$$\frac{d}{dz}\left(-D_s^{eff} \cdot \frac{\partial C_{O_2}}{\partial z} + \sum_{i=1}^{N} \frac{D_s^{eff}}{\varphi_i} \cdot \frac{\partial C_v}{\partial z}\right) = \rho_b \cdot \Lambda_{O_2} \tag{5-31}$$

污染物穿过好氧土层时，式(5-31)积分后得到式(5-32)和式(5-33)：

$$C_{f,O_2} - C_{t,O_2} = \sum_{i=1}^{N} \left(\frac{D_{s,i}^{eff}}{D_{s,O_2}^{eff}}\right) \frac{1}{\varphi_i}\left(C_{f,i} - C_{e,i}\right) - \left(\frac{\rho_b \Lambda_{base,O_2} L_a^2}{2D_{s,O_2}^{eff}}\right) + \frac{L_a}{D_{s,O_2}^{eff}} \sum_{i=1}^{N} \frac{1}{\varphi_i} J_{t,i} \tag{5-32}$$

$$C_{e,O_2} - C_{t,O_2} = \sum_{i=1}^{N} \left(\frac{D_{s,i}^{eff}}{D_{s,O_2}^{eff}} \cdot \frac{1}{\varphi_i} \cdot \left(C_{t,i} - C_{e,i} \right) - \left(\frac{\rho_b \Lambda_{base,O_2} L_a^{2}}{2 D_{s,O_2}^{eff}} \right) \right) \tag{5-33}$$

上述各等式中，氧气浓度需满足一定条件，即 $C_{f,O_2} - C_{t,O_2} \leqslant C_{O_2\text{-atm}} - C_{O_2\text{-min}}$（$C_{O_2\text{-atm}}$ 为大气中氧气浓度，mg/cm^3；$C_{O_2\text{-min}}$ 为好氧区生物降解所需的最低氧气浓度，mg/cm^3）；而 L_a、J_{f,O_2} 和 C_{f,O_2} 之间的单一关系为当 $L_a = 0$ 时，$C_{f,O_2} - C_{t,O_2}$ 为最小值；当 $L_a = L_T$ 时，$C_{f,O_2} - C_{t,O_2}$ 为最大值。其中，Λ_{O_2} 为总的需氧量，$mg/(g \cdot s)$；Λ_i 为 i 组分耗氧量，$mg/(g \cdot s)$；Λ_{base,O_2} 为基线耗氧量，$mg/(g \cdot s)$；φ_i 为化学组分与其耗氧量的质量比，mg/mg；C_e 为室内蒸气浓度，mg/cm^3；C_t 为好氧/厌氧界面蒸气浓度，mg/cm^3；ρ_b 为土壤容重，g/cm^3。方程组的具体求解过程详见参考文献（GSI，2012）。

4）土壤中氧——快速反应

若假设污染物反应速率比其扩散速率快，则可以简化求解好氧区深度 L_a。这种近似求解方法，对指定污染物信息需求较少，且能准确计算得到 L_a。

相对于扩散，污染物快速反应中，好氧区的污染物浓度为 0，$C_i = 0$；而厌氧区的氧气浓度为基线耗氧量，$C_{O_2} - C_{O_2\text{-min}} = 0$。污染物和氧气在土壤层中的浓度是连续的，因此在好氧区和厌氧区的临界处，$C_i = 0$ 且 $C_{O_2} - C_{O_2\text{-min}} = 0$。

土壤好氧区，包含零阶基线土壤呼吸时，地基-土壤界面上的氧通量如式（5-34）所示。

$$J_{f,O_2} = -D_{s,O_2}^{eff} \cdot \frac{C_{f,O_2} - C_{t,O_2}}{L_a} - \frac{1}{2} \cdot \rho_b \cdot L_a \cdot \Lambda_{O_2} \tag{5-34}$$

在好氧-厌氧界面，氧通量如式（5-35）所示。

$$J_{t,O_2} = -D_{s,O_2}^{eff} \cdot \frac{C_{f,O_2} - C_{t,O_2}}{L_a} + \frac{1}{2} \cdot \rho_b \cdot L_a \cdot \Lambda_{O_2} \tag{5-35}$$

将式（5-34）从式（5-35）中减去，表明好氧层氧通量变化等于好氧区基线土壤呼吸所消耗的氧，见式（5-36）：

$$J_{t,O_2} - J_{f,O_2} = \rho_b \cdot L_a \cdot \Lambda_{O_2} \tag{5-36}$$

厌氧区不发生反应时，污染物通量如式（5-37）所示。

$$J_{T,s} = J_{T,t} = J_T = \sum_{i=1}^{N} J_i = \sum_{i=1}^{N} \left(D_{s,i}^{eff} \cdot \frac{C_{i,s} - C_{i,t}}{L_b} \right) \tag{5-37}$$

在发生反应的临界面处（厌氧-好氧界面），污染物和氧以化学计量数比速率瞬间消失，如式（5-38）所示：

$$J_{t,O_2} + \sum_{i=1}^{N}\left(\frac{1}{\varphi_i} \cdot J_i \right) = 0 \tag{5-38}$$

（1）指定氧气通量：建筑物底部的特定氧气流量的计算，将式（5-36）和式（5-37）代入式（5-38）中，得到式（5-39）：

$$J_{f,O_2} + \rho_s \cdot L_a \cdot \Lambda_{base,O_2} + \sum_{i=1}^{N}\left[\frac{D_{eff,i} \cdot \left(C_{i,s} - C_{i,t} \right)}{\varphi_i \cdot L_b} \right] = 0 \tag{5-39}$$

将 $L_T = L_a + L_b$ 代入式（5-39）中，得到式（5-40）：

$$-\left(\frac{\rho_b \cdot L_T \cdot \Lambda_{base,O_2}}{J_{f,O_2}} \right) \cdot \left(\frac{L_a}{L_T} \right)^2 + \left(\frac{\rho_b \cdot L_T \cdot \Lambda_{base,O_2}}{J_{f,O_2}} - 1 \right) \cdot \left(\frac{L_a}{L_T} \right) + 1$$
$$+ \sum_{i=1}^{N}\left[\frac{D_{s,i}^{eff} \cdot \left(C_{i,s} - C_{i,t} \right)}{J_{f,O_2} \cdot \varphi_i \cdot L_T} \right] = 0 \tag{5-40}$$

利用二次方程求解 L_a/L_T，土壤好氧区-厌氧区界面位于整个土层内，式（5-40）的解在 $0 < L_a/L_T < 1$ 区间内。如果式（5-40）中没有土壤呼吸耗氧，即 $\Lambda_{base,O_2} = 0$，则 L_a/L_T 如式（5-41）所示。

$$\frac{L_a}{L_T} = 1 + \sum_{i=1}^{N}\left[\frac{D_{s,i}^{eff} \cdot \left(C_{i,s} - C_{i,t} \right)}{J_{f,O_2} \cdot \varphi_i \cdot L_T} \right] \tag{5-41}$$

（2）指定氧气浓度：式（5-36）和式（5-37）则转变为与浓度有关的公式，如式（5-42）所示。

$$-\frac{D_{s,O_2}^{eff}}{L_a} \cdot \left(C_{f,O_2} - C_{t,O_2} \right) + \frac{\rho_b \cdot L_a \cdot \Lambda_{O_2}}{2} + \sum_{i=1}^{N}\left[\frac{D_{s,i}^{eff} \cdot \left(C_{i,s} - C_{i,t} \right)}{\varphi_i \cdot L_b} \right] = 0 \tag{5-42}$$

同样地，将 $L_T = L_a + L_b$ 代入式（5-42）中，得到式（5-43）。

$$\left[1 + \sum_{i=1}^{N}\left(\frac{D_{s,i}^{eff} \cdot C_{i,s}}{D_{s,O_2}^{eff} \cdot \varphi_i \cdot C_{f,O_2}} \right) \right] \cdot \left(\frac{L_a}{L_T} \right) + \left[\frac{\rho_b \cdot L_T^2 \cdot \Lambda_{O_2}}{2 \cdot D_{s,O_2}^{eff} \cdot C_{f,O_2}} \right] \cdot \left(\frac{L_a}{L_T} \right)^2$$
$$+ \left[-\frac{\rho_b \cdot L_T^2 \cdot \Lambda_{O_2}}{2 \cdot D_{s,O_2}^{eff} \cdot C_{f,O_2}} \right] \cdot \left(\frac{L_a}{L_T} \right)^3 = 1 \tag{5-43}$$

利用三次方程求解（L_a/L_T），求得的可行解必须是真实值，并且在 $0 < L_a/L_T < 1$ 区间内。当不存在土壤呼吸耗氧时，即 $\Lambda_{O_2} = 0$ 时，L_a/L_T 计算公式如式（5-44）所示：

$$\frac{L_a}{L_T} = \frac{1}{1 + \sum_{i=1}^{N}\left(\dfrac{D_{s,i}^{eff} \cdot C_{i,s}}{D_{s,O_2}^{eff} \cdot \varphi_i \cdot C_{f,O_2}} \right)} \tag{5-44}$$

5) 污染源浓度筛选水平

明确污染源蒸气浓度时，Bio Vapor 模型可用于估算建筑物室内空气浓度。反之，当室内空气目标标准明确时，该模型也用于估算污染源浓度。

边界衰减因子：求解包含生物降解的方程组时，需要一个可能的源浓度边界。假设在完全无生物降解 $(\alpha_a=0)$ 和完全好氧降解 $(\alpha_a=L_T/L_R)$ 情景下，可以用式(5-16)估算室内空气浓度与可能污染源浓度的比值 (C_e/C_s) 最小值和最大值范围。假设土壤发生完全好氧降解条件下估算的污染源浓度为最大值，但在实际应用中，因室内空气目标标准是有最大限值的，所以估算的源浓度最大值也为有限值(空气中每种污染物浓度不能高于 10^{10} mg/m³)。

室内空气目标浓度和源浓度：对于特定危害商 HQ 或风险水平 TR，单一污染物的室内蒸气目标浓度(RBSL)的计算如式(5-45)和式(5-46)所示：

$$\text{RBSL}_{e,i}\left(\text{HQ}_i\right) = \frac{\text{HQ}_i \cdot \text{RfC}_i \cdot \text{IR}_{\text{in}} \cdot 365\text{d/a}}{\text{EF} \cdot \text{IR}_{\text{out}}} \tag{5-45}$$

$$\text{RBSL}_{e,i}\left(\text{TR}_i\right) = \frac{\text{TR}_i \cdot \text{BW} \cdot \text{AT}_c \cdot 365\text{d/a}}{\text{SF}_i \cdot \text{IR}_{\text{indoor}} \cdot \text{ED} \cdot \text{EF}} \tag{5-46}$$

对于一种或多种(总和)选定的化学组分，总污染源蒸气浓度的计算如式(5-47)和式(5-48)所示：

$$C_{s,T} = \frac{\text{HI}}{\sum_{i=1}^{N}\left(\frac{\text{HQ}_i}{\text{RBSL}_{e,i}\text{HQ}_i} \cdot \frac{C_{e,i}}{C_{s,i}} \cdot \frac{C_{s,i}}{C_{s,T}}\right)} \tag{5-47}$$

$$C_{s,T} = \frac{\text{TR}}{\sum_{i=1}^{N}\left(\frac{\text{TR}_i}{\text{RBSL}_{e,i}\text{TR}_i} \cdot \frac{C_{e,i}}{C_{s,i}} \cdot \frac{C_{s,i}}{C_{s,T}}\right)} \tag{5-48}$$

式中，$C_{e,i}/C_{s,i}$ 为化学组分 i 的室内蒸气浓度与污染源总蒸气浓度的比值；$C_{s,i}/C_{s,T}$ 为污染源蒸气中化学组分 i 的质量分数，污染源总蒸气浓度可由式(5-49)计算得到。

$$C_{s,T} = \sum_{i=1}^{N} C_{s,i} \tag{5-49}$$

若不考虑生物降解，式(5-47)和式(5-48)的解析解是确定的。若考虑生物降解，则需要对污染源浓度的可能范围进行优化，以达到室内空气标准。

5.1.5 案例练习

某废弃加油站将作为居住用地进行二次开发。场地调查结果表明，土壤中主要关注污染物为苯，污染源到地基距离为 3 m，地基下方好氧区深度为 0.5 m。苯的理化性质、土壤性质和建筑物特征参数见表 5-3～表 5-5。根据 5.1.4 节计算方法计算苯的衰减因子(AF)。

表 5-3　苯的理化性质参数

参数名称	符号	单位	苯
亨利常数	H	—	0.227
土壤有机碳-水分配系数	K_{oc}	cm^3/g	146
空气中扩散系数	D_{air}	cm^2/s	0.0895
水中扩散系数	D_{wat}	cm^2/s	1.03×10^{-5}
一级降解速率	k_w	1/s	2.19×10^{-4}

表 5-4　土壤性质参数

参数名称	符号	单位	取值
土壤孔隙度	θ_{Ts}	cm^3 孔隙/ cm^3 土壤	0.43
包气带中的孔隙水体积比	θ_{ws}	—	0.3
包气带中的孔隙空气体积比	θ_{as}	—	0.13
土壤有机碳分数	f_{oc}	cm^3/cm^3 土壤	0.0088
土壤容重	ρ_b	g/cm^3	1.5
地基下好氧区深度	L_a	cm	50
污染源到地基距离	L_T	cm	300

表 5-5　建筑物特征参数

参数名称	符号	单位	取值
气体室内混合高度	L_B	cm	200
室内空气交换率	ER	1/s	1.39×10^{-4}
地基面积	A_b	m^2	70
地基厚度	L_{crack}	m	0.35
地基和墙体裂隙表面积所占比例	η	—	0.0005
裂隙总孔隙度	θ_{Tcrack}	—	0.38
裂隙中水体积比	θ_{wcrack}	—	0.12
通过地基的空气流量	Q_s	cm^3/s	83

练习答案

(1) 根据表 3-12 和表 3-13，计算 D_s^{eff} 和 D_{crack}^{eff} 分别为

$$D_s^{eff} = 8.95\times10^{-6} \times \frac{0.13^{3.33}}{0.43^2} + \frac{1.03\times10^{-9}}{0.227} \times \frac{0.3^{3.33}}{0.43^2} = 5.47\times10^{-8} \quad (\text{m}^2/\text{s})$$

$$D_{\text{crack}}^{\text{eff}} = 8.95 \times 10^{-6} \times \frac{0.26^{3.33}}{0.38^2} + \frac{1.03 \times 10^{-9}}{0.227} \times \frac{0.12^{3.33}}{0.38^2} = 6.98 \times 10^{-7} \quad (\text{m}^2/\text{s})$$

(2) 根据式 (5-5)、式 (5-13) 和式 (5-12)，分别计算得到 h、L_R 和 α_a：

$$h = \frac{1}{\dfrac{A_b}{Q_s} - \dfrac{1}{L_B \cdot ER}} = \frac{1}{\dfrac{700000}{83} - \dfrac{1}{200 \times 1.39 \times 10^{-4}}} = 1.19 \times 10^{-4} \quad (\text{cm/s})$$

$$= 1.19 \times 10^{-6} \quad (\text{m/s})$$

$$L_R = \sqrt{\frac{D_s^{\text{eff}} \cdot H}{\theta_{\text{ws}} \cdot k_{\text{w}}}} = \sqrt{\frac{5.47 \times 10^{-8} \times 0.227}{0.3 \times 2.19 \times 10^{-4}}} = 1.37 \times 10^{-2} \quad (\text{m})$$

$$\alpha_a = \frac{L_a}{L_R} = \frac{0.5}{0.0137} = 36.50$$

(3) 根据式 (5-10) 和式 (5-11)，计算得到 A 和 B 分别为

$$A = \frac{\exp(-\alpha_a) + \exp(\alpha_a)}{2} = \cosh \alpha_a = \cosh 36.50 = 3.55 \times 10^{15}$$

$$B = \frac{\exp(\alpha_a) - \exp(-\alpha_a)}{2 \cdot \alpha_a} = \frac{1}{\alpha_a} \sinh \alpha_a = \frac{1}{36.37} \times \sinh 36.50 = 9.74 \times 10^{13}$$

(4) 根据式 (5-16) 计算得到 AF：

$$\text{AF} = \frac{\dfrac{1}{2 \times 1.39 \times 10^{-4}}}{\left[3.55 \times 10^{15} + \dfrac{2.5}{0.5} \times \dfrac{\left(3.55 \times 10^{15}\right)^2 - 1}{9.74 \times 10^{13}} \right] \times \left(\dfrac{1}{2 \times 1.39 \times 10^{-4}} + \dfrac{1}{1.19 \times 10^{-6}} \right) + \dfrac{\left(9.74 \times 10^{13} \times 0.5 + 3.55 \times 10^{15} \times 2.5\right)}{5.47 \times 10^{-8}}} = 5.05 \times 10^{-21}$$

5.2　血　铅　模　型

铅是一种在暴露环境下，可通过手口途径或者皮肤接触进入人体，对人体组织器官产生毒性作用的重金属，其对儿童的危害尤为突出。我国对暴露在铅环境下的人体健康风险评估研究起步较晚，基于血铅指标的铅污染土壤风险评估方法尚未建立。目前，国际上应用较广泛的评估模型包括儿童对铅的综合暴露吸收和生物动力学模型 (integrated exposure uptake biokinetic model，IEUBK) 和成人血铅模型 (adult lead model，ALM)。前者重点预测儿童在铅的综合暴露下的健康风险；

而后者主要评估非住宅区土壤中铅对成人的暴露风险，且重点评估铅污染土壤暴露导致的孕妇体内胎儿血铅浓度的变化。

5.2.1　IEUBK 模型

IEUBK 模型是美国环保局推荐使用的儿童血铅预测模型，也是目前最常用的铅污染暴露下儿童健康风险评估模型（EPA，1994a，1994b；Deshommes et al.，2013）。该模型由美国环保局于 1994 年开发，主要用于预测儿童（0～6 岁）在铅暴露环境下血铅浓度水平（PbB）。模型包含四个不同的功能模块：①暴露模块；②吸收模块；③生物动力学模块；④概率分布模块。模型的核心为预测不同污染源或暴露途径下铅暴露于婴幼儿的血铅浓度，通过数学和统计学方程建立环境铅暴露与儿童体内血铅浓度的关系（EPA，1994b）。

美国环保局研究表明，10 μg/dL 的血铅水平可作为铅对人体开始产生影响的临界值，并且儿童血铅水平高于 10 μg/dL 的概率不应超过 5%。同时，美国疾病控制和预防中心（Centers for Disease Control and Prevention，CDCP）指导方针也提出，学龄前儿童的血铅水平不应超过 10 μg/dL（EPA，1991c，1994c）。IEUBK 模型假设儿童群体血铅水平近似呈几何正态分布，根据收集到的儿童环境铅暴露信息预测儿童群体的血铅水平几何均值，进一步估算儿童群体血铅水平超过某一临界水平的概率。

模型旨在促进快速描述环境铅与儿童血铅之间的关系，以及计算血铅水平升高的风险（即某一特定儿童或某一组儿童血铅水平超过临界水平的概率）。模型中铅的来源包括空气、饮用水、土壤、室内外灰尘和饮食等。进入人体呼吸系统和肠胃系统的铅只有部分比例最终进入血液循环系统并产生毒性，因此模型假设铅从不同环境介质进入人体的生物有效性、摄入水平和吸收效率具有显著差异。

图 5-3 和图 5-4 分别解释了 IEUBK 模型的生物学和数学结构。生物结构解释了铅从环境介质向儿童血液转移的过程，数学结构解释了推导儿童血铅浓度所需参数和计算过程。

如图 5-3 所示，生物动力学模型包括三条铅的排出体外路径：①铅从中心血浆/细胞外液（ECF）隔室到尿液池；②从其他软组织隔室到皮肤、头发和指甲；③从肝脏到粪便。暴露模块将铅在环境中的浓度与其通过胃肠道和肺部进入体内的吸收率相关联。空气是儿童摄入铅的主要来源，铅主要通过吸入灰尘和油漆挥发的气体进入人体的肺部，或通过经口摄入土壤、饮用水和其他来源的含铅食物进入人体胃肠道。如图 5-4 所示，暴露模块将受体摄入环境介质的浓度（m^3/d，g/d，L/d）和特定介质中铅的浓度（μg Pb/m^3，μg Pb/g，μg Pb/L）转换为人体对特定介质中铅的日均摄入率（μg Pb/d），计算公式：铅摄入率=摄入介质的含量×介质中铅的浓度。

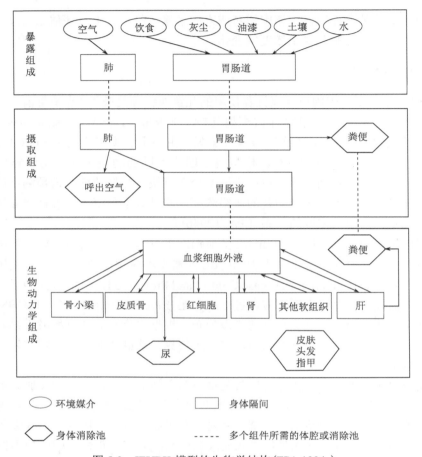

图 5-3　IEUBK 模型的生物学结构(EPA,1994a)

　　铅的吸收率(IN)模型用于描述儿童对环境介质中铅的吸收(White et al., 1998),儿童对室外土壤、灰尘、空气和饮水中铅的吸收率如式(5-50)~式(5-53)所示:

$$\text{IN}_{\text{soil,outdoor}} = C_{\text{soil}} \times \text{WF}_{\text{soil}} \times \text{IR}_{\text{soil+dust}} \tag{5-50}$$

$$\text{IN}_{\text{dust}} = C_{\text{dust,resid}} \times \left(1 - \text{WF}_{\text{soil}}\right) \times \text{IR}_{\text{soil+dust}} \tag{5-51}$$

$$\text{IN}_{\text{air}} = \frac{\text{EF} \times C_{\text{air}} + (24\text{h/d} - \text{EF}) \times \text{WF}_{\text{air}} \times C_{\text{air}}}{24\text{h/d}} \times \text{VR} \tag{5-52}$$

$$\text{IN}_{\text{water}} = C_{\text{water}} \times \text{IR}_{\text{water}} \tag{5-53}$$

式中, $\text{IN}_{\text{soil,outdoor}}$、 IN_{dust}、 IN_{air}、 IN_{water} 分别为儿童对室外土壤、灰尘、空气和饮水中铅的吸收率, μg/d; C_{soil}、 $C_{\text{dust,resid}}$、 C_{air}、 C_{water} 分别为土壤、居住地灰尘、室外空气和饮水中铅的含量, mg/kg、μg/g、μg/m³、μg/L; WF_{soil} 为儿童土壤/粉尘

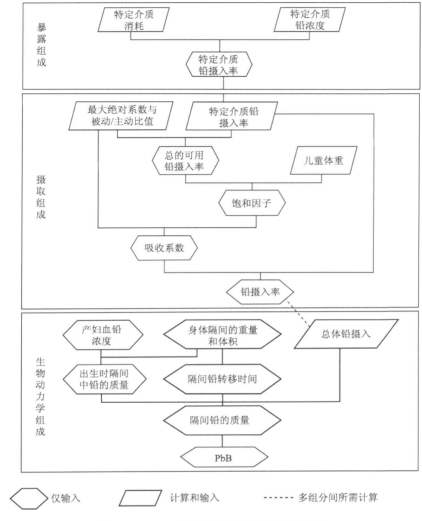

图 5-4　IEUBK 模型的数学结构(EPA,1994a)

摄入加权因子，%；WF_{air} 为儿童空气吸入的加权因子，%；$IR_{soil+dust}$、IR_{water} 分别为儿童对土壤及灰尘、日均饮水摄入量，mg/d、L/d；VR 为儿童日均空气吸入量，m^3/d；EF 为暴露频率，h/d。

不同暴露途径下摄入铅的可吸收效果不同，模型假设来自土壤及灰尘、饮食、饮水、空气中铅的吸收率分别为 30%、40%～50%、60%、25%～45%(夏家淇，1996)，进入儿童体内具有潜在被吸收可能的铅总量用式(5-54)表示：

$$UP_{poten} = (ABS_{diet} \times IN_{diet}) + (ABS_{dust} \times IN_{dust}) + (ABS_{soil} \times IN_{soil})$$
$$+ (ABS_{water} \times IN_{water}) + (ABS_{air} \times IN_{air}) + (ABS_{other} \times IN_{other}) \tag{5-54}$$

式中，UP_{poten} 为进入儿童体内可能被吸收的铅总量，μg/d；ABS_{diet}、ABS_{dust}、ABS_{soil}、ABS_{water}、ABS_{air} 和 ABS_{other} 分别为来自饮食、灰尘、土壤、饮水、空气以及其他源的铅吸收分数；IN_{diet}、IN_{dust}、IN_{soil}、IN_{water}、IN_{air} 和 IN_{other} 分别为来自饮食、灰尘、土壤、饮水、空气以及其他源的铅摄入量，μg/d；根据儿童体内铅的浓度水平不同，模型将其吸收过程分为被动吸收（$UP_{passive}$）和主动吸收（UP_{active}），两个过程吸收铅的总量分别如式（5-55）和式（5-56）所示：

$$UP_{passive} = PAF \times UP_{poten} \tag{5-55}$$

$$UP_{active} = \frac{(1 - PAF) \times UP_{poten}}{1 + \dfrac{UP_{poten}}{SAT_{uptake}}} \tag{5-56}$$

式中，PAF 为被动吸收占铅吸收总量的比例；SAT_{uptake} 为主动吸收过程的半饱和值，μg/d。

　　在现实生活中，由于儿童自身行为、家庭习惯以及个体类型的差异，在同样的环境铅浓度条件下，儿童群体血铅浓度有较大的变异性，正因为如此，该模型并不能准确预测任何一个特定个体的血铅水平，而是预测"一般"儿童的典型血铅水平。然后，通过估得的中心值生成近似分布值来评估整个人口中儿童的血铅水平，特别是那些处于分布水平上部的儿童（如 95% 的儿童）。在假设儿童血铅水平近似为对数正态分布的基础上，IEUBK 模型用几何标准差（geometric standard deviation，GSD）来描述不同儿童之间的变异程度。一般来说，该模型可用于评估两种不同类型儿童群体。第一类为在同一地点接触的所有现有或假设儿童人群（如在特定的家庭、日托所、操场等），即所有儿童的环境铅水平都是相同的，但儿童之间的摄入量、吸收因子等各不相同，导致该人群中不同儿童的血铅值不同。第二类为大区域（如社区）中所有儿童人群，在这种情况下，血铅水平的可变性不仅是由于摄入和生物动力因素的个体差异，而且还因为社区不同地区铅浓度水平的差异。IEUBK 模型在以上任何一种情形中都可应用，但这两种应用间不能相互混淆。

5.2.2　ALM

　　1996 年，美国环境保护局铅技术审查工作组针对非住宅区危险废物场所评估人体健康铅风险的需要，制定了成人血铅模型（ALM）。该模型是采用生物动力学斜率系数（biokinetic slope factor，BKSF）、长期暴露平均作用时间（AT）等参数预测非住宅区土壤环境铅基准值的斜率因子模型（EPA，2001）。

在斜率因子模型中，PbB 浓度与铅吸收量或摄入量之间被视为一种简单的线性关系，如式(5-57)和式(5-58)所示：

$$\Delta PbB = \Delta Pb_{Intake} \cdot SF_1 \tag{5-57}$$

$$\Delta PbB = \Delta Pb_{Uptake} \cdot BKSF \tag{5-58}$$

式中，ΔPbB 为血铅浓度的增加量，$\mu g/dL$；ΔPb_{Intake} 为铅摄入率的增加值，$\mu g/dL$；ΔPb_{Uptake} 为铅吸收率的增加量，$\mu g/dL$；SF_1 为摄入斜率因子；BKSF 为生物动力学的斜率因子，$(\mu g/dL)/(\mu g/d)$。斜率因子可以是摄入量的 SF_1 或者吸收量的 BKSF，是血铅浓度经验值和铅摄入量或吸收量之间的线性关系斜率，$(\mu g/dL)/(\mu g/d)$。式(5-58)中的斜率因子被作为吸收斜率因子，因为它是基于吸收，而非摄入，反映了铅的吸收和生物动力学的组合。ALM 使用 BKSF 与铅的绝对胃肠吸收分数(PAF·RBF)相组合来计算 PbB 浓度，见式(5-59)；而吸收铅和摄入铅之间的关系可用式(5-60)表示：

$$\Delta PbB = \Delta Pb_{Intake} \cdot (PAF \cdot RBF) \cdot BKSF \tag{5-59}$$

$$\Delta Pb_{Uptake} = (PAF \cdot RBF) \cdot \Delta Pb_{Intake} \tag{5-60}$$

式中，PAF 为可溶性铅的吸收系数；RBF 为土壤中铅相对可溶性铅的生物有效因子。

ALM 利用 BKSF 来表征环境铅暴露量与成人孕妇血铅水平的线性关系，采用几何标准差描述类似铅暴露途径下个体间血铅水平的差异。ALM 模型包含暴露模块和概率模块两个部分，通过胎儿与母亲血铅水平比例系数，评价孕妇在土壤铅污染胁迫下，引起胎儿血铅水平超过临界值($10 \mu g/dL$)的概率(EPA, 1994c)。

ALM 通过预测暴露于非住宅区铅污染土壤的孕妇-胎儿血铅水平来表征铅暴露的人体健康风险，并推导土壤铅的环境基准(EPA, 2003b)。推算公式如式(5-61)和式(5-62)所示。

$$RBC = PbS = \frac{\left(PbB_{adult \cdot central \cdot goal} - PbB_{adult \cdot 0}\right) \cdot AT}{BKSF \cdot OSIR \cdot PAF \cdot RBF \cdot EF_s \cdot ED} \tag{5-61}$$

$$PbB_{adult \cdot central \cdot goal} = \frac{PbB_{fetal \cdot 0.95 \cdot goal}}{GSD_{i, adult}^{1.645} \cdot R_{fetal/maternal}} \tag{5-62}$$

式中，RBC(risk-based concentration)为基于风险的浓度，$\mu g/dL$；PbS 为土壤铅浓度，mg/kg；$PbB_{adult \cdot central \cdot goal}$ 为暴露于铅污染场地的孕妇血铅平均水平，$\mu g/dL$；$PbB_{adult \cdot 0}$ 为无铅暴露时育龄妇女的血铅背景水平，$\mu g/dL$；AT 为平均作用时间，d；OSIR 为每日土壤摄入量，g/d；EF_s 为暴露于铅污染频率，d/a；ED 为暴露周期，1a；$PbB_{fetal \cdot 0.95 \cdot goal}$ 为胎儿血铅含量的 95%概率目标值，$\mu g/dL$；$GSD_{i,adult}$ 为预估的育龄妇女血铅含量几何标准差，取值范围为 1.8~2.1；$R_{fetal/maternal}$ 为胎儿与母体血

铅浓度的比值。

5.2.3　案例练习

某蓄电池工厂地块将作为商业用地进行二次开发，调查发现表层土壤中铅浓度超标。污染地块中铅的风险削减目标确定为对地块进行清理修复后保证孕妇血铅浓度超过 10 μg/dL 的概率不超过 5%。利用 ALM 计算该地块土壤中铅的修复目标值。

练习答案

根据式（5-61）和式（5-62），以及表 5-6 中的参数，计算得到：

$$PbB_{adult \cdot central \cdot goal} = \frac{10}{1.8^{1.645} \times 0.9} = 4.225 \quad (\mu g/dL)$$

$$RBC = PbS = \frac{(4.225 - 2) \times 365}{0.4 \times 0.1 \times 0.2 \times 0.6 \times 250 \times 1} = 676.77 \ (\mu g/g) = 676.77 \ (mg/kg)$$

表 5-6　ALM 参数表

参数名称	符号	单位	取值
每日土壤摄入量（含土源性室内粉尘）	OSIR	g/d	0.1
可溶性铅的吸收系数	PAF	—	0.2*
土壤中相对可溶性铅的生物有效因子	RBF	—	0.6*
育龄妇女的血铅背景水平	$PbB_{adult \cdot 0}$	μg/dL	2*
暴露于铅污染频率（土壤和灰尘相同）	EF_s	d/a	250
平均作用时间（土壤和灰尘相同）	AT	d	365*
生物动力学的斜率因子	BKSF	(μg/dL)/(μg/d)	0.4*
育龄妇女血铅含量几何标准差	$GSD_{i,adult}$	—	1.8*
胎儿与母体血铅浓度的比值	$R_{fetal/maternal}$	—	0.9*

*数据均来源于 EPA 成人铅暴露模型手册（EPA, 2001）。

5.3　双元平衡解吸模型

污染物在土壤中的吸附/解吸行为是影响其环境效应的关键因素，直接决定了土壤环境中污染物的归趋和生物有效性。定量分析污染物的吸附和解吸规律对评估受污染土壤的人体健康和生态风险具有重要意义。大量研究表明土壤和沉积物中污染物的解吸过程并非吸附作用的逆过程，污染物在高浓度时解吸快速；而在低浓度时，解吸则非常困难，吸附在土壤和沉积物中的污染物只有部分浓度能够发生可逆解吸，而残余部分则很难从土壤中解吸出来，一般把这种现象称为"锁定"、"不可逆吸附"或"解吸滞后"(GSI, 2007c)。传统的解吸模型很难准确量化疏水性有机物(如苯系物、多环芳烃等)在低浓度下的解吸过程,因此往往会高估污染物在土壤/沉积物中的解吸作用,导致污染物的暴露风险被高估、误导修复方案设计和决策,进而增加场地修复所需的时间和成本(Linz and Nakles, 1997)。

5.3.1　DED 模型

双元平衡解吸(dual-equilibrium desorption,DED)模型是美国莱斯大学开发的污染物解吸模型(Chen et al., 2002)。该模型可以描述土壤和沉积物中污染物的不可逆吸附行为,能更准确地量化污染物的解吸过程。DED 模型对不同种类的有机化合物、土壤/沉积物和其他参数进行了较多实验室测试和野外观测;研究表明该模型较传统解吸模型更为准确。DED 模型能够更准确地模拟污染物的衰减和迁移过程,显著提高场地修复方案设计的有效性(Chen et al., 2004)。

模型假设吸附作用包括两个部分,一是污染物浓度较高时发生的可逆吸附;二是污染物浓度较低时发生的不可逆吸附,吸附效果是两部分吸附作用的线性加和(叠加),如式(5-63)所示。

$$q = q^{1st} + q^{2nd} \tag{5-63}$$

式中,q 为土壤固相颗粒对有机污染物的总吸附量,mg/kg;q^{1st} 和 q^{2nd} 分别为可逆和不可逆吸附的吸附量,mg/kg。

第一部分可逆吸附中,固相吸附量与液相污染物浓度呈线性关系[式(5-64)],第二部分不可逆吸附中,吸附满足朗缪尔(Langmuir)模型(Kan et al., 1998),如式(5-65)所示。

$$q^{1st} = K_{oc}^{1st} \times f_{oc} \times C_w \tag{5-64}$$

$$q^{2nd} = \frac{K_{oc}^{2nd} \times f_{oc} \times q_{max}^{2nd} \times f \times C_w}{q_{max}^{2nd} \times f + K_{oc}^{2nd} \times f_{oc} \times C_w} \tag{5-65}$$

式(5-64)和式(5-65)中,C_w 为液相污染物的浓度,mg/L;f_{oc} 为土壤中有机碳含量,%;K_{oc}^{1st} 和 K_{oc}^{2nd} 分别为第一部分和第二部分的有机碳–水分配系数,L/kg;f 为第二部分不可逆吸附的程度,$0 \leqslant f \leqslant 1$;$q_{max}^{2nd}$ 为不可逆吸附的最大吸附量,mg/kg。

一般假设 $f=1$(Kan et al., 1998),式(5-65)则换算为式(5-66):

$$q = K_{oc}^{1st} \times f_{oc} \times C_w + \frac{K_{oc}^{2nd} \times f_{oc} \times q_{max}^{2nd} \times C_w}{q_{max}^{2nd} + K_{oc}^{2nd} \times f_{oc} \times C_w} \tag{5-66}$$

式中,K_{oc}^{1st} 的值可以根据大量文献数据或实验数据获取,疏水性有机物的 K_{oc}^{1st} 值也可以用式(5-67)计算得到(Karickhoff et al., 1979);对 41 种疏水性有机物进行吸附实验测试，发现 K_{oc}^{2nd} 是一个单一常数（Chen et al., 2002），如式(5-68)所示。

$$K_{oc}^{1st} = 0.63K_{ow} \tag{5-67}$$

$$\log K_{oc}^{2nd} = 5.92 \pm 0.16 \text{；} n=41 \tag{5-68}$$

q_{max}^{2nd} 的计算如式(5-69)所示：

$$q_{max}^{2nd} = f_{oc}\left(K_{ow} \times S\right)^{0.534} \tag{5-69}$$

式中，K_{ow} 为辛醇-水分配系数，cm^3/g；S 为污染物在水中的溶解度，mg/L（Chen et al., 2002）。图 5-5 中展示了 1,4-二氯苯在 Lula 土（$f_{oc}=0.0027$）中和六氯苯在 Dickinson 沉积物（$f_{oc}=0.015$）中利用模型预测和实验室观察的固相浓度与相浓度的关系，假设检测土壤中 1,4-二氯苯的浓度为 0.5 mg/kg，用传统方法（如线性模型）估算地下水中浓度约为 0.25 mg/L，但由于不可逆吸附作用的影响，现实中地下水

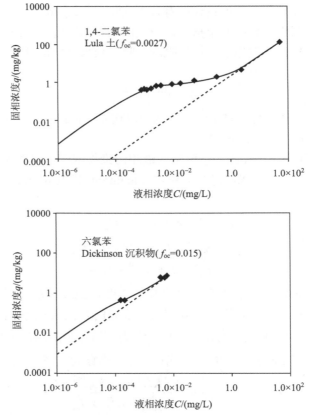

图 5-5　模型预测和实验室观察的固相浓度与液相浓度的关系图

实线是预期的 DED 曲线，虚线是预期的线性解吸曲线。点数据为实验解吸结果（Chen et al., 2000）

中 1,4-二氯苯的浓度约为 0.0012 mg/L，比估算的浓度低了 200 倍。例如，苯和甲苯这类低疏水性有机物的 K_{oc}^{1st} 和 K_{oc}^{2nd} 具有较大差异，因此其两相吸附作用非常显著；而高疏水性有机物(如六氯苯和 DDT)的 K_{oc}^{1st} 和 K_{oc}^{2nd} 值则非常接近，因此 DED 模型近似等于常规的线性吸附模型。更多 K_{oc}^{2nd} 的计算和使用问题的细节讨论，详见文献 Kan 等 (1998) 和 Chen 等 (2000, 2002)。

污染物在土壤气、固、液三相中的质量分配满足质量守恒，如式 (5-70) 所示；污染物在气相和液相中的浓度遵循亨利定律，如式 (5-71) 所示。

$$C_s \times \rho = C_{sg} \times \theta_a + C_w \times \theta_w + q \times \rho \tag{5-70}$$

$$C_{sg} = H \times C_w = \frac{H}{K_{sw}} C_s \tag{5-71}$$

式中，C_s 为土壤中污染物总浓度；C_{sg} 为土壤气中污染物浓度，将式 (5-66) 和式 (5-71) 代入式 (5-70)，可解得 C_s 和 C_{sg} 的关系式。为方便表示，假设系数 A 和 C_s 的函数 $F(C_s)$ 和 $G(C_s)$，如式 (5-72) ~ 式 (5-74) 所示。

$$A = K_{oc}^{2nd} \times f_{oc} \times \left(\theta_w + \theta_a \times H \right) + K_{oc}^{1st} \times K_{oc}^{2nd} \times \left(f_{oc} \right)^2 \times \rho \tag{5-72}$$

$$F(C_s) = f_{oc} \times \rho \times q_{max}^{2nd} \times \left(K_{oc}^{1st} + K_{oc}^{2nd} \right) + q_{max}^{2nd} \times \left(\theta_w + \theta_a \times H \right) - K_{oc}^{2nd} \times f_{oc} \times \rho \times C_s \tag{5-73}$$

$$G(C_s) = -q_{max}^{2nd} \times \rho \times C_s \tag{5-74}$$

得到污染物土壤液相的浓度表达式如式 (5-75) 所示，进而推导土壤-水分配系数 K_{sw}，如式 (5-76) 和式 (5-77) 所示。

$$C_w = \frac{\sqrt{F^2 - 4A \times G} - F}{2A} \tag{5-75}$$

$$K_{sw} = \frac{q}{C_w} \tag{5-76}$$

即
$$K_{sw} = K_{oc}^{1st} f_{oc} + \frac{K_{oc}^{2nd} f_{oc} q_{max}^{2nd}}{q_{max}^{2nd} + K_{oc}^{2nd} f_{oc} \dfrac{\sqrt{F^2 - 4A \times G} - F}{2A}} \tag{5-77}$$

式中，K_{sw} 为土壤-水分配系数，cm^3/g。

5.3.2　模型应用

DED 模型能够更加准确地模拟地下水中污染物的衰减和迁移过程。模型假设土壤中污染物解吸较充分，残余部分主要为低浓度不可逆解吸部分，这对后期场地修复至关重要。

地下水一维对流-扩散溶质迁移的控制方程如式 (5-78) 所示 (Chen et al., 2004)。

$$\frac{\partial C}{\partial t} = D\frac{\partial^2 C}{\partial x^2} - v\frac{\partial C}{\partial x} \tag{5-78}$$

地下水溶质一维迁移控制方程如式(5-79)所示(Chen et al., 2004)。

$$\frac{\partial C}{\partial t} + \frac{\rho}{n}\frac{\partial q}{\partial t} = D\frac{\partial^2 C}{\partial x^2} - v\frac{\partial C}{\partial x} - \lambda C \tag{5-79}$$

式中，C 为液相中污染物浓度，mg/L；D 为水动力弥散系数，m^2/d；v 为渗流速度，m/d；n 为有效孔隙度；λ 为一阶衰减常数，d^{-1}；x 为迁移距离，m；t 为时间，d。当使用 DED 模型量化污染物解吸过程时，固相和液相污染物浓度的相互关系可以用式(5-66)来描述。式(5-66)中，固相浓度 q 随时间 t 的变化，可通过微分方程进行解析，如式(5-80)所示。

$$\frac{\partial q}{\partial t} = \left[K_{oc}^{1st} f_{oc} + \frac{K_{oc}^{2nd} f_{oc}\left(q_{max}^{2nd}\right)^2}{\left(q_{max}^{2nd} + K_{oc}^{2nd} f_{oc} C_w\right)^2} \right]\frac{\partial C}{\partial t} \tag{5-80}$$

将式(5-80)代入式(5-79)中，控制方程转变为式(5-81)：

$$\left\{ 1 + \frac{\rho}{n}\left[K_{oc}^{1st} f_{oc} + \frac{K_{oc}^{2nd} f_{oc}\left(q_{max}^{2nd}\right)^2}{\left(q_{max}^{2nd} + K_{oc}^{2nd} f_{oc} C_w\right)^2} \right] \right\}\frac{\partial C}{\partial t} = D\frac{\partial^2 C}{\partial x^2} - v\frac{\partial C}{\partial x} - \lambda C \tag{5-81}$$

式(5-81)可以用数值解求解，最简单的数值积分方法可能是欧拉有限差分法，它可以与任一空间或时间的插值方法联用(Remson et al., 1970)。例如，可用欧拉前向中心空间(FTCS)方法来解析控制迁移方程。例如，某个特定点上的浓度与时间微分近似于一个正向分格式。

DED-迁移模型用于模拟修复过程中和修复后的污染羽特征；尤其是能够模拟场地修复后污染物的双元平衡解吸效果。这是目前其他现有迁移模型无法解决的一个重要难题。

DED-迁移模型虽然简单，却可以为一系列修复方案提供定量结果，例如：

(1)监测场地修复后，污染物在自然条件下的浓度变化；

(2)通过增加地下水渗流速度模拟污染物的抽出处理效果；

(3)通过指定特定场地衰减常数模拟强化生物修复的效果；

(4)通过分配集中衰减常数模拟其他污染物的去除机制(如空气喷射)的影响。

此外，DED-迁移模型还能为其他修复方案提供半定量结果。例如，在原位氧化修复时(如使用高锰酸盐)，土壤有机物被氧化反应破坏，导致更多污染物被释放，针对这一影响，DED-迁移模型能够分配一个较小的 f_{oc} 值来模拟污染物的释放。

DED-迁移概念模型如图 5-6 所示。图中深色区域表示污染源附近浓度较高的污染羽。当上游地下水流经污染区域时，污染物随地下水向下游迁移并且稀释，导致污染物浓度逐渐降低。模型展示了不同条件下污染物浓度沿中心流向随时间的变化。

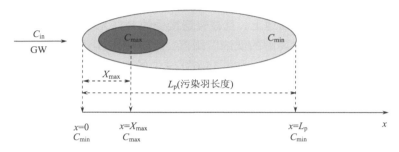

图 5-6　DED-迁移概念模型

污染羽包括最大浓度 C_{max} 和最小浓度 C_{min}。假设羽流内的浓度遵循对数分布，则沿地下水流向上任意位置 x 处，污染物的浓度可以根据 C_{max} 和 C_{min} 计算(Chen et al., 2002)；GW 表示地下水流向

　　需要注意的是，D 可以通过测量或查阅资料获取，也可以根据预估污染羽的长度计算得到，如式(5-82)所示(Xu and Eckstein, 1995)，而 λ 的计算如式(5-83)所示。

$$D = v \times 3.28 \times 0.83 \left[\lg\left(\frac{L_{p}}{3.28} \right) \right]^{2.414} \tag{5-82}$$

$$\lambda = \frac{\ln 2}{t_{1/2}} \tag{5-83}$$

式中，L_{p} 为污染羽长度，ft；$t_{1/2}$ 为污染物的半衰期，d。

　　DED-迁移模型作为筛选级模型，假设简化初始和边界条件。对于初始浓度，模型将中心点浓度(最大浓度 C_{max}，mg/L，图 5-6)和污染羽边界点浓度(最小浓度 C_{min}，mg/L，图 5-6)作为输入参数。假设污染物在污染羽中浓度变化遵循对数分布，它将会在沿地下水流向的每个节点上产生一个初始浓度(如 C_0^0, C_1^0, $C_2^0, \cdots, C_m^0$)。模型假设边界条件(上游地下水中的浓度，$C_0^0, C_0^1, C_0^2, \cdots, C_0^n$)恒定，为常数。简化初始条件的合理之处在于，通常只有污染羽的中心和边缘浓度才是最重要的。同时，评估者也可以指定更复杂的初始浓度分布曲线来修正模型。

　　DED-迁移模型可以用来解释双元平衡解吸(DED)效应对土壤和地下水修复过程的影响。DED 效应将显著延长场地中污染物浓度降低至目标浓度(如 MCLs)所需的修复时间。同时，若 DED 效应控制解吸，即使经过大量修复处理，现存污染物浓度仍远高于用线性模型所预估的浓度。对于疏水性较差的化学物质如苯和含氯溶剂，DED 效应尤为显著。DED 效应很可能是导致地下水污染羽长期存在的重要因素。对大量碳氢化合物燃料场地研究发现，美国加利福尼亚州 17% 和得克萨斯州 11% 的"枯竭"污染羽中即使存在较强的生物修复作用，当污染羽平均浓度不超过 1 μg/L 时，污染羽的长度和总量随时间的变化并不显著。"枯竭"羽流的存在与传统的归趋迁移理论相矛盾，因为在如此低的浓度下，NAPL 不太可能依然广泛存在于这些场地上，且被普遍接受的 BTEX 生物降解机理中并不包括一个能终止 BTEX 生物降解的低浓度阈值。然而，DED-迁移模型的预测与"枯竭"污染羽的存在却完全一致。如式(5-63)～式(5-66)所示，实际解吸过程包含两部分，所吸附的污染物在从初始发生快速解吸释放后，解吸作用主要与不可逆解吸部分有关。由于低浓度下的解吸主要由分配系数控制，因此相对于第一部分的质量而言，该部分质量去除效率较为缓慢。其他来源污染物如 NAPL，第一部分的解吸量可被大量去除，而第二部分的解吸非常缓慢，导致长期持续的、低浓度的地下水污染源的存在。虽然生物修复和地下水曝气等修复过程能够显著促进地下水中污染物的去除，但这些修复过程对整体污染总量去除的影响很小，在这一修复阶段，解吸是限制修复进程的主要因素。因此，DED 效应是"枯竭"污染羽能够长期残存于环境的重要因素。同样地，较多污染场地在完成修复后会出现污染"反弹"现象，而引起这一现象的重要因素很可能也是 DED 效应。

污染物的不可逆吸附对土壤和地下水污染修复的影响较为复杂。一方面，DED 效应可能导致修复时间延长；另一方面，DED 效应也可能降低土壤/地下水污染问题的预估风险，较多污染场地甚至可能不需要对土壤和地下水进行主动修复(Chen et al., 2002)。

5.3.3 案例练习

某场地土壤关注污染物为二氯甲烷，最高浓度为 60 mg/kg。二氯甲烷理化性质和土壤、地下水等性质参数见表 5-7，利用 DED 模型计算土壤-水分配系数 K_{sw} 值。

表 5-7 二氯甲烷理化参数和土壤、地下水等性质参数表

参数名称	符号	单位	取值
亨利常数	H	—	0.133
水溶解度	S	mg/L	13000
辛醇-水分配系数	K_{ow}	cm^3/g	21.9
土壤中有机碳含量	f_{oc}	—	0.0088
包气带孔隙空气体积比	θ_{as}	—	0.13
包气带孔隙水体积比	θ_{ws}	—	0.3
土壤容重	ρ_b	g/cm^3	1.5

练习答案

(1) 根据式 (5-67)～式 (5-69)，计算得到：

$$K_{oc}^{1st} = 0.63 \times 21.9 = 13.797 \quad cm^3/g$$

$$K_{oc}^{2nd} = 10^{5.92} \quad cm^3/g$$

$$q_{max}^{2nd} = 0.0088 \times (21.9 \times 13000)^{0.534} = 7.20 \quad mg/kg$$

(2) 根据式 (5-72)～式 (5-74)，计算得到系数 A、函数 $F(C_s)$ 和 $G(C_s)$：

$$A = 10^{5.92} \times 0.0088 \times (0.3 + 0.13 \times 0.133) + 21.7 \times 10^{5.92} \times 0.0088^2 \times 1.5 = 4419.01$$

$$F(C_s) = 0.0088 \times 1.5 \times 7.20 \times (21.7 + 10^{5.92}) + 7.20 \times (0.3 + 0.13 \times 0.133) - 10^{5.92}$$
$$\times 0.0088 \times 1.5 \times 60 = -579733.96$$

$$G(C_s) = -7.20 \times 1.5 \times 60 = -648$$

(3) 根据式 (5-77)，计算得到 K_{sw}：

$$K_{sw} = 21.7 \times 0.0088$$
$$+ \frac{10^{5.92} \times 0.0088 \times 7.20}{7.20 + 10^{5.92} \times 0.0088 \times \dfrac{\sqrt{(-579733.96)^2 - 4 \times 4419.01 \times (-648)} + 579733.96}{2 \times 4419.01}}$$
$$= 0.246 \; cm^3/g$$

5.4　源削减模型

　　基于较保守原则，风险评估模型普遍假设污染源总量为恒定，但事实上污染源的质量将随时间不断衰减，因此有研究者提出了源削减 (source depletion，SD) 模型。SD 模型假设污染源总量遵循质量守恒定律，随时间推移，污染源可能发生挥发、溶解、淋溶或生物降解作用，导致浓度不断降低。此外，模型假设地面无建筑物覆盖，不考虑建筑特征的影响。但是该模型并不适用于存在非水相液体的场地，否则将导致修复目标值偏高。

　　当场地污染源发生挥发、溶解、淋溶或生物降解作用等浓度衰减行为时，可通过源削减模型调整特定场地的修复目标值，定量计算污染源总量随时间的变化。对于某些场地，污染物浓度可以通过一阶衰减公式来模拟 (GSI, 2007b)。SD 模型需获取污染源总量、面积和污染物生物降解速率等数据。假设 COC 在暴露点 POE 的浓度与污染源浓度成正比，则污染物在 POE 的浓度也将随时间降低。

　　调整修复目标值的方法包括两种：①修正未来暴露浓度；②修正平均暴露浓度。非致癌污染物的修复目标值可以通过方法①修正；而致癌污染物的修复目标值可以通过方法①或②修正。

（1）修正未来暴露浓度：如果暴露发生在未来某个时刻，则可以通过源削减模型修正修复目标值（假设当前存在暴露风险）。例如，如果通过防控措施可以阻止场内污染物在十年内不发生暴露，则评估者可通过 SD 模型推导污染物十年后发生暴露的修复目标值。

（2）修正平均暴露浓度：对于致癌污染物，模型假设暴露风险与平均暴露浓度呈正相关关系。利用 SD 模型，致癌污染物的修复目标值可通过初始暴露浓度和平均暴露浓度的差值来调节。若已知未来发生暴露的时间，则开始发生暴露时的浓度为初始暴露浓度。而对于非致癌污染物，风险被认为是最大暴露浓度的函数；因此，不能用平均暴露浓度修正非致癌污染物的修复目标值。

5.4.1　包气带模型

每个污染组分的削减都可以进行独立建模，包气带污染源的质量通量可以通过挥发/扩散、渗透/浸出和生物降解过程模拟，如图 5-7 所示。

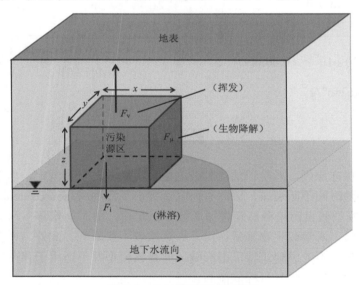

图 5-7　包气带源削减模型图

不同源削减途径下污染源质量损失通量的计算公式见式（5-84）～式（5-86）。假设污染源质量随时间的变化量是各质量通量的总和，遵循质量守恒定律，如式（5-87）和式（5-88）所示。

$$F_v = D_{eff} \times C_{sg} \times \left[\frac{(x \times y)}{L} + \frac{2(x \times z)}{L+z} + \frac{2(y \times z)}{L+z} \right] \qquad (5-84)$$

$$F_i = I \times (x \times y) \times C_w \qquad (5-85)$$

$$F_{\mu} = \mu \times m_i \tag{5-86}$$

$$-\frac{\mathrm{d}m_i}{\mathrm{d}t} = F_{\mathrm{v}} + F_{\mathrm{i}} + F_{\mu} \tag{5-87}$$

$$m_{s,i} = C_{\mathrm{t}} \times \rho \times (x \times y \times z) \text{（与质量浓度相关）} \tag{5-88}$$

式 (5-84) ～式 (5-88) 中，F_{v} 为挥发/扩散产生的质量通量，mg/s；F_{i} 为渗透/浸出产生的质量通量，mg/s；F_{μ} 为生物降解产生的质量通量，mg/s；x 为源长度，cm；y 为源宽度，cm；z 为源厚度，cm；D_{eff} 为有效空气扩散系数，cm²/s；C_{sg} 为污染物在土壤气相的浓度，mg/cm³；L 为土壤深度，即污染源顶部到地表之间的距离，cm；m_i 为污染组分 i 的初始质量，mg；I 为渗透速率，cm/s；C_{w} 为污染物在土壤液相的浓度，mg/cm³；μ 为污染物在包气带的自然生物降解速率，s⁻¹；$m_{s,i}$ 为污染组分 i 在包气带中的初始质量，mg；C_{t} 为包气带中污染物浓度，mg/g。

由于 C_{sg} 和 C_{w} 是质量函数，将式 (5-84) 和式 (5-86) 代入式 (5-87) 中，微分方程则转换为易于积分的浓度方程，如式 (5-89) 所示。

$$-\frac{\mathrm{d}m_i}{\mathrm{d}t} = D_{\mathrm{eff}} \times C_{\mathrm{sg}} \times \left[\frac{(x \times y)}{L} + \frac{2(x \times z)}{L+z} + \frac{2(y \times z)}{L+z} \right] + I \times (x \times y) \times C_{\mathrm{w}} + \mu \times m_i \tag{5-89}$$

而污染物组分质量与其浓度之间的转换关系如式 (5-90) 所示。

$$m_i = C_{\mathrm{T}} \times \rho_{\mathrm{b}} \times (x \times y \times z) \tag{5-90}$$

$$C_{\mathrm{T}} = C_{\mathrm{s}} + C_{\mathrm{w}} \times \frac{\theta_{\mathrm{w}}}{\rho_{\mathrm{b}}} + C_{\mathrm{sg}} \times \frac{\theta_{\mathrm{a}}}{\rho_{\mathrm{b}}} \tag{5-91}$$

$$C_{\mathrm{s}} = \frac{C_{\mathrm{T}}}{1 + \dfrac{\theta_{\mathrm{w}}}{\rho_{\mathrm{b}}} \times K_{\mathrm{d}} + \theta_{\mathrm{a}} \times \dfrac{H}{\rho_{\mathrm{b}}} \times K_{\mathrm{d}}} \tag{5-92}$$

$$C_{\mathrm{w}} = \frac{C_{\mathrm{s}}}{K_{\mathrm{d}}} \tag{5-93}$$

$$C_{\mathrm{sg}} = C_{\mathrm{w}} \times H \tag{5-94}$$

式中，C_{T} 为污染物组分总浓度，mg/g 土壤；C_{s} 为污染物在土壤固相的浓度，mg/g 土壤；ρ_{b} 为土壤容重，g/cm³；θ_{w} 为包气带中的孔隙水体积比；θ_{a} 为包气带中的孔隙空气体积比；K_{d} 为土壤-水分配系数（$K_{\mathrm{d}} = K_{\mathrm{oc}} \times f_{\mathrm{oc}}$），cm³/g；$H$ 为亨利常数。

将式 (5-90) ～式 (5-94) 代入式 (5-89) 中，变换为式 (5-95) ～式 (5-97)：

$$\begin{aligned}
-\mathrm{d}C_{\mathrm{T}}/\mathrm{d}t = {} & C_{\mathrm{T}} \times \big[(D_{\mathrm{eff}} \times H)/(z \times L \times K_{\mathrm{d}}) \times \{1/[\rho + (\theta_{\mathrm{w}}/K_{\mathrm{d}}) + (\theta_{\mathrm{a}} \times H/K_{\mathrm{d}})]\} \\
& + (2 \times D_{\mathrm{eff}} \times H)/[y \times (L+z) \times K_{\mathrm{d}}] \times \{1/[\rho + (\theta_{\mathrm{w}}/K_{\mathrm{d}}) + (\theta_{\mathrm{a}} \times H/K_{\mathrm{d}})]\} \\
& + (2 \times D_{\mathrm{eff}} \times H)/[x \times (L+z) \times K_{\mathrm{d}}] \times \{1/[\rho + (\theta_{\mathrm{w}}/K_{\mathrm{d}}) + (\theta_{\mathrm{a}} \times H/K_{\mathrm{d}})]\} \\
& + [I/(z \times K_{\mathrm{d}})] \times \{1/[\rho + (\theta_{\mathrm{w}}/K_{\mathrm{d}}) + (\theta_{\mathrm{a}} \times H/K_{\mathrm{d}})]\} + \mu \big]
\end{aligned}$$

$$\tag{5-95}$$

或

$$-\frac{dC_T}{dt} = C_T \times \lambda \tag{5-96}$$

其中，

$$
\begin{aligned}
\lambda &= (D_{eff} \times H) / (z \times L \times K_d) \times \{1 / [\rho + (\theta_w / K_d) + (\theta_a \times H / K_d)]\} \\
&+ (2 \times D_{eff} \times H) / [y \times (L+z) \times K_d] \times \{1 / [\rho + (\theta_w / K_d) + (\theta_a \times H / K_d)]\} \\
&+ (2 \times D_{eff} \times H) / [x \times (L+z) \times K_d] \times \{1 / [\rho + (\theta_w / K_d) + (\theta_a \times H / K_d)]\} \\
&+ [I / (z \times K_d)] \times \{1 / [\rho + (\theta_w / K_d) + (\theta_a \times H / K_d)]\} + \mu
\end{aligned} \tag{5-97}
$$

源削减积分方程如式（5-98）和式（5-99）所示。

$$C_{t(t)} = C_{t(0)} \times e^{-\lambda_s^t} \tag{5-98}$$

$$C_{T(t)} = C_{T(0)} \times e^{-\lambda(t_1)} \tag{5-99}$$

式中，λ 为源质量的一阶衰减常数，a^{-1}，包括挥发、生物降解和浸出三个源削减途径；$C_{T(t)}$ 为 t 时刻土壤污染源浓度，mg/g；$C_{T(0)}$ 为 0 时刻土壤污染源浓度，mg/g。

假设暴露发生在未来某个时刻，则可以通过源削减模型修正修复目标值，其修正系数 AF_F 的计算如式（5-100）所示。

$$AF_F = C_{T(0)} / C_{T(t_1)} = 1 / e^{-\lambda(t_1)} \tag{5-100}$$

对于致癌污染物的修复目标值，还可以通过初始暴露浓度和平均暴露浓度的差值来调节，平均暴露浓度的计算如式（5-101）所示，修正系数 AF_{av} 的计算如式（5-102）所示。

$$C_{av} \times (t_2 - t_1) = (C_{T(t_1)} / \lambda) \times [1 - e^{-\lambda(t_2 - t_1)}] \tag{5-101}$$

$$AF_{av} = C_{T(t_1)} / C_{av} = [(t_2 - t_1) \times \lambda] / [1 - e^{-\lambda(t_2 - t_1)}] \tag{5-102}$$

式（5-100）～式（5-102）中，AF_F 为未来某一特定时间（t_1）发生暴露时修复目标值的修正系数；C_{av} 为 t_2–t_1 时间段内土壤平均浓度，mg/g；AF_{av} 为特定暴露周期段内（t_2–t_1）修复目标值的修正系数。

5.4.2　饱水带模型

与包气带源削减模型类似，饱水带单一污染物组分的源削减也可以进行独立建模。如图 5-8 所示，污染源的质量通量主要来自溶解和生物降解两个途径。

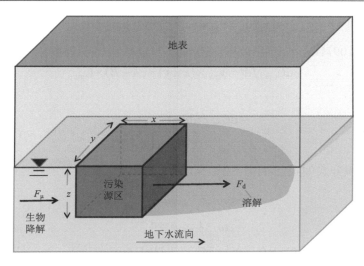

图 5-8　饱水带源削减模型图

溶解和生物降解过程的污染源质量通量分别如式(5-103)和式(5-104)所示：

$$F_{\mathrm{d}} = v_{\mathrm{gw}} \times (z \times y) \times C_{\mathrm{gw},i} \tag{5-103}$$

$$F_{\mathrm{\mu}} = v_{\mathrm{gw}} \times (z \times y) \times C_{\mathrm{eeq},i} \tag{5-104}$$

式中，F_{d} 为溶入地下水产生的质量通量，mg/s；$F_{\mathrm{\mu}}$ 为生物降解产生的质量通量，mg/s；y 为平行于地下水流的源宽度，cm；z 为潜水面到受影响地下水流底部的源厚度，cm；v_{gw} 为达西流速，cm/s；$C_{\mathrm{gw},i}$ 为地下水污染物 i 的溶解相浓度，mg/cm^3；$C_{\mathrm{eeq},i}$ 为地下水污染物 i 具有生物降解能力的电子受体浓度，mg/cm^3。

污染源质量随时间的变化量为两条途径的质量通量之和，可用式(5-105)和式(5-106)表示；污染物组分质量与浓度可以进行相互转换，如式(5-107)～式(5-109)所示。

$$-\mathrm{d}m_i / \mathrm{d}t = F_{\mathrm{d}} + F_{\mathrm{\mu}} \tag{5-105}$$

$$-\mathrm{d}m_i / \mathrm{d}t = v_{\mathrm{gw}} \times (z \times y) \times (C_{\mathrm{gw},i} + C_{\mathrm{eeq},i}) \tag{5-106}$$

$$C_{\mathrm{gw},i} = A \times m_i \tag{5-107}$$

$$C_{\mathrm{eeq},i} = B \times m_i \tag{5-108}$$

$$m_i = C_{\mathrm{gw},i} / A = C_{\mathrm{gw},i} \times (x \times y \times z) \times \theta_{\mathrm{e}} \tag{5-109}$$

式中，x 为平行于地下水流的源长度，cm；m_i 为污染物 i 的初始质量，mg；θ_{e} 为含水层有效孔隙度；A 和 B 分别为污染物在地下水中溶解和生物降解系数，cm^{-3}。对上述公式进行数学转换，将式(5-107)～式(5-109)代入式(5-106)中，得式(5-110)：

$$-\mathrm{d}m_i / \mathrm{d}t = v_{gw} \times (z \times y) \times (A + B) \times m_i \tag{5-110}$$

将式(5-109)代入式(5-110)中，得式(5-111)或式(5-112)和式(5-113)：

$$-\mathrm{d}C_{gw,i} / \mathrm{d}t = v_{gw} \times (z \times y) \times (A + B) \times C_{gw,i} \tag{5-111}$$

或

$$-\mathrm{d}C_{gw,i} / \mathrm{d}t = C_{gw,i} \times \lambda \tag{5-112}$$

$$\lambda = v_{gw} \times (z \times y) \times (A + B) \tag{5-113}$$

源削减积分式如式(5-114)~式(5-116)所示：

$$C_{gw(t)} = C_{gw(0)} \times \mathrm{e}^{-\lambda_{gw}^{t}} \tag{5-114}$$

$$C_{T(t)} = C_{gw(0)} \times \mathrm{e}^{-\lambda(t_1)} \tag{5-115}$$

$$C_{av} \times (t_2 - t_1) = [C_{T(t_1)} / \lambda] \times [1 - \mathrm{e}^{-\lambda(t_2 - t_1)}] \tag{5-116}$$

式中，λ 为饱水带一阶衰减常数，a^{-1}，包括溶解和生物降解两条源削减途径；$C_{gw(t)}$ 为 t 时刻地下水污染物浓度，$\mathrm{mg/cm^3}$；$C_{gw(0)}$ 为 0 时刻地下水污染物浓度，$\mathrm{mg/cm^3}$。

假设暴露发生在未来某个时刻，修复目标值可用源削减模型进行修正，其修正系数(未来暴露)的计算公式如式(5-117)所示。

$$\mathrm{AF_F} = C_{gw(0)} / C_{gw(t_1)} = 1 / \mathrm{e}^{-\lambda(t_1)} \tag{5-117}$$

对于致癌污染物的修复目标值，还可以通过初始暴露浓度和平均暴露浓度之差来调节，平均暴露浓度的计算如式(5-118)所示，修正系数 $\mathrm{AF_{av}}$ 的计算如式(5-119)所示。

$$C_{av} \times (t_2 - t_1) = (C_{T(t_1)} / \lambda) \times [1 - \mathrm{e}^{-\lambda(t_2 - t_1)}] \tag{5-118}$$

$$\mathrm{AF_{av}} = C_{gw(t_1)} / C_{av} = \left[(t_2 - t_1) \times \lambda \right] / \left[1 - \mathrm{e}^{-\lambda(t_2 - t_1)} \right] \tag{5-119}$$

式中，C_{av} 为 $t_2 - t_1$ 时间段内地下水平均浓度，$\mathrm{mg/cm^3}$。

5.4.3　案例练习

某场地地下水受二氯甲烷污染较为严重，浓度为 10 mg/L。根据表 5-8 中地下水污染源的相关性质参数，利用源削减模型计算 1 年后地下水中二氯甲烷的源削减因子 AF 和基于保护水环境的修复目标值。

表 5-8　地下水污染源性质参数表

参数名称	符号	单位	取值
污染源长度	x	m	45
污染源宽度	y	m	45
污染源厚度	z	m	0.5

续表

参数名称	符号	单位	取值
达西流速	v_{gw}	cm/s	7.93×10^{-5}
含水层有效孔隙度	θ_e	—	0.38
地下水生物降解系数	B	cm^{-3}	0
地下水最大浓度限值	MCL	mg/L	0.005

练习答案

（1）根据式(5-109)，计算地下水溶解比例常数 A 为

$$A = \frac{C_{gw,i}}{m_i} = \frac{1}{x \times y \times z \times \theta_e} = \frac{1}{45 \times 45 \times 0.5 \times 0.38 \times 10^6} = 2.60 \times 10^{-9} \quad cm^{-3}$$

（2）根据式(5-113)，计算饱水带的一阶衰减常数为

$$\lambda = 7.93 \times 10^{-5} \times 365 \times 24 \times 3600 \times \left(45 \times 0.5 \times 10^4\right) \times \left(2.60 \times 10^{-9} + 0\right) = 1.46 \quad a^{-1}$$

（3）根据式(5-117)，计算地下水源衰减因子 AF 为

$$AF = 1 / e^{-1.46 \times 1} = 4.32$$

（4）根据式(5-117)，计算地下水基于保护 1 年后水环境的修复目标值为

$$C_{gw} = C_{gw(1)} \times AF = MCL \times AF = 0.005 \times 4.32 = 0.022 \quad mg/L$$

5.5　地下水侧向迁移模型

自然降水或人为灌溉条件下，表层土壤的污染物可通过溶解、水解、矿化等作用，随土壤淋溶液进入地下环境。污染物经过包气带的稀释和衰减过程，进入含水层并随地下水流动发生侧向迁移。污染物通过分子扩散(diffusion)、对流(advection)和水动力弥散(dispersion)等作用不断迁移，远离污染源，对周边地下水补给的水体(如泉、河流、地表水等)和人群健康造成潜在风险。同时，污染物在侧向迁移过程中将发生地下水稀释、微生物降解、吸附、挥发等自然衰减作用，浓度也不断降低。合理预测地下水中污染物浓度随时间和空间的变化，有利于地下水风险的综合管控与修复(EA, 2006a)。

地下水侧向迁移模型用于预测地下水中污染物浓度的时空变化。沿污染物的迁移路径，假设敏感受体所在位置为合规点(point of compliance，POC)，即在该点处，污染物的目标浓度应低于受体受到不可接受风险的浓度限值。地下水侧向迁移模型能够预测 POC 处污染物的浓度，也能够依据 POC 污染物的目标浓度，反向推导允许进入地下水的污染物浓度。本节将介绍三种常用的饱和带溶质地下水侧向迁移解析模型。

5.5.1　模型简介

　　饱和带溶质迁移解析模型用于模拟含水层中污染物的迁移，常用的解析模型包括稳态 Domenico 溶质运移模型，非稳态 Domenico 迁移模型和 Ogata Banks 迁移模型，模型的复杂程度依次递增。利用上述模型均可模拟地下水污染物浓度的时空变化(EA, 2006a)。污染物在侧向迁移过程中，可能发生弥散、吸附、稀释、挥发、生物降解等自然衰减过程，污染物浓度随时间和迁移距离逐渐降低。污染物的自然衰减程度用稀释衰减因子(dilution attenuation factor，DAF)表示，与场地的水文地质、地球化学特征及污染物自身性质有关。针对特定场地，可根据污染物的物理化学性质以及地下水流速、弥散系数、阻滞因子、衰减因子等迁移参数计算 DAF(GSI, 2007c)。

5.5.2　假设条件

　　模型假设污染源垂直于地下水流向，且污染物在迁移过程中，发生对流、弥散、吸附与生物降解作用(图 5-9)。根据污染源的位置和迁移方向，解析方程的表达式不同，若污染源位于含水层的顶端，则采用垂直单向弥散模型(vertical dispersion in one direction)；若污染源位于含水层剖面的中部，污染物可能向垂直向上和向下两个方向弥散，则采用垂直双向弥散模型(vertical dispersion in two direction)。多数情况下，污染物侧向迁移使用垂直单向模型进行模拟。

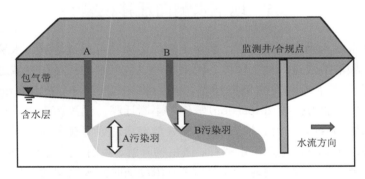

图 5-9　地下水含水层污染源示意图(EA, 2006b)

污染源 A 位于含水层中间，污染源 B 位于含水层上方

5.5.3　建模方法

　　污染物侧向迁移模型示意图如图 5-10 所示。沿地下水迁移路径，距离污染源水平距离 x 处污染物浓度为 C_x，则 $C_x=C_0\times DAF$(C_0 为污染源浓度)。影响 DAF 计算的关键参数包括地下水达西速率 v、弥散度 $a(x/y/z)$、阻滞因子 R_i(retardation factor)，污染物半衰期 λ。其中 R_i 与含水层介质特征以及污染物分配系数相关。根据侧向迁移污染物的弥散方向，不同模型 DAF 的解析解如式(5-120)～式(5-125)所示。

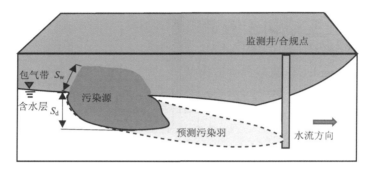

图 5-10　污染物侧向迁移模型示意图(EA, 2006a)

地下水中污染源宽度为 S_w，厚度为 S_d；合规点位于污染羽下游

1) Ogata Banks 垂直单向弥散模型

$$\text{DAF} = \frac{1}{8} \exp\left[\frac{x}{2a_x}\left(1 - \sqrt{1 + \frac{4\lambda a_x}{u}}\right)\right] \cdot \text{erfc}\left[\frac{1}{2\sqrt{a_x ut}}\left(x - ut\sqrt{1 + \frac{4\lambda a_x}{u}}\right)\right]$$

$$+ \exp\left[\frac{x}{2a_x}\left(1 + \sqrt{1 + \frac{4\lambda a_x}{u}}\right)\right] \cdot \text{erfc}\left[\frac{1}{2\sqrt{a_x ut}} \cdot \left(x + ut\sqrt{1 + \frac{4\lambda a_x}{u}}\right)\right] \quad (5\text{-}120)$$

$$\cdot \left[\text{erf}\left(\frac{y + \frac{S_w}{2}}{2\sqrt{a_y x}}\right) - \text{erf}\left(\frac{y - \frac{S_w}{2}}{2\sqrt{a_y x}}\right)\right] \cdot \left[\text{erf}\left(\frac{z + S_d}{2\sqrt{a_z x}}\right) - \text{erf}\left(\frac{z - S_d}{2\sqrt{a_z x}}\right)\right]$$

2) Ogata Banks 垂直双向弥散模型

$$\text{DAF} = \frac{1}{8} \exp\left[\frac{x}{2a_x}\left(1 - \sqrt{1 + \frac{4\lambda a_x}{u}}\right)\right] \cdot \text{erfc}\left[\frac{1}{2\sqrt{a_x ut}}\left(x - ut\sqrt{1 + \frac{4\lambda a_x}{u}}\right)\right]$$

$$+ \exp\left[\frac{x}{2a_x}\left(1 + \sqrt{1 + \frac{4\lambda a_x}{u}}\right)\right] \cdot \text{erfc}\left[\frac{1}{2\sqrt{a_x ut}} \cdot \left(x + ut\sqrt{1 + \frac{4\lambda a_x}{u}}\right)\right] \quad (5\text{-}121)$$

$$\cdot \left[\text{erf}\left(\frac{y + \frac{S_w}{2}}{2\sqrt{a_y x}}\right) - \text{erf}\left(\frac{y - \frac{S_w}{2}}{2\sqrt{a_y x}}\right)\right] \cdot \left[\text{erf}\left(\frac{z + \frac{S_d}{2}}{2\sqrt{a_z x}}\right) - \text{erf}\left(\frac{z - \frac{S_d}{2}}{2\sqrt{a_z x}}\right)\right]$$

3) 稳态 Domenico 垂直单向弥散模型

$$\text{DAF} = \left\{ \frac{1}{4} \exp\left[\frac{x}{2a_x}\left(1 - \sqrt{1 + \frac{4\lambda a_x}{u}}\right) \right] \right\} \cdot \left[\text{erf}\left(\frac{y + S_w/2}{2\sqrt{a_y x}} \right) - \text{erf}\left(\frac{y - S_w/2}{2\sqrt{a_y x}} \right) \right]$$

$$\cdot \left[\text{erf}\left(\frac{z + S_d}{2\sqrt{a_z x}} \right) - \text{erf}\left(\frac{z - S_d}{2\sqrt{a_z x}} \right) \right] \tag{5-122}$$

4) 稳态 Domenico 垂直双向弥散模型

$$\text{DAF} = \left\{ \frac{1}{4} \exp\left[\frac{x}{2a_x}\left(1 - \sqrt{1 + \frac{4\lambda a_x}{u}}\right) \right] \right\} \cdot \left[\text{erf}\left(\frac{y + S_w/2}{2\sqrt{a_y x}} \right) - \text{erf}\left(\frac{y - S_w/2}{2\sqrt{a_y x}} \right) \right]$$

$$\cdot \left[\text{erf}\left(\frac{z + S_d/2}{2\sqrt{a_z x}} \right) - \text{erf}\left(\frac{z - S_d/2}{4\sqrt{a_z x}} \right) \right] \tag{5-123}$$

5) 非稳态 Domenico 垂直单向弥散模型

$$\text{DAF} = \frac{1}{8} \exp\left[\frac{x}{2a_x}\left(1 - \sqrt{1 + \frac{4\lambda a_x}{u}}\right) \right] \cdot \text{erfc}\left[\frac{1}{2\sqrt{a_x ut}} \cdot \left(x - ut\sqrt{1 + \frac{4\lambda a_x}{u}}\right) \right]$$

$$\cdot \left[\text{erf}\left(\frac{y + S_w/2}{2\sqrt{a_y x}} \right) - \text{erf}\left(\frac{y - S_w/2}{2\sqrt{a_y x}} \right) \right] \cdot \left[\text{erf}\left(\frac{z + S_d}{2\sqrt{a_z x}} \right) - \text{erf}\left(\frac{z - S_d}{2\sqrt{a_z x}} \right) \right] \tag{5-124}$$

6) 非稳态 Domenico 垂直双向弥散模型

$$\text{DAF} = \frac{1}{8} \exp\left[\frac{x}{2a_x}\left(1 - \sqrt{1 + \frac{4\lambda a_x}{u}}\right) \right] \cdot \text{erfc}\left[\frac{1}{2\sqrt{a_x ut}} \cdot \left(x - ut\sqrt{1 + \frac{4\lambda a_x}{u}}\right) \right]$$

$$\cdot \left[\text{erf}\left(\frac{y + S_w/2}{2\sqrt{a_y x}} \right) - \text{erf}\left(\frac{y - S_w/2}{2\sqrt{a_y x}} \right) \right] \cdot \left[\text{erf}\left(\frac{z + S_d/2}{2\sqrt{a_z x}} \right) - \text{erf}\left(\frac{z - S_d/2}{2\sqrt{a_z x}} \right) \right]$$

$$\tag{5-125}$$

$$K_d = K_{oc} \cdot f_{oc} \tag{5-126}$$

$$R_i = 1 + \frac{K_d \rho}{n} \tag{5-127}$$

$$v = \frac{K \cdot i}{n} \tag{5-128}$$

式中，K_d 为分配系数，cm^3/g；K_{oc} 为有机碳分配系数，cm^3/g；f_{oc} 为含水层有机碳分数；R_i 为阻滞因子，反映含水层对污染物的阻滞作用，R 越大，污染物越不容易迁移，取值范围为 $1\sim1000$；ρ 为含水层容重，g/cm^3；n 为有效孔隙度；λ 为污染物半衰期，$\lambda=0.693/t_{1/2}$，d；x 为合规点距离污染源横向(平行于水流方向)距离，

y、z 分别为合规点距污染羽中心线纵向（水平垂直于水流方向）和垂向距离（图 5-11 和图 5-12）；a_x，a_y，a_z 分别为 x，y，z 方向对应的弥散度，m；S_w 和 S_d 分别为污染源的宽度和厚度，m；u 为污染物的迁移速率，$u=v/R_i$，m/d；i 为水力梯度；K 为水力传导系数，m/d；exp 为指数函数；erf 为误差函数；erfc 为余误差函数，$\mathrm{erf}(x)+\mathrm{erfc}(x)=1$。

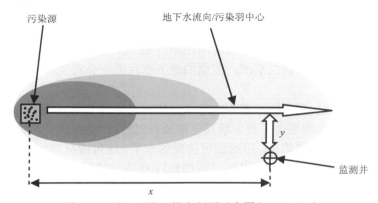

图 5-11　地下污染源横向剖面示意图（EA, 2006b）

合规点距污染源地下水流向距离为 x，距污染羽中心线水平距离为 y

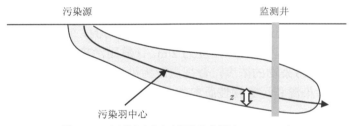

图 5-12　污染源垂向剖面示意图（EA, 2006b）

合规点距污染羽中心线垂直距离为 z

　　弥散度具有尺度效应，实际场地中弥散尺度的范围为 1～1000 m，可根据场地实测获得；也可根据 x，利用经验公式进行估算，如式（5-129）～式（5-131）所示（Xu and Eckstein, 1995）。

$$a_x = 0.1x \quad 或 \quad a_x = 0.83 \times (\log x)^{2.414} \tag{5-129}$$

$$a_y = a_x / 10 \tag{5-130}$$

$$a_z = a_x / 100 \tag{5-131}$$

　　此外，也可根据合规点处污染物的目标浓度 C_T，估算地下水中污染源处污染物的修复目标值 C_{RT}，如式（5-132）所示。

$$C_{RT} = C_T / \mathrm{DAF} \tag{5-132}$$

这里描述了计算侧向衰减稀释因子的一般方法,涉及数值及运移模型的运用,预测污染物在污染源下游的散布、迟滞和降解。作为验证分析和评估的一部分,场地地下水下游污染物浓度需要与模型浓度相比较,模型的参数值应在一个范围内与实地测量相一致,用观测数据拟合,能更准确地制定修复目标,对污染物降解评估非常重要。

若监测点足够多且可观测到污染物浓度随时间的变化,则可通过污染羽的类型评估污染物的自然衰减趋势。

(1) 污染羽缩减(污染物浓度随时间递减):在这种情况下,污染降解速率超过其迁移速率,代表污染源的衰减,监测的地下水污染不会对受体构成严重风险,无须采取修复。

(2) 污染羽稳定(污染物浓度不随时间变化):污染物的降解速率与其迁移速率相当,应重点评估判断是否需要采取其他措施(如处理污染源或受污染的地下水),降低地下水中污染物的浓度,以达到可接受的水平,这种情况可能需要采取修复。

(3) 污染羽扩散(污染物浓度随时间增长):在这种情况下,污染物的运移速率超过其降解速率,污染羽流将继续扩大,并对受体构成风险,必须推导修复目标,采取修复措施。

5.5.4 案例练习

本练习以稳态 Domenico 垂直单向弥散模型为例,已知污染源处苯浓度为1200 mg/L,污染源宽度为 40 m,厚度为 2 m。计算距污染源 100 m 的合规点处(见图 5-11,$x=100$ m)污染物的浓度,合规点距污染羽中心水平距离和垂直距离均为0 m。地下水、污染源和污染物性质参数名称及取值参见表 5-9。

表 5-9 地下水、污染源和污染物的性质参数及取值

参数名称	符号	单位	值
水力传导系数	K	m/d	6.85
水力梯度	i	—	0.01
含水层有效孔隙度	θ_e	—	0.38
含水层容重	ρ	g/cm^3	1.50
含水层有机碳质量分数	f_{oc}	—	0.01
污染源浓度	C_0	mg/L	1200
污染源宽度	S_w	m	40
污染源厚度	S_d	m	2
合规点距离污染源横向距离(平行于水流方向)	x	m	100
合规点距污染羽中心线纵向距离	y	m	0
合规点距污染羽中心线垂向距离	z	m	0
苯的半衰期	$t_{1/2}$	d	720
苯的土壤有机碳-水分配系数	K_{oc}	cm^3/g	146

练习答案

(1) 计算含水层固相水分配系数：$K_d = K_{oc} \times f_{oc} = 146 \times 0.01 = 1.46 \text{ cm}^3/\text{g}$

(2) 计算阻滞因子 $R_i = 1 + \dfrac{K_d^a \rho}{\theta_e} = 1 + \dfrac{1.46 \times 1.5}{0.38} = 6.76$

(3) 计算污染物的流速 $u = \dfrac{K \times i}{\theta_e \times R_i} = \dfrac{6.85 \times 0.01}{0.38 \times 6.76} = 0.027 \text{ m/d}$

(4) 计算平行于水流方向以及垂向和横向的弥散度：

$$a_x = 0.83 \times (\log x)^{2.414} = 0.83 \times (\log 100)^{2.414} = 4.42 \text{ m}$$

$$a_y = a_x/10 = 0.44 \text{ m}$$

$$a_z = a_x/100 = 0.044 \text{ m}$$

(5) 计算苯的一阶衰减系数：$\lambda = \ln 2/720 = 9.63 \times 10^{-4} \text{ d}^{-1}$

将上述参数代入式(5-122)得苯的稀释衰减因子

$$
\begin{aligned}
\text{DAF} = &\left\{ \frac{1}{4} \exp\left[\frac{100}{2 \times 4.42} \left(1 - \sqrt{1 + \frac{4 \times 9.63 \times 10^{-4} \times 4.42}{0.027}} \right) \right] \right\} \\
&\cdot \left[\text{erf}\left(\frac{0 + 40/2}{2\sqrt{0.44 \times 100}} \right) - \text{erf}\left(\frac{0 - 40/2}{2\sqrt{0.44 \times 100}} \right) \right] \\
&\cdot \left[\text{erf}\left(\frac{0 + 2}{2\sqrt{0.044 \times 100}} \right) - \text{erf}\left(\frac{0 - 2}{2\sqrt{0.044 \times 100}} \right) \right] \\
= &\, 1.05 \times 10^{-2} \times \left[0.967 \times (-0.967) \right] \times \left[0.499 \times (-0.499) \right] = 2.03 \times 10^{-2}
\end{aligned}
$$

则暴露点处污染物浓度：$C = C_0 \times \text{DAF} = 1200 \times 2.03 \times 10^{-2} = 24.36 \text{ mg/L}$

5.6　非水相液体评估模型

有机污染物的浓度在土壤或地下水中超过饱和限值或水溶解度时，将以 NAPL 形式存在于地下，比较常见的包括石油、石油化工产品、木馏油、焦煤油、农药、杀虫剂等，这些 NAPL 往往会在地下不同的位置聚集形成若干个 NAPL 油聚集区或透镜体，成为地下水长期、连续的污染源。NAPL 油聚集区或透镜体的位置往往极为分散和复杂，难以确定，因而去除和治理极为困难且费用高昂(陈梦舫等，2011a)。

在场地应急管理中，有必要对地下水的污染风险进行快速评估，并及时、合理制定污染控制措施，以最大限度地减少污染物在地下水的扩散，避免对地下水造成污染风险，包括 NAPL 直接进入地下水的即时风险和对下游敏感点的影响。

目前广泛采用数学模型来模拟和预测 NAPL 及其溶解组分的迁移，其在土壤和地下水中的迁移涉及多相流、多组分运移，模拟过程较为复杂（Lerner et al.，2003）。根据研究目的不同，描述多相流运移的模型主要有两类，一类为复杂模型，主要包括 NAPL Simulator，MISER，STOMP，TOUGH-2 模型，这些模型运算往往需要大量的污染物理化性质参数及较为详细的场地水文地质参数，其中有些参数在应急响应阶段通常受到时间和技术限制，不易获取；另一类为筛选模型，通过概化场地水文地质条件，将多相流迁移的复杂问题简单化，这些简化模型能够获取污染物在环境中迁移的主要信息，所需数据和运算时间显著减低，可作为含水层潜在污染的初步筛选工具。

5.6.1 理论基础

1. 暴露评估

由土壤污染引起的日均暴露剂量（ADE_s）通常用式（5-133）来表示（Chen，2010b）：

$$ADE_s = \sum_{j=1}^{t} \sum_{n=1}^{r} \frac{IR_j^n \times EF_j^n \times ED_j^n}{AT_j^n \times BW_j} = C_s \times \sum_{j=1}^{t} \sum_{o=1}^{m} R_o^j + C_s \times \sum_{j=1}^{t} \sum_{pv=1}^{n} R_{pv}^j \qquad (5\text{-}133)$$

式中，C_s 为土壤浓度，mg/g；IR（chemical intake）为化学吸收率，μg/d；EF 为暴露频率，d/a；ED 为暴露周期，a；AT 为平均作用时间，d；BW 为体重，kg；j 为被模拟的若干年龄段；o 为经口摄入和皮肤直接暴露途径的数量；pv 为空气吸入和颗粒物吸入暴露途径的数量；$r = o + pv$，为所有暴露途径的总数，取决于土地利用类型的选择。

除了直接接触暴露途径外，其他暴露途径都由溶质迁移解析模型来计算污染介质之间的转化因子，例如，土壤到空气的挥发因子、土壤到颗粒物释放因子、土壤到植物的浓度富集因子等。

2. 非土壤背景的日均暴露剂量

很多模型在计算 ADE_s 时并不考虑非土壤暴露背景值。非土壤背景暴露主要来自饮用水、空气、食品介质，一般用日均摄入量（MDI）来描述成人背景吸收（EA，2009a），通用单位为 μg/d。一般使用式（5-134）和式（5-135）来计算非土壤来源的背景日均暴露剂量（ADE_{MDI}）（Chen，2010b）。

$$ADE_{MDI}^o = MDI^o \times \sum_{j=1}^{t} \frac{EF \times ED \times CF_j^o}{AT \times BW_j} \qquad (5\text{-}134)$$

$$ADE_{MDI}^i = MDI^i \times \sum_{j=1}^{t} \frac{EF \times ED \times CF_j^i}{AT \times BW_j} \qquad (5\text{-}135)$$

其中，ADE_{MDI}^o 和 ADE_{MDI}^i 分别为经口、皮肤直接接触和吸入的非土壤背景日均暴露剂量，$μg/(kg·d)$；MDI^o 和 MDI^i 分别为经口、皮肤直接接触和吸入的 MDI，$μg/d$；CF（childhood factor）为儿童矫正因子；MDI 数据是从成人得来的，因此成人的 CF 值为 1；英国 CLEA-SR3 导则给出了不同年龄段的儿童因子（EA，2009a）；背景暴露的暴露频率是 365 d/a。

3. 毒理评估

在英国，健康基准值（HCV）是一个用于描述毒性参数的广义术语。健康基准值是基于临界污染物（如非致癌物质）的日容许土壤摄入量（tolerable daily soil intake，TDSI），或者代表最小可接受风险水平的非临界污染物（如致癌物质）的指示剂量（index dose，ID）。低于日容许吸收量（tolerable daily intake，TDI）或指示剂量时健康危害或风险存在的可能性较小。

TDSI 是 TDI 与非土壤背景暴露 ADE_{MDI} 之差（TDSI=TDI–ADE_{MDI}）。TDSI 和 ID 都以同样的单位表示，即每天每单位体重（BW）化学物质的总量$[μg/(kg\ BW·d)]$。TDI 与 ID 推导 GAC 的唯一的区别是非临界污染物（如致癌污染物），不考虑非土壤背景暴露。

临界污染物的 TDI 和美国 IRIS 数据库中非致癌污染物的参考剂量 RfD 是相等同的。对于非临界污染物，制定经口摄入及空气吸入 $ID[μg/(kg·d)]$需要使用者定义一个最小可接受的目标风险水平。CLEA 模型并不能计算出给定土壤浓度的终身癌症风险值，但如果目标风险水平（如 $1×10^{-5}$）选定后，土壤 GAC 是在此目标风险水平上推导的。

4. 风险表征

通过对于每种暴露途径（如经口、皮肤直接接触或空气吸入）推导的 ADE 总和与健康基准值进行比较（ADE/HCV）得到危害指数 HI，这个过程通常被称为向前计算（forward calculation）。如果危害指数小于 1，说明发生不利健康影响的可能性小；若危害指数大于 1，说明有潜在风险存在的可能性，需要深入地调查与评估。

5. 土壤通用基准 GAC_{int} 的推导

推导土壤通用基准 GAC_{int} 的程序是一个反向推导过程（backward calculation）。推导 GAC_{int} 基本原理是危害指数（HI）必须等于 1。

在 ASTM RBCA E2081（ASTM，2000）和 CLEA-SR3 指导报告（EA，2009a）等基于风险的框架下，由于对皮肤毒性基本研究的欠缺，通常假设皮肤暴露的 TDSI 或者 ID 与经口暴露得到的 TDSI 或者 ID 相等，因此可以利用式（5-136）推

导 GAC_{int}。

$$\frac{GAC_{int} \times \sum_{j=1}^{t} \sum_{o=1}^{m} R_o^j}{TDI^o - ADE_{MDI}^o} + \frac{GAC_{int} \times \sum_{j=1}^{t} \sum_{pv=1}^{n} R_{pv}^j}{TDI^i - ADE_{MDI}^i} = 1 \qquad (5\text{-}136)$$

ADE_s^o 和 ADE_s^i 分别为受体经口和皮肤直接暴露途径与空气吸入暴露途径的累积土壤暴露量,分别如式(5-137)和式(5-138)所示。

$$GAC_{int} \times \sum_{j=1}^{t} \sum_{o=1}^{m} R_o^j = ADE_s^o \qquad (5\text{-}137)$$

$$GAC_{int} \times \sum_{j=1}^{t} \sum_{pv=1}^{n} R_{pv}^j = ADE_s^i \qquad (5\text{-}138)$$

当给定土壤浓度为 GAC_{int} 时,来自土壤以及非土壤的日均暴露剂量 (ADE_{s+MDI}) 由式(5-139)来表示,因而可以计算出土壤或者非土壤背景暴露的贡献百分比。

$$ADE_{s+MDI} = ADE_{MDI}^o + ADE_{MDI}^i + GAC_{int} \times (\sum_{j=1}^{i} \sum_{o=1}^{m} R_o^j + \sum_{j=1}^{i} \sum_{pv=1}^{n} R_{pv}^j) \qquad (5\text{-}139)$$

5.6.2　关键问题

通用土壤评估基准(GAC_{int})的推导存在三个关键性的因子:综合计算方法的选择、高背景暴露值以及非水相液体。

1. 简化综合计算方法

污染场地的风险评估模型一般采用简易集成程序(simplified integration procedure)。综合的暴露途径只包括表层土壤的经口摄入、皮肤直接接触、空气吸入的暴露途径,然后计算相关的表层土壤 GAC。地下土壤室内和室外空气吸入的暴露途径并不参与综合计算。相比之下,分析集成程序(analytical integration procedure)则综合了所有的暴露途径。图 5-13 为简化方法和集成方法推导土壤 GAC 的比较示意图,通过简易集成程序推导的 GAC_{sim} 取值于表层土壤综合得到的 GAC 和地下土壤空气吸入途径的 GAC 的最小值。在有单一主导暴露途径存在时(如挥发性污染物的室内空气吸入或无机污染物的经口摄入),这种简易集成程序推导的 GAC_{sim} 可以接近 GAC_{int}(图 5-13)。然而,如果存在两种以上占主导地位的暴露途径时,由简易集成程序推导的 GAC_{sim} 相应的危害指数会超过临界值极限 1,甚至会达到 2(图 5-13)。因此在一些情形下简易集成程序会导致低估土壤健康风险。

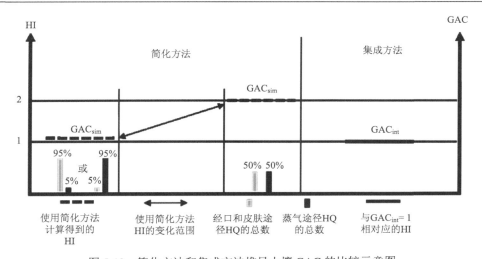

图 5-13　简化方法和集成方法推导土壤 GAC 的比较示意图

GAC$_{sim}$ 表示应用简化方法得到的土壤 GAC；GAC$_{int}$ 表示应用集成方法得到的土壤 GAC；HI 表示危害指数；HQ 表示危害商

2. 背景暴露的限制

英国 CLEA 模型应用"50%定律"来考虑非土壤背景值，在这种情形下将所有暴露途径集成计算 GAC$_{int}$ 是一个较为复杂的过程（Chen, 2010a, 2010b；EA, 2009a）。图 5-14 展示了背景暴露的"50%定律"，图 5-14（a）和图 5-14（b）分别将背景暴露值与 TDI 半值以及土壤 ADE 值进行比较。当 ADE$^o_{MDI}$ 和 ADE$^i_{MDI}$ 小于相应的 TDI 时，式（5-139）的解析方法十分简单。然而，如果 ADE$^o_{MDI}$ 和 ADE$^i_{MDI}$ 比各自的 TDI 大时，式（5-139）的解析方法变得较为复杂。TDI 和 ADE$_{MDI}$ 之差，即 TDSI，有可能会变得很小，甚至有可能变成负数[图 5-14（a）]，结果会导致推导出超低的 GAC，与现实不符。而 TDSI 为负数的情况下，则无法解析土壤的 GAC（Chen, 2010a, 2010b）。在这些情况下，CLEA 模型将使用背景暴露"50%定律"。

在"50%定律"下，经口摄入或空气吸入 ADE$_{MDI}$ 必须小于与 GAC 相对应土壤 ADE，以确保至少 50%的总暴露剂量是由土壤导致的[图 5-14（b）]，如式（5-140）所示。因此，式（5-141）需要在满足"50%定律"的情况下应用。

$$\frac{ADE^o_{MDI}}{ADE^o_s} \leqslant 1 \quad 和 \quad \frac{ADE^i_{MDI}}{ADE^i_s} \leqslant 1 \tag{5-140}$$

$$ADE^o_{MDI} + ADE^i_{MDI} \leqslant GAC_{int} \times \sum_{j=1}^{t}\sum_{o=1}^{m} R^j_o + GAC_{int} \times \sum_{j=1}^{t}\sum_{pv=1}^{n} R^j_{pv} \tag{5-141}$$

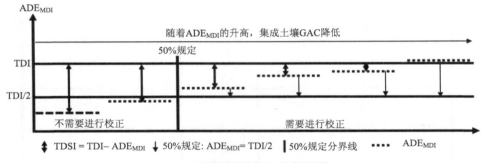

(a) 背景暴露值与TDI半值的比较

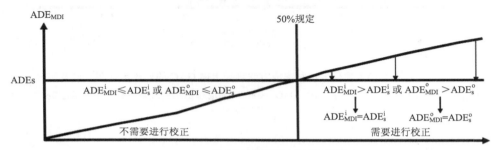

(b) 背景暴露值与土壤ADE比较

图 5-14　背景暴露的"50％定律"

3. GAC$_\text{int}$ 超过土壤饱和限度

单一有机化合物的土壤饱和度与水溶解度及饱和挥发浓度相关，式(5-142)和式(5-143)通常用来计算土壤饱和浓度。

$$C_\text{satw} = \frac{S}{\rho} \times (\theta_\text{w} + K_\text{oc} f_\text{oc} \rho + H\theta_\text{a}) \tag{5-142}$$

$$C_\text{satv} = \frac{iP_\text{v}M}{RT} \times \frac{(\theta_\text{w} + K_\text{oc} f_\text{oc} \rho + H\theta_\text{a})}{\rho H} \tag{5-143}$$

式中，C_satw 为基于溶解度的土壤饱和限度，mg/kg；C_satv 为基于饱和挥发浓度的土壤饱和限度，mg/kg；P_v 为常温常压下的饱和蒸汽压，Pa；M 为分子量，g/mol；R 为摩尔气体常数，Pa·m^3/(mol·K)；T 为室温，K；i 为非水相液体混合物中某一种化合物的摩尔比率。

实际上，一般采用式(5-142)和式(5-143)中土壤饱和限值的最小值来确定 GAC$_\text{int}$ 是否超过了土壤饱和限值。

土壤 ADE 与土壤浓度的关系如图 5-15 所示，超过土壤饱和限度表明有非水相液体存在的可能性。GAC$_\text{int}$ 是否超过土壤饱和限度取决于物理性质、化学性质、土壤特性以及毒性参数（图 5-15）。

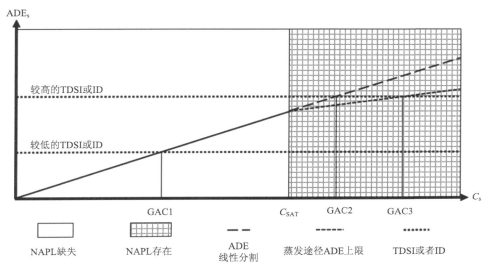

图 5-15　土壤 ADE 和土壤浓度的关系示意图

在线性分割下，GAC2>C_{SAT}；GAC1<C_{SAT}；GAC3>C_{SAT}（使用挥发 ADE 上限）；GAC3>GAC2

当一种纯化学物质达到饱和度时，由于土壤浓度已经升高超过了土壤饱和限度，室内和周围空气中的水汽浓度将不再升高。因此，与室内和室外吸入暴露途径相关的 ADE 是个常数。大多数的风险评估模型都在固相、液相和气相之间使用线性分配，但在非水相液体存在时会过高估计空气吸入暴露途径的潜在风险。但这种情况并不会影响到土壤经口摄入、蔬菜摄入和室内外颗粒物吸入等暴露途径。

ADE 通常会随着土壤浓度的增加而线性升高，但是在非水相液体存在的情况下，ADE 增高的斜率会有所下降（图 5-15）。使用线性分割方法推导的 GAC_{int} 结果比从自由相存在时限制挥发空气吸入 ADE 推导的结果更加保守（图 5-15）。这种情形一般会影响到像商业开发的非敏感性土地利用类型。

5.6.3　计算方法

研究者对各种情形下计算的土壤 GAC_{int} 进行了详细的数学描述（Chen，2010a，2010b）。我国风险评估技术导则还没有考虑背景值和自由相存在时计算 GAC_{int} 的方法，本书推荐的方法值得借鉴。

1)在固、液、气相线性分配及在"50%定律"条件下考虑背景值时推导 GAC_{int} 的公式

(1)"50%定律"范围之外。

$$\text{GAC}_{\text{int}} = 10^3 \times \frac{1}{\left(\dfrac{a}{d-g}\right) + \left(\dfrac{b+c}{e-f}\right)} \tag{5-144}$$

(2)"50%定律"范围：限制经口摄入背景暴露。

$$\text{GAC}_{\text{int}} = 10^3 \times \frac{\left[\dfrac{2ae - 2af + (b+c)d}{a(b+c)}\right] - \sqrt{\left(\dfrac{2ae - 2af + (b+c)d}{a(b+c)}\right)^2 - \dfrac{4(de - df)}{a(b+c)}}}{2} \tag{5-145}$$

(3)"50%定律"范围：限制空气吸入背景暴露。

$$\text{GAC}_{\text{int}} = 10^3 \times \frac{\left[\dfrac{2d(b+c) - 2g(b+c) + ae}{a(b+c)}\right] - \sqrt{\left[\dfrac{2d(b+c) - 2g(b+c) + ae}{a(b+c)}\right]^2 - \dfrac{4(de - ge)}{a(b+c)}}}{2} \tag{5-146}$$

(4)"50%定律"范围：同时限制经口摄入和空气吸入背景暴露。

$$\text{GAC}_{\text{int}} = 10^3 \times \frac{\left[\dfrac{2d(b+c) + 2ae}{3a(b+c)}\right] - \sqrt{\left[\dfrac{2d(b+c) + 2ae}{3a(b+c)}\right]^2 - \dfrac{4de}{3a(b+c)}}}{2} \tag{5-147}$$

其中，$a = \sum\limits_{j=1}^{t}\sum\limits_{o=1}^{m} R_o^j$；$b = \sum\limits_{j=1}^{t}\sum\limits_{p=1}^{q} R_p^j$；$c = \sum\limits_{j=1}^{t}\sum\limits_{v=1}^{s} R_v^j$；$d = \text{TDI}^o$；$e = \text{TDI}^i$；$f = \text{ADE}_{\text{MDI}}^i$；$g = \text{ADE}_{\text{MDI}}^o$。[注明：字母 $a \sim g$ 用来简化上面的公式；10^3 为单位转换系数（将 GAC_{int} 单位从 mg/g 转换到 mg/kg）]

式(5-144)可用来计算不考虑背景暴露时的土壤 GAC。式(5-145)~式(5-147)描述了在"50%定律"下土壤 GAC 的计算方法。式(5-145)调整经口背景暴露值使其与土壤 GAC 相对应的经口 ADE 相同；式(5-146)调整吸入背景暴露值使其与土壤 GAC 相对应的吸入 ADE 相同；式(5-147)调整经口和吸入的总背景暴露值，使其与土壤 GAC 相应的土壤 ADE 一致。

会有这样一种情况，尽管经口和吸入背景暴露都各自通过了"50%定律"，然而当应用式(5-144)时背景值对应的 ADE 仍然会超过与土壤 GAC 所对应的 ADE。在这种情况下，土壤 GAC 需要通过 Chen(2010a)制定的逻辑序列在式(5-145)~式(5-147)选择一个公式来推导。

2) 在非水溶性液相的存在及在"50%定律"条件下考虑背景值时推导 GAC_{int} 的公式

(1) "50%定律"范围之外。

$$GAC_{int} = 10^3 \times \frac{e - f - hc}{b + \frac{a(e - f)}{(d - g)}} \tag{5-148}$$

(2) "50%定律"范围：限制经口摄入背景暴露。

$$GAC_{int} = 10^3 \times \frac{\left(\frac{2ae - 2af + db - ahc}{ab}\right) - \sqrt{\left(\frac{2ae - 2af + db - ahc}{ab}\right)^2 - 4 \times \frac{2de - 2df - dhc}{ab}}}{2} \tag{5-149}$$

(3) "50%定律"范围：限制空气吸入背景暴露。

$$GAC_{int} = 10^3 \times \frac{\left(\frac{2db + ac - ahc - 2gb}{ab}\right) - \sqrt{\left(\frac{2db + ac - ahc - 2gb}{ab}\right)^2 - 4 \times \frac{(d - g) \times (e - 2hc)}{ab}}}{2} \tag{5-150}$$

(4) "50%定律"范围：同时限制经口摄入和空气吸入背景暴露。

$$GAC_{int} = 10^3 \times \frac{\left(\frac{2db + 2ac - 3ahc}{3ab}\right) - \sqrt{\left(\frac{2db + 2ac - 3ahc}{3ab}\right)^2 - 4 \times \frac{(de - 2dhc)}{3ab}}}{2} \tag{5-151}$$

其中，$a = \sum_{j=1}^{t} \sum_{o=1}^{m} R_o^j$ ；$b = \sum_{j=1}^{t} \sum_{p=1}^{q} R_p^j$ ；$c = \sum_{j=1}^{t} \sum_{v=1}^{s} R_v^j$ ；$d = TDI^o$ ；$e = TDI^i$ ；$f = ADE_{MDI}^i$ ；

$g = ADE_{MDI}^o$ ；$h = C_{sat}$ [注明：字母 $a \sim g$ 用来简化上面的公式；10^3 为单位转换系数（将 GAC_{int} 单位从 mg/g 转换到 mg/kg）]

当式（5-144）~式（5-147）计算得到的土壤 GAC_{int} 超过土壤饱和限度时，空气吸入暴露途径的土壤 ADE 需要维持常量来避免过高估计吸入途径的贡献（图5-15）。式（5-144）~式（5-147）分别被修正成式（5-148）~式（5-151）来计算自由相存在时的土壤通用评估标准值，得指出的是目前众多模型并不考虑自由相（LNAPL 和 DNAPL）的存在及非土壤背景暴露值，本书描述的在考虑非土壤背景及自由相存在时计算土壤通用评估标准的分析集成程序只在 CLEA 和 HERA 中得到了应用。

5.6.4　案例练习

某石油泄漏场地存在 NAPL 污染，污染物主要为乙苯。根据表 5-10 和表 5-11

中相关参数，计算非土壤暴露背景日均暴露剂量（ADE_{MDI}）。

表 5-10　不同年龄受体暴露参数表

参数名称	符号	单位	0~1岁	1~2岁	2~3岁	3~4岁	4~5岁	5~6岁
体重	BW	kg	5.6	9.8	12.7	15.1	16.9	19.7
暴露频率	EF	d/a	365	365	365	365	365	365
暴露周期	ED	a	1	1	1	1	1	1
平均作用时间	AT	d	2190	2190	2190	2190	2190	2190
儿童校正系数	CF^o	—	0.53	0.66	0.65	0.65	0.74	0.74
	CF^i	—	0.51	0.8	0.77	0.74	0.74	0.74

表 5-11　乙苯日均摄入量及日容许吸收量（经口摄入、呼吸吸入）

参数名称	符号	单位	取值
日均摄入量	MDI^o	μg/d	5
	MDI^i	μg/d	130
日容许吸收量	TDI^o	μg/(kg·d)	10
	TDI^i	μg/(kg·d)	170

练习答案

根据式（5-134）和式（5-135），计算乙苯的非土壤暴露背景日均暴露剂量为

$$ADE_{MDI}^o = 5 \times \left(\begin{array}{l} \dfrac{365 \times 1 \times 0.53}{2190 \times 5.6} + \dfrac{365 \times 1 \times 0.66}{2190 \times 9.8} + \dfrac{365 \times 1 \times 0.65}{2190 \times 12.7} + \\ \dfrac{365 \times 1 \times 0.65}{2190 \times 15.1} + \dfrac{365 \times 1 \times 0.74}{2190 \times 16.9} + \dfrac{365 \times 1 \times 0.74}{2190 \times 19.7} \end{array} \right) = 0.28 \ \mu g/(kg \cdot d)$$

$$ADE_{MDI}^i = 130 \times \left(\begin{array}{l} \dfrac{365 \times 1 \times 0.51}{2190 \times 5.6} + \dfrac{365 \times 1 \times 0.8}{2190 \times 9.8} + \dfrac{365 \times 1 \times 0.77}{2190 \times 12.7} + \\ \dfrac{365 \times 1 \times 0.74}{2190 \times 15.1} + \dfrac{365 \times 1 \times 0.74}{2190 \times 16.9} + \dfrac{365 \times 1 \times 0.74}{2190 \times 19.7} \end{array} \right) = 7.88 \ \mu g/(kg \cdot d)$$

$$ADE_{MDI} = ADE_{MDI}^o + ADE_{MDI}^i = 0.28 + 7.88 = 8.06 \ \mu g/(kg \cdot d)$$

第6章　总石油烃风险评估方法

石油烃污染场地风险评估技术主要适用于原油或石油精炼产品。石油精炼产品包括不同级别的燃油和汽油。石油产品可以被用作干洗剂、航空汽油、油漆稀释剂、矿物油、船用燃油、航空燃油、煤油、柴油、机油、加热用油等炼油中间体。重质石油烃被用于生产沥青、焦油、石蜡、润滑油和其他重质油。图 6-1 为石油烃泄漏场地可能包含的污染物成分的概念图，石油烃主要包括原始石油烃产品、降解产物(生物降解的代谢产物)、燃料添加剂(如氧化物和除铅剂)和其他杂质。

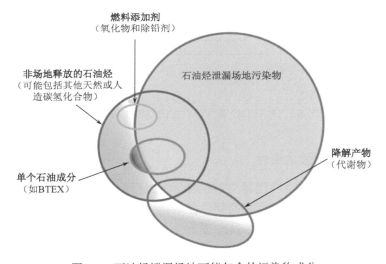

图 6-1　石油烃泄漏场地可能包含的污染物成分

石油烃成分复杂，可根据检测分析方法的差异分为不同馏分。石油烃不同馏分在降解过程中存在差异，导致石油烃时空分布在不同阶段可能具有明显差异，而且即使传统的指示化合物(如苯、甲苯、乙苯、二甲苯和萘)的浓度已低于可接受标准，石油烃中其他潜在成分或降解产物仍可能对受体产生健康风险。这都将导致对石油烃泄漏场地进行风险评估时存在较大的复杂性和不确定性。鉴于分析检测方法、石油烃的理化性质和经济性等因素，分析石油烃中的每一种物质并不可行，通常用总石油烃(TPH)来衡量这类物质的总量。但由于石油烃种类繁多、毒性及物理化学性质参数还不完善且不同石油烃成分变异较大，因此制定 TPH 的筛选值或修复目标值难度较大。

6.1　总石油烃毒性评估方法

TPH 的毒性评估方法目前主要有以下三种：基于指示化合物的毒性、总石油烃整体毒性和石油烃馏分的毒性，如图6-2所示。每种方法各有不同，三者通常联合使用。

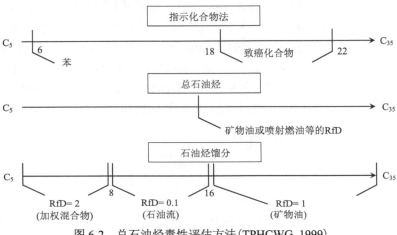

图 6-2　总石油烃毒性评估方法（TPHCWG, 1999）

6.1.1　基于指示化合物的毒性

使用指示化合物的毒性代替 TPH 混合物进行健康风险评估的前提是指示化合物能代表大部分石油烃混合物的整体健康风险（EPA, 1989a），但如果指示化合物只能代表 TPH 中一小部分污染物，这种方法并不适用。假如指示化合物的毒性比 TPH 其他馏分的毒性更强，可能高估 TPH 的风险；如果场地中含有石油烃风化或自然衰减的产物，但未纳入检测指标，而只检测了残余石油烃的浓度，则可能低估 TPH 的风险。

6.1.2　基于总石油烃馏分的毒性

TPH 可分为脂肪烃和芳香烃两类，并且每一类可根据化合物相近的环境归趋和迁移特性细分为不同碳数范围的 TPH 馏分，美国国家总石油烃标准工作组（Total Petroleum Hydrocarbon Criteria Working Group, TPHCWG）和多个州环保局推荐使用这种方法（MADEP, 1994; BCMOE, 1995; TPHCWG, 1997; ATSDR, 1999; PPRTV, 2009），但是由于分析方法和参考的指示化合物的毒性不一致，美国各个州发布的石油烃毒性数据也不尽相同，表 6-1 和表 6-2 给出了不同数据库推荐的石油烃非致癌经口摄入参考剂量和呼吸参考浓度。

表6-1 石油烃非致癌经口摄入参考剂量(RfD)总结

分类	馏分/碳范围	TPHCWG (1997)[a] RfD/[mg/(kg·d)]	TPHCWG 替代物(s)或组分(c)	MADEP (2003)[b] RfD/[mg/(kg·d)]	MADEP 替代物(s)或组分(c)	PPRTV (2009)[c] RfD/[mg/(kg·d)]	PPRTV 替代物(s)或组分(c)	TCEQ (2010)[d] RfD/[mg/(kg·d)]	TCEQ 替代物(s)或组分(c)
脂肪族	低(C5~C8; EC5~EC8)	5	(s)商用己烷(正己烷<53%)	0.04	(s)正己烷	0.3	(s)正己烷	0.06	(s)正己烷
	中(C9~C18; EC>8~EC16)	0.1	(s)中碳脂肪烃链	0.1	(s)中碳脂肪烃链	0.01	(s)中碳脂肪烃链	0.1	(s)C9~C17脂肪族
	高(C19~C32; EC>16~EC35)	2	(s)白色矿物油	2	(s)白色矿物油	3	(s)白色矿物油	2.0 / 1.6	(s)白色矿物油 / (s)变压器矿物油
芳香族	低(C6~C8; EC6~EC<9)	0.2	(s)甲苯	NA / 0.2 / 0.1 / 2 / 0.2	(c)苯 / (c)甲苯 / (c)乙苯 / (c)二甲苯 / (c)苯乙烯	0.004 / 0.08 / 0.1 / 0.2	(c)苯 / (c)甲苯 / (c)乙苯 / (c)二甲苯	0.1	(s)乙苯
	中(C9~C16; EC9~EC<22)	0.04	(s)苊甲基萘	0.03	(s)芘、2-甲基萘;(c)萘	0.03 / 0.02 / 0.004 / 0.04	(s)高闪点芳烃石脑油 / (c)萘 / (c)2-甲基萘 / (s)荧蒽	0.04	(s)多种芳香化合物
	高(C17~C32; EC22~EC35)	0.03	(s)芘		(s)芘	—	(c)苯并[a]芘和其他六种B2族多环芳烃	0.03	(s)芘

注:NA表示不可用;a美国国家总石油烃标准工作组(TPHCWG)使用了芳香族中等范围碳C>8~C16(而不是EC>8~EC16)对应于EC9~EC<22和高碳范围C>16~C35,其中EC指等效碳(equivalent carbon);b马萨诸塞州环境保护部(MADEP)结合了芳香族中碳和高碳族高碳范围(C9~C32);cEPA采用了临时性同行审议毒性数据推荐值(PPRTV,2009);d得克萨斯州环境质量委员会(TCEQ)的保护浓度水平(PCLs)推荐C>8~C16的中碳和C>16~C35的高碳范围。

表6-2　石油烃非致癌呼吸吸入参考浓度（RfC）总结

分类	馏分/碳范围	TPHCWG (1997)[a] RfC/(mg/m³)	TPHCWG 替代物(s)或组分(c)	MADEP (2003)[b] RfC/(mg/m³)	MADEP 替代物(s)或组分(c)	PPRTV (2009)[c] RfC/(mg/m³)	PPRTV 替代物(s)或组分(c)	TCEQ (2010)[d] 馏分	TCEQ RfC/(mg/m³)	TCEQ 替代物(s)或组分(c)
脂肪族	低(C5~C8; EC5~EC8)	18.4	(s)商用己烷(正己烷<53%)	0.2	(s)正己烷	0.7 0.6	(s)正己烷(>53%) (s)商用己烷(正己烷<53%)	C>6~C8	0.67	(s)正己烷(>53%)
脂肪族	中(C9~C18; EC>8~EC16)	1.0	(s)中碳脂肪烃链	0.2	(s)中碳脂肪烃链	0.1	(s)中碳脂肪烃链	C>8~C16	18.4	(s)商用己烷(正己烷<53%)
脂肪族	高(C19~C32; EC>16~EC35)	NA	(s)白色矿物油	NA	(s)白色矿物油	NA	(s)白色矿物油	C>16~C35	0.5	(s)脱芳烃白色溶剂
芳香族	低(C6~C8; EC6~EC9)	0.4	(s)甲苯	NA 0.4 1 NA 1	(c)苯 (c)甲苯 (c)乙苯 (c)二甲苯 (c)苯乙烯	0.03 5 1 0.1	(c)苯 (c)甲苯 (c)乙苯 (c)二甲苯	C>7~C8	NA 1.9	NA (s)乙苯
芳香族	中(C9~C16; EC9~EC22)	0.2	(s)C9混合物(高闪点芳烃石脑油)	0.05	(s)C9混合物(高闪点芳烃石脑油,含(c)萘和2-甲基萘)	0.1 0.003	(s)高闪点芳烃石脑油 (c)萘	C>8~C16	0.2	(s)高闪点芳烃石脑油及多种芳香族化合物
芳香族	高(C17~C32; EC22~EC35)	NA	不易挥发	NA	NA-不易挥发	NA	NA-不易挥发	C>16~C35	不适用	不适用

注：NA表示不可用；a 美国国家总石油烃标准工作组（TPHCWG）使用了芳香族中等碳范围C>8~C16（而不是EC>8~EC16）对应于EC9~EC<22和高碳范围C>16~C35，其中EC指等效碳（equivalent carbon）；b 马萨诸塞州环境保护部（MADEP）结合了芳香族中碳和高碳范围（C9~C32）；c EPA采用了临时性同行审议毒性数据推荐值（PPRTV，2009）；d 得克萨斯州环境质量委员会（TCEQ）的保护浓度水平（PCLs）推荐C>8~C16的中碳和C>16~C35的高碳范围。

6.1.3　基于整体石油烃的毒性

整体法是把石油烃当作一个整体来评估，每种石油烃产品（如汽油、柴油、航空燃油、船用重油、原油等）只有一个毒性参数。整体评估方法的缺点在于石油烃产品成分复杂，各成分的毒性随着自然衰减作用发生变化，故此方法适用于刚发生石油烃泄漏的场地。对于未精炼的石油（如船用重油、原油），由于其具有高度的变异性，利用整体毒性评估方法可能会产生较大的不确定性。基于石油烃产品整体分析方法的前提必须是某个馏分在石油烃混合物中占有绝对优势，如果石油烃是多种馏分的混合物，则应评估不同馏分的风险。基于以上原因，采取整体法评估石油烃的风险前必须要慎重考虑。

6.2　总石油烃风险评估方法

20 世纪 90 年代，TPHCWG 开始制定基于 TPH 馏分的风险评估框架，并建立基于馏分的 TPH 修复目标值制定方法（TPHCWG, 1997, 1999）。该方法依据 TPH 的碳当量与化合物在环境中迁移速率的关系，并利用替代化合物或混合物的 RfD 和 RfC 表示每种馏分的阈值毒性特性（TPHCWG, 1997），推导各馏分的修复目标值，再通过倒数加权平均方法来计算 TPH 的修复目标值。每一类 TPH 馏分的权重依据该组分的质量分数来确定，TPH 修复目标值如式（6-1）所示（GSI, 2007a）。

$$\text{SSTL}_{\text{TPH}} = \frac{\text{HI}}{\sum \text{MF}_i / \text{SSTL}_i} \tag{6-1}$$

式中，SSTL_{TPH} 为 TPH 修复目标值，mg/kg；HI 为 TPH 危害指数；MF_i 为馏分 i 占 TPH 的质量分数；SSTL_i 为馏分 i 的修复目标值，mg/kg。

此外，美国 RBCA 模型同时考虑了指示化合物和 TPH 馏分的评估方法（TPHCWG, 1999）。在石油烃风险评估过程中，需优先考虑场地上可能存在的"指示化合物"，然后再考虑 TPH 馏分，并在确定环境样品的馏分质量时减去指示化合物的浓度，以免重复计算。对于指示化合物的选择，一般选择毒性较强而迁移性相对差的芳香烃。此外，指示化合物与场地的典型污染物有关。例如，受汽油、炼制油和航空燃料污染的一些轻质油污染场地，通常选择苯、甲苯、乙苯或二甲苯作为指示化合物；煤油和燃料生产场地一般考虑选择多环芳烃（PAHs）作为指示化合物（TPHCWG, 1997, 1999）。根据污染物的性质，可能还需考虑铅和其他燃料添加剂，如甲基叔丁基醚（MTBE）等。

6.3　案　例　练　习

石油燃料化学性质复杂，评估石油烃蒸气暴露风险，不仅要关注各石油烃馏分的健康风险，还应结合单一化合物(如苯、甲苯、乙苯、二甲苯和萘)对人群健康的影响。石油烃馏分与指示化合物(如苯)在蒸气暴露途径中的相对贡献可通过二者的临界比与场地中实测浓度比的大小来评估(Brewer et al., 2013)。

以表 6-3 中提供的 5 个石油烃污染场地为例，假设这些场地未来开发为工商业用地，仅考虑石油烃的蒸气暴露途径，评估土壤中石油烃污染的健康风险。

表 6-3　各场地平均 TPH 馏分组成和平均 TPH 与苯浓度比

场地	平均 TPH∶苯浓度比	平均 TPH 馏分百分比/%		
		脂肪族		芳香族
		C5～C8	C9～C18	C9～C16
A	9∶1	96.0	0.7	3.3
B	30∶1	93.0	0.2	6.8
C	300∶1	72.0	0.6	27.4
D	165∶1	63.0	4.0	33.0
E	4500∶1	25.0	1.0	74.0

6.3.1　评估过程

1. 理化毒性参数

石油燃料释放的气相成分可以根据燃料的成分组成及其在土壤环境中气-液-固三相的分配行为来预测。表 6-4 总结了美国区域筛选值数据库中 TPH 馏分和苯的部分物理化学参数。表 6-5 总结了 TPH 馏分和苯的吸入毒性因子。

表 6-4　TPH 馏分和苯的部分物理化学参数

污染物	亨利常数 H	土壤有机碳-水分配系数 $K_{oc}/(cm^3/g)$	空气中扩散系数 $D_{air}/(m^2/s)$	水中扩散系数 $D_{wat}/(m^2/s)$
苯	0.23	146	$8.95×10^{-6}$	$1.03×10^{-9}$
脂肪族 C5～C8	73.59	131.5	$7.31×10^{-6}$	$8.17×10^{-10}$
脂肪族 C9～C18	139	796	$5.14×10^{-6}$	$6.77×10^{-10}$
芳香族 C9～C16	0.02	2011	$5.64×10^{-6}$	$8.07×10^{-10}$

表 6-5　　TPH 馏分和苯的吸入毒性因子

化合物	吸入参考浓度 RfC/$(\mu g/m^3)$
苯	30
脂肪族 C5～C8	600
脂肪族 C9～C18	100
芳香族 C9～16	3

2. 石油烃馏分和指示化合物的筛选值计算

在工商业用地条件下，仅考虑吸入表层土壤室外蒸气、吸入下层土壤室内蒸气和吸入下层土壤室外蒸气三个暴露途径，并根据《建设用地土壤污染风险评估技术导则》(HJ 25.3—2019)推荐的计算方法，利用污染场地土壤与地下水风险评估软件(HERA^{++})计算 TPH 馏分和苯的筛选值，不同暴露途径下的污染物迁移归趋模型见表 6-6，主要参数设置见表 4-33～表 4-36 中工商业用地(复合工人)对应的参数，土壤筛选值见表 6-7。

表 6-6　　不同暴露途径下的污染物迁移归趋模型

	暴露途径	迁移归趋模型选择
表层土壤	吸入表层土壤室外蒸气	ASTM 模型
下层土壤	吸入下层土壤室外蒸气	Johnson-Ettinger 模型
	吸入下层土壤室内蒸气	Johnson-Ettinger 模型

表 6-7　　工商业用地类型下 TPH 各馏分和苯的土壤筛选值　　（单位：mg/kg）

污染物	基于致癌效应的土壤筛选值			基于非致癌效应的土壤筛选值			综合筛选值
	吸入下层土壤室内蒸气	吸入表层土壤室外蒸气	吸入下层土壤室外蒸气	吸入下层土壤室内蒸气	吸入表层土壤室外蒸气	吸入下层土壤室外蒸气	
苯	3.53	239.26	13.79	89.71	6077.62	350.36	2.78
脂肪族 C5～C8	—	—	—	34.84	121552.36	137.16	27.78
脂肪族 C9～C18	—	—	—	10.88	20258.73	42.82	8.67
芳香族 C9～C16	—	—	—	2971.25	2752.61	10476.33	1257.38

3. 总石油烃筛选值计算

基于特定场地数据或特定燃料类型的 TPH 馏分组成，TPH 的筛选值根据式(6-1)加权计算得到。例如，对于场地 A，TPH 的平均馏分组成为 96% 的脂肪族

C5～C8、0.7%的脂肪族 C9～C18 和 3.3%的芳香族 C9～C16（表 6-3），则场地 A 的土壤中，TPH 筛选值计算为

$$TPH\ 筛选值 = \cfrac{1}{\cfrac{脂肪族C5～C8\ 比例}{脂肪族C5～C8\ 筛选值} + \cfrac{脂肪族C9～C18\ 比例}{脂肪族C9～18\ 筛选值} + \cfrac{芳香族C9～C16\ 比例}{芳香族C9～C16\ 筛选值}}$$

$$= \cfrac{1}{\cfrac{96\%}{27.78} + \cfrac{0.7\%}{8.67} + \cfrac{3.3\%}{1257.38}}$$

$$= 28.25\ mg/kg$$

同理，可计算其他场地 TPH 的筛选值，计算结果见表 6-8。

表 6-8　各场地蒸气暴露途径加权 TPH 筛选值和 TPH：苯临界比

场地	TPH 筛选值/(mg/kg)	TPH：苯临界比	平均 TPH：苯浓度比	蒸气暴露风险主导因素
A	28.25	10：1	9：1	苯
B	29.61	11：1	30：1	TPH
C	37.27	13：1	300：1	TPH
D	36.29	13：1	165：1	TPH
E	93.09	34：1	4500：1	TPH

4. 临界比计算

TPH 在蒸气暴露途径下产生的相对风险在一定程度上是毒性和浓度的函数（如同等暴露浓度下，脂肪族化合物的毒性明显低于苯）。然而，当土壤中 TPH 浓度与苯的浓度比超过一定"临界比"（TPH 筛选值与苯筛选值之比）条件下，TPH 蒸气产生的风险将超过苯。此时，即使苯的浓度小于等于它的筛选值，土壤中 TPH 浓度理论上仍将超过其筛选值，即土壤 TPH 存在潜在健康风险；如果 TPH 与苯的浓度比未超过"临界比"，当苯的浓度低于筛选值时，土壤中 TPH 的浓度也将小于等于其筛选值。在前一种情形下，TPH 产生的蒸气吸入风险相比于苯更高，占据主导作用，因此场地中 TPH 的蒸气暴露风险得到解决时，苯导致的蒸气暴露风险也将得到充分解决。而在后一种情形下，则苯是导致蒸气暴露风险的主导因素。

根据表 6-8 中加权 TPH 筛选值和表 6-7 中苯的土壤筛选值可计算工商业用地暴露情景下各场地 TPH 与苯的临界比。

6.3.2　评估结果

当土壤中苯浓度等于苯的筛选值（即苯的致癌风险为 $1×10^{-6}$），以 TPH 与苯的

浓度比与临界比的比值假定为 TPH 与苯的相对非致癌危害商，用来判断 TPH 与苯的相对风险。例如，在场地 A 中，计算出 TPH 的相对非致癌危害商为 0.9(9/10)，表明如果苯的致癌风险低于可接受风险(1×10^{-6})的目标风险，则 TPH 不会造成显著的蒸气暴露风险。理论上，土壤中的 TPH 降低到 28.25 mg/kg 将导致土壤蒸气中苯的浓度约为 3.14 mg/kg(28.25/9)，仅略高于筛选值 2.78 mg/kg，相当于致癌风险仅为 1.13×10^{-6} (3.14/2.78)。在这种情况下，不考虑苯，修复 TPH 污染土壤，也会使苯的浓度降低到可接受风险水平。

在另外四个场地，通过相对非致癌危害商大小可以确定 TPH 是蒸气暴露风险的主导因素。对于场地 B，测得 TPH∶苯的值超过基于风险的临界比(约 2.82 倍)，这表明当苯浓度降低到目标风险 1×10^{-6} 时，土壤蒸气中的 TPH 蒸气暴露的相对非致癌危害商仍将达到 2.8。在其他三个场地(场地 C、D 和 E)，计算的相对非致癌危害商甚至更大(分别为 22.4、12.7 和 134.4)。也就是说，TPH 将可能对这三个场地造成严重的蒸气暴露危害，远远超出苯的致癌风险。

第7章 环境统计应用方法

在场地风险评估过程中,统计分析方法可用于判断场地污染程度(包括识别场地特征污染物、污染物浓度及污染物在场地中的分布情况),并通过将污染物代表浓度(均值、中位数、置信限值等)与临界值(筛选值、修复目标或管制值)比较分析,判断场地污染物浓度是否超标。统计分析结果可作为风险评估人员或环境管理者的决策依据,判断场地是否适宜开发或者需要列入管控名录。本章主要介绍英国环保署发布的 *Professional Guidance*: *Comparing Soil Contamination Data with a Critical Concentration* 导则(以下简称导则)推荐的统计分析方法在污染场地风险管控中的应用(CL:AIRE, 2020)。

污染物浓度与临界值比较过程中,一般使用"假设检验"的统计分析方法,首先假设污染物浓度大于或者小于临界值,通过比较检验统计量与临界值的大小,判断污染物浓度是否超标。该方法将科学的推断简化为机械的"明线"规则(如 $p<0.05$),即检验统计量在临界值一侧时,假设为真,在另一侧时假设为假。这种"是或否"的单一规则不利于分析场地受污染的程度,因为结论不会在一侧为真,另一侧即为假,该规则甚至会误导研究人员做出错误的决策。科学的推断需要结合其他外部因素,包括研究方案的设置、采样布局、污染物分析质量等。因此本书放弃了对单一规则的依赖,采用统计图形刻画场地数据,并结合双侧置信区间的方法来评估场地受污染的程度。该方法指出只有污染物数据集能够充分代表场地污染物特征时,依据统计分析结果做出的风险管控决策才可靠有效。

本章将从两部分介绍统计分析方法在污染场地风险管控中的应用。第一部分介绍统计学中的基本概念和术语,并结合统计直方图和箱线图分析三种类型的污染物数据的特征。同时提出对低于检出限和异常值数据的处理方法。第二部分以三种类型的数据集为例,介绍利用直方图和箱线图分析污染数据的方法,同时根据中心极限定理(central limit theorem,CLT)计算污染物浓度双侧置信区间,分析不同应用情境下土壤污染物浓度和临界值之间的关系,从而做出相应的风险管控决策。由于场地污染物数据的统计分析方法具有多样性,本书主要介绍英国统计导则推荐的统计分析方法。

7.1 风险评估统计学基础

学习风险评估中环境统计方法的应用,首先应了解统计的基本概念和术语。

本节将简要介绍统计的基本概念，区分易混淆的专业术语，方便读者更好地应用环境统计方法。

1）概率

概率的统计定义：在相同条件下随机试验 n 次，某事件 A 出现 m 次（$m \leqslant n$），则比值 m/n 称为事件 A 发生的频率；随着 n 的增大，该频率围绕常数 p 上下波动，且波动的幅度逐渐减小，趋于稳定，则该频率的稳定值称为该事件的概率，如式（7-1）所示。

$$P(A) = \lim_{n \to \infty} \frac{m}{n} = p \tag{7-1}$$

对任意的随机事件 A 都有 $0 \leqslant P(A) \leqslant 1$（贾俊平等，2018）。

2）总体和样本

总体（population）为研究的全部个体（数据）的集合，通常包含不同个体。根据所包含的个体数目，总体可分为有限总体和无限总体，统计推断针对无限总体，通常把总体看作随机变量（贾俊平等，2018）。

样本（sample）为从总体中抽取的部分元素的集合，构成样本的元素的数目称为样本量（sample size）。抽样目的为根据样本的信息推断总体特征（贾俊平等，2018）。例如，从污染场地中随机采集 100 个土壤样品，则这 100 个土壤样品构成一个样本，根据该样本污染物的平均浓度推断场地污染物的平均浓度。

3）参数、统计量、变量

参数（parameter）是用于描述总体特征的概括性数字度量，为总体的某种特征值，包括总体均值（μ）、总体方差（σ^2）等。总体数据通常难以尽获，因此参数为未知常数，需要通过抽样研究，根据样本计算出与参数相关的某些值，再估计总体参数（贾俊平等，2018）。

统计量（statistic）是用于描述样本特征的概括性数字度量，包括样本均值（$\bar{x}$）、样本方差（s^2）等。它是根据样本数据计算出来的一个量，抽样是随机的，因此统计量是样本的函数。抽样的目的是根据样本统计量估计总体参数（贾俊平等，2018）。

变量（variable）是说明现象某种特征的概念，其特点从一次观察到下一次观察的结果会呈现出差异或变化（贾俊平等，2018）。例如，"污染物浓度""污染深度"等都是变量，变量的具体取值称为变量值。统计数据就是统计变量的某些取值。

总体、样本、参数、统计量的概念图如图 7-1 所示。

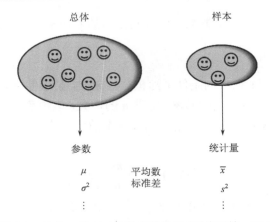

图 7-1　总体、样本、参数和统计量(贾俊平等，2018)

4)概率密度函数和分布函数

概率密度函数(probability density function，PDF)用于描述连续随机变量的输出值，表示在某个确定值附近变量取值的可能性。例如，横轴为随机变量的取值，纵轴为概率密度函数值，随机变量的取值落在某个区域内的概率为概率密度函数在这个区域内的积分。

累积分布函数(cumulative distribution function，CDF)，又称为分布函数，为概率密度函数的积分。二者关系的函数表达式如下。

一般而言，如果随机变量 X 的分布函数 $F(x)$，存在非负数 $f(x)$，使对于任意实数 x 有

$$F(x) = P\{X \leqslant x\} = \int_{-\infty}^{x} f(t)\mathrm{d}t \tag{7-2}$$

则称 X 为连续随机变量，其中函数 $f(x)$ 称为 X 的概率密度函数(盛骤等，2008)。

5)数学期望、方差、标准差与标准误

数学期望(average)，又称均值，表示样本量的平均数，反映总体的一般水平或分布的集中趋势(汪东华，2010)，计算如式(7-3)所示。

$$\overline{x} = \frac{1}{n}\sum_{i=1}^{n} x_i \tag{7-3}$$

方差(variance)与标准差(standard deviation)反映数据的分布以及各变量与均值的平均差异。方差与标准差的计算如式(7-4)和式(7-5)所示(贾俊平等，2018)：

$$方差：\quad s^2 = \frac{1}{n-1}\sum_{i=1}^{n}(x_i - \overline{x})^2 \tag{7-4}$$

$$标准差：\quad s=\sqrt{s^2} \tag{7-5}$$

式中，n 为样本量；$\bar{x}$ 为样本均值。

标准误（standard error，SE），又称标准误差，用于衡量抽样样本均值的离散程度，因此又称为均值的标准误，计算如式（7-6）所示（贾俊平等，2018）。

$$SE=\frac{s}{\sqrt{n}} \tag{7-6}$$

6）离散系数

离散系数（coefficient of variation，CV），又称变异系数，是一组数据的标准差与其相应均值之比，反映数据的相对离散程度，计算如式（7-7）所示（贾俊平等，2018）。

$$CV=\frac{s}{\bar{x}} \tag{7-7}$$

7）偏度

偏度（skewness），又称偏态，为数据对称分布的测度，表示以均值为中心分布的不对称性，反映数据的倾斜程度。偏度计算方法较多，利用样本估计总体偏度时，计算如式（7-8）所示（贾俊平等，2018）。

$$\gamma_1=\frac{\sqrt{n-1}\sum\limits_{i=1}^{n}(x_i-\bar{x})^3}{\left[\sum\limits_{i=1}^{n}(x_i-\bar{x})^2\right]^{3/2}} \tag{7-8}$$

偏度反映随机变量 PDF 曲线在众数（数据中出现频率最高的数，PDF 在这一点达到最大值）两边的偏斜性（贾俊平等，2018）。如果偏度等于 0，则数据分布为对称分布；如果小于 0，则为左偏分布（或负偏分布）；如果大于 0，则为右偏分布（或正偏分布）。

8）百分位点、分位数、四分位数

百分位点（percentile）为在升序排列的样本数据中，某一百分位数所在位置的数值。百分位点一般为样本的某个数值或相邻样本的平均值。小于百分位点的数据量占总数据量的百分比即为给定百分比。例如，第 20 个百分位点表示小于该数值的数据量占总数据量的 20%，记为 $Q(X)_{0.20}$。

分位数（quantile）与百分位点含义相同，如果随机变量 X 连续，则该变量 CDF 中某点概率 $P(X\leqslant x_p)=p$，则 x_p 称为第 p 分位数（或 p 百分位点）。

四分位数（quartile），又称四分位点，是一组数据排序后处于 25%、50% 和 75% 位置上的值。四分位数通过 3 个点将全部数据等分为四部分，每部分包含 25% 的数据，这三个点即为四分位数，分别记为 Q_L（下四分位数）、Q_M（中四分位数）和 Q_U（上四分位数）。

9）置信区间、置信限、置信系数

置信区间（confidence interval）是指由样本统计量组成的总体参数的估计区间。置信区间的上下限称为置信限（confidence limit），区间最大值为置信上限（UCL），最小值为置信下限（LCL）。

置信系数（confidence coefficient，CC），又称置信度或置信水平（confidence level），表示置信区间的信任程度，即估计的参数落在置信区间的概率，取值范围为 0～1，实际应用中，CC 值一般为 0.99、0.95、0.90 等（贾俊平等，2018）。

7.2 统 计 分 析

在应用统计方法前，评估人员首先需对场地数据有全面的理解，同时建立场地概念模型且要求场地数据的采样、收集、测定过程应符合相关规定。数据集基本要求如下。

（1）应根据场地概念模型将场地划分为不同区域，选择某一区域对污染物浓度进行统计分析。例如，根据使用功能将场地分为生产区、办公区、仓库区等区域，则各单元区域都可单独进行统计分析。

（2）应根据简单随机（simple random）、分层随机（stratified random）或分层系统（stratified systematic）（如正方形、人字形或三角形网格）采样模式选择采样点位，而不是针对疑似污染的位置（如已被污染的土壤或地下储油罐）。

（3）采样点应相对均匀地分布于整个区域，而非在某个区域聚集，应避免在统计分析中对场地的某些位置施加过大的权重。

（4）局部高浓度（hotspot）区域或异常污染点位不应作为一个独立的区域进行分析。异常点位需通过直方图或结合统计检验结果来确定。

（5）采样的位置在同一水平应位于相同的深度，并且取自一个总体（即相同的介质）。

（6）通过污染物空间分布来分析场地污染物浓度的分布趋势。

（7）样本数量应充分以保证能够进行统计分析。

对污染数据进行统计分析前，需注意检查数据质量，排除质量控制管理不完善导致的异常值，并且应建立对低于浓度检出限数据的处理方法。

7.2.1 低于检出限数据的处理

化学分析得到的数据经常包含"未检出"这一项，即污染物的浓度低于方法检出限（method detection limit, MDL）。此时，污染物的浓度可能为 0 或 0～MDL，但显然它是未知的。假设实验室设置的检出限处于一个合理的水平，理想情况下检出限比临界值低 10 倍。数据集中出现"未检出"数据，表明其未被污染。然而，"未检出"数据的存在也为实际统计工作造成了不少困扰，因为"低于"某一数值并不能用于计算统计量。因此，需要假设一个数值代替未检出样品的浓度值。例如，可以假设"未检出"样品的浓度为 MDL 或者 MDL 的 1/2。未检出数据的存在，或者其替代值的选择会影响总体参数的估计，如样本均值和方差。当数据集中只有少量的未检出数据，对统计关键参数和统计结果不会有太大的影响；但如果数据集中存在大量未检出数据，特别是当检出限接近于临界值时，则有可能会对判断结果产生显著影响。对数据集中未检出数据的处理应遵循以下原则。

（1）当数据集中"未检出"数据的比例小于 10%时，可以用较小的数值如 MDL 或 0.5MDL 代替未检出数据；

（2）当数据集中"未检出"数据的比例大于 15%且检出限值接近于评估临界值时，仍然可以用上述方法处理，但是替代值可能会对检验结果产生较大的影响，在这种情况下，可以进行敏感性分析，以确定不同的替代值对评估结果的影响。

如果数据集中存在大量的"未检出"数据，可能需要对场地分区和数据分组进行审查和修订。

7.2.2　异常数据的处理

在场地调查过程中，土壤环境的异质性、污染物在不同尺度上的分布差异及其不同来源均可能导致数据异常。此外，如果采样、运输、样品前处理或实验室分析方法不当，或测量系统故障，数据转录或录入错误，报告或记录分析结果错误以及剂量单位使用错误等错误操作同样会导致数据异常。样本异常值会影响参数的估计及统计推断，导致高估场地污染风险、过度修复和增加不必要的经济投入；或低估风险，如未采取有效修复措施，则可能对人体或其他环境受体造成危害等。因此，当识别出了异常值，评估人员必须判断它们是否代表真正的土壤浓度或者仅仅是一个错误的结果。因此，评估人员需推测产生异常值可能的原因，例如：

（1）重新审查现场记录，判断现场采样记录能否对获得的结果进行解释；

（2）重新检查实验室认证资格，确认是否存在数据录入错误；

（3）审查采样和样品处理程序，确认是否存在明显违反程序的行为。

如果时间和经济允许，评估人员应对异常样本点重新检测，以判断原检测结果是否正确。尤其是污染物浓度高度变异时，同一样本点多次检测结果也可能存在较大差异，因此，即使样本重新检测后与初始浓度不同，并不一定意味着原检测结果有误，需谨慎判断识别异常值。通常情况下，只有符合以下条件，异常值才能从数据集中去除。

（1）已识别的、可解释的明显错误结果。去除异常值应有充足的理由，在可能的情况下应对数据集进行修改，使用正确的数值替换异常值。

（2）明确表明至少存在两个总体的样本并且可用概念模型证明。此时应对异常值所代表的不同总体样本进行更详细的探讨，重新审查数据和细化分析区域或者将异常值作为一个独立的总体甚至单独的样本进行分析，如果有必要，可以通过进一步的现场采样验证数据以判断是否为异常值。

在其他情况下，异常值应当被视为真实值，以反映受体可能会暴露的真实土壤浓度。

7.2.3　数据分布类型

了解和掌握场地污染数据类型有助于评估人员清晰判断场地污染特点，确定场地污染程度并做出准确决策。场地数据类型一般包括三种：对称数据、对数对称数据和重尾数据，它们分别服从正态分布、对数正态分布和其他分布。数据服从的分布类型可通过拟合优度检验并结合 Q-Q 图进行判断，但是该方法相对复杂，不利于统计方法的推广和使用。因此本节结合统计直方图和箱线图介绍三种数据类型的特点，用于判断数据的分布类型。

1. 对称数据

假设一组污染物数据集 A 共有 19 个样本，污染物浓度数据如表 7-1 所示。计算样本统计量如表 7-2 所示。首先利用统计直方图分析污染物数据，将污染物浓度范围等分为多个区间，统计不同区间污染物浓度样本个数。直方图横坐标为污染物浓度，纵坐标为不同浓度区间样本点的频数。图 7-2(a) 为数据集 A 的统计直方图，图中直线为中位数的位置，中位数两侧的数据近似呈镜像对称，一般中位数两侧数据呈镜像对称的数据称为对称数据，数据服从正态分布或近似正态分布，其概率密度函数曲线为钟形曲线，数据集 A 的正态概率密度函数曲线叠加于直方图上，且与直方图的变化趋势相近。对称数据中，中位数和均值接近。例如，数据集 A 的中位数为 1.17 mg/kg，均值为 1.16 mg/kg，差异小于 1%。

表 7-1　数据集 A 污染物浓度数据　　　　　（单位：mg/kg）

1.54	1.93	0.42	1.72	1.32	1.37	1.17	0.83	0.83	1.22
0.65	1.06	0.93	1.1	1.08	0.73	1.17	1.47	1.59	

表 7-2　数据集 A 污染物浓度统计量

统计量	Excel 对应函数	数值
样本量	COUNT	19
最大值/(mg/kg)	MAX	1.93
最小值/(mg/kg)	MIN	0.42
标准差	STDEV	0.39
偏度	SKEW	0.07
平均值/(mg/kg)	AVERAGE	1.16
中位数/(mg/kg)	MEDIAN	1.17

除直方图外，箱线图也可用于分析刻画污染物数据，判断数据是否对称，同时直观反映数据的分布特征。图 7-2 (b) 为数据集 A 的箱线图，由一个方框和上下两侧的枝干 (也称为茎或胡须) 组成。方框内包含一条水平线和一个点 (此示例中为方块)。从上到下分别如下：①上部枝干的顶部为最大值 (maximum value)；②方框的顶部为上四分位数值 (upper quartile value)；③分割方框的水平线为中位数 (median value)；④方块为平均值 (mean value 或 average value)；⑤方框的底部是下四分位数值 (lower quartile value)；⑥下部枝干的底部为最小值 (minimum value)。图中方框部分又称为四分位间距 (inter-quartile range，IQR)，它是上四分位和下四分位之间的差值。如图 7-2 (b) 所示，数据集 A 的 IQR 为 0.64 mg/kg。IQR 可以看作数据集中变化的粗略度量，有时可用作标准偏差的替代统计量。

箱线图可以直观清晰地反映出关键数据的统计信息，结合直方图，也可以清楚识别出特殊样本。此外，箱线图中两侧枝干的长度、均值与中位数间的距离可以用于判断数据的分布类型。

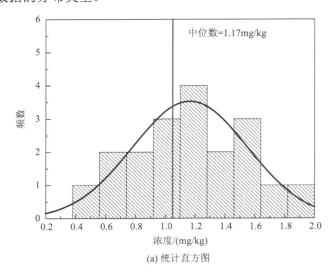

(a) 统计直方图

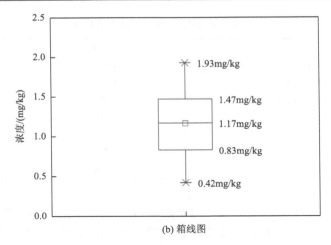

(b) 箱线图

图 7-2　数据集 A 的统计直方图和箱线图

图 7-2(b)中箱线图两个枝干的长度大致相等，方框被分成两个大致相等的部分，每个部分的长度相近，均值位于中线附近。因此，该数据集显然是对称的。对称数据集一般存在于污染分布比较均匀的场地中，例如，矿渣、工业废料或者污染物容易迁移扩散的场地。

2. 对数对称数据

假设一组污染物数据集 B 共有 47 个样本，污染物浓度数据如表 7-3 所示。计算样本统计量如表 7-4 所示，同时绘制数据的统计直方图和箱线图如图 7-3 所示。

表 7-3　数据集 B 污染物浓度数据　　　　　　（单位：mg/kg）

2.39	2.28	2.16	1.92	0.74	0.7	1.12	0.89	0.92	0.95	1.97
1.44	0.62	0.37	0.73	0.79	0.81	0.76	0.37	0.49	0.42	0.38
0.39	0.68	1.07	0.42	0.49	0.46	1.03	0.54	0.37	0.29	0.19
0.24	0.22	0.18	0.15	0.06	0.88	0.37	0.32	1.29	0.17	0.24
0.39	0.43	0.47								

表 7-4　数据集 B 污染物浓度统计量

统计量	Excel 对应函数	数值
样本量	COUNT	47
最大值/(mg/kg)	MAX	2.39
最小值/(mg/kg)	MIN	0.06

续表

统计量	Excel 对应函数	数值
标准差	STDEV	0.58
偏度	SKEW	1.51
平均值/(mg/kg)	AVERAGE	0.74
中位数/(mg/kg)	MEDIAN	0.49

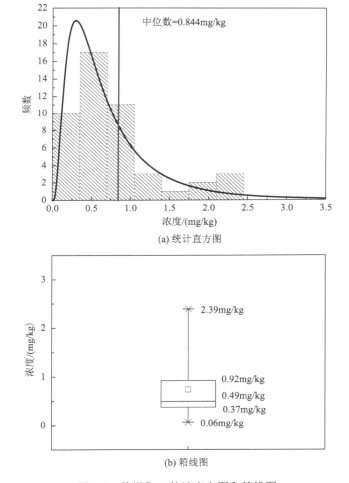

(a) 统计直方图

(b) 箱线图

图 7-3　数据集 B 统计直方图和箱线图

对数对称数据集是不对称或偏态数据的一种，该数据的统计直方图中位数两侧的数据不对称，数据偏度(1.51)大于 1。大多数样本聚集在刻度的底端附近，随着刻度的增加，出现的值越来越少。同时结合箱线图可知该数据的两侧枝干差异较大，中位数将方框划分为两个不相等的部分，均值和中位数相差较大，且均值更接近上四分位数。符合上述特点的数据集称为对数对称数据。如图 7-3（a）所示，对数正态概率密度函数曲线叠加于直方图上，直方图和曲线形状大致相同。一般对数对称数据服从对数正态分布。

此外，将该类型数据取自然对数后，所得数据的统计直方图呈现以中位数为中心的镜像对称，即取对数后的数据呈现对称数据的特点，如图 7-4 所示。该方法也可用于判断数据集是否为对数对称数据。此类数据容易出现在污染物不易分解或者污染物与环境介质不易混合均匀的场地中。

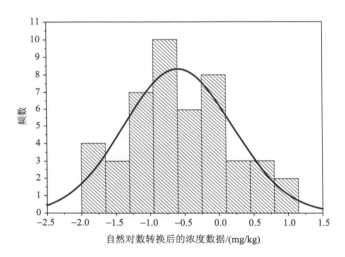

图 7-4　取自然对数后数据集 B 的统计直方图

3. 重尾数据

假设一组污染物数据集 C 共有 44 个样本，污染物浓度数据如表 7-5 所示。计算样本统计量如表 7-6 所示，同时绘制数据的统计直方图和箱线图如图 7-5 所示。重尾数据和对数对称数据相似，其统计直方图偏向一侧，在最小值附近存在大量样本，而在最大值附近的样本量较少。由箱线图可知两侧枝干相差极大，并且平均值远大于中位数，甚至大于上四分位数，可以说明数据不是对数对称数据。此外，将该原始数据取自然对数后，直方图仍然偏向一侧也可证明该数据不是对数对称数据（图 7-6）。

表 7-5　数据集 *C* 污染物浓度数据　　（单位：mg/kg）

0.2	0.06	0.17	0.11	0.13	0.06	0.08	0.15	3.21	0.23	0.12
0.11	4.3	5.67	0.23	0.14	0.43	0.18	0.07	0.23	0.19	0.17
0.18	0.09	0.09	0.12	0.25	0.19	0.17	0.1	0.11	0.16	0.18
0.14	0.16	0.12	0.07	0.25	0.05	0.28	0.13	0.23	3.23	0.93

表 7-6　数据集 *C* 污染物浓度统计量

统计量	Excel 对应函数	数值
样本量	COUNT	44
最大值/(mg/kg)	MAX	5.67
最小值/(mg/kg)	MIN	0.05
标准差	STDEV	1.19
偏度	SKEW	3.26
平均值/(mg/kg)	AVERAGE	0.53
中位数/(mg/kg)	MEDIAN	0.17

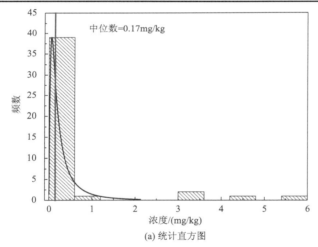

(a) 统计直方图

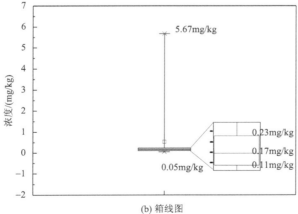

(b) 箱线图

图 7-5　数据集 *C* 的统计直方图和箱线图

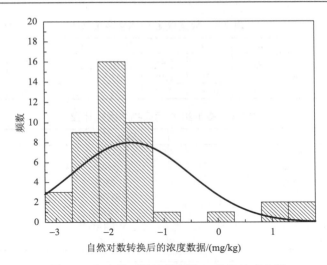

图 7-6　取自然对数后数据集 C 的统计直方图

重尾数据由主体和极端值两部分构成。通常将最小值附近的大量数据记为主体，与主体明显不同的数据记为极端值。如图 7-5(a)所示，该数据集中包含 1 个由 41 个样本数据组成的主体和 3 个极端值。在处理重尾数据中，评估人员应关注极值出现的频率。例如，数据集 C 中，极端值出现的频率为 3/44。

当易扩散的污染物间歇进入较大范围的土壤中时，污染物数据集可能为重尾数据。例如，含有石棉的建筑物材料由于处置不当可能随机进入土壤环境中，则该场地的污染数据集可能为重尾数据。

7.2.4　计算平均浓度的置信区间

本书根据 CLT 定理计算污染物浓度的置信区间。CLT 定理指出，当样本量 n 趋于无穷大时，样本均值 $\bar{x}$ 的渐近分布服从均值为 μ_1 和方差为 $\sigma_1^2 / \sqrt{n}$ 的正态分布，与总体分布无关，即样本围绕在总体平均值附近，呈现正态分布。CLT 置信上下限的计算公式如式(7-9)和式(7-10)所示。

$$\mathrm{LCL} = \bar{x} - t_{\alpha,n-1} s_x / \sqrt{n} \tag{7-9}$$

$$\mathrm{UCL} = \bar{x} + t_{\alpha,n-1} s_x / \sqrt{n} \tag{7-10}$$

式中，$\bar{x}$ 和 s_x 分别为样本均值和标准差；$t_{\alpha,n-1}$ 为自由度 df=n–1 的学生 t 分布上 α 分位数。t 统计量可以在电子表格中轻松计算(使用 Microsoft Excel 中的 TINV 函数)，也可以从 t 统计表中查找。

利用 CLT 计算三组数据不同置信水平下置信区间分别如表 7-7 所示。以 95% 置信区间为例，数据集 A 污染物浓度在 0.98～1.35 mg/kg 的可能性为 95%，数据

集 B 污染物浓度在 0.56~0.91 mg/kg 的可能性为 95%，数据集 C 污染物浓度在 0.17~0.90 mg/kg 的可能性为 95%。导则基于置信区间与临界值进行比较，分析场地污染物污染程度。

表 7-7　三组数据不同置信水平下对应的置信区间　　　（单位：mg/kg）

数据集	平均值	置信区间				
		置信水平	80%	90%	95%	99%
A	1.16	LCL	1.05	1.01	0.98	0.91
		UCL	1.28	1.32	1.35	1.42
B	0.74	LCL	0.62	0.59	0.56	0.51
		UCL	0.85	0.88	0.91	0.96
C	0.53	LCL	0.30	0.23	0.17	0.05
		UCL	0.77	0.84	0.90	1.02

7.2.5　使用空间图检测空间模式

直方图和箱线图有助于了解数据集的基本分布情况，同时基于 CLT 计算污染物浓度的置信区间与临界值比较分析场地污染程度。但是评估人员还需注意数据集来源于二维空间，如果样本采集于不同深度，则数据来自三维空间。采样区域内污染物浓度可能在空间上具有相关性，即特定采样点处污染物浓度可能类似于其附近位置的浓度。污染物浓度空间分布图有助于判断污染物是否具备空间模式，即不同点位处污染物浓度是否存在相关性。

首先，需根据场地概念模型绘制采样地图，确定采样区域和采样点的位置。在该地图中需标注采样点处污染物浓度数值或利用符号表示污染物浓度大小，从而绘制污染物浓度空间图。利用箱线图可将数据分为 4 个区间，即以中位数划分的两个部分和大于上四分位数和小于下四分位数的两个枝干部分。依据污染物浓度大小分别设置为四种不同颜色。图 7-7 为两种形式的污染物浓度空间分布图，图 7-7(a) 表示在 16×16 网格内进行简单随机采样，图 7-7(b) 表示将 16×16 网格划分为 16 个 4×4 块，其中 1 个 4×4 块不满足勘测条件，因此设置为盲区。在每个 4×4 块中，使用简单随机抽样获取一个样本。通过分层随机采样，可以识别场地污染物浓度分布特点，即盲区可能为污染最严重区域。该空间图可帮助理解数据集并建立 CSM。这些空间图仅用于说明概念。实际上场地中的空间图不会如此整洁。

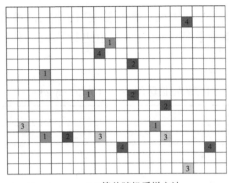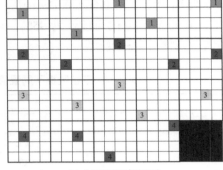

(a) 简单随机采样方法　　　　　　　　　　(b) 分层随机采样方法

图 7-7　数据集 C 污染物数据空间图

本节通过四个步骤分析场地数据，并为污染浓度与临界值的对比提供依据。具体步骤如下。

（1）使用直方图绘制数据图表。

（2）用箱线图汇总数据。直观显示污染物的最大值、平均值、中位数、最小值及上下四分位数。同时结合直方图判断场地污染物数据类型。

（3）计算平均浓度的置信区间。可定量描述场地污染物均值范围，即"在此采样区域中，污染物的真实平均浓度处于 x mg/kg 和 y mg/kg 之间的可能性为 $a\%$"。

（4）使用空间图检测空间模式。协助评估人员建立 CSM，同时识别出数据的差异。例如，如果无法调查场地的某个区域，可依据空间图指示出一个接近的模式。

需指出统计分析数据的方法绝不仅包含上述方法，同时存在多种方法可用于分析场地污染数据，但是在将污染数据与临界值进行比较时，可以将以上四个步骤作为分析场地数据并做出管控决策所需的最低要求。

7.3　污染物浓度与临界值的比较

通过数据统计分析的步骤，计算污染物数据的相关统计量，可知数据的分布类型，同时计算污染物浓度均值的置信区间。本节以上述三种数据为例，介绍置信区间与临界值的比较方法。

7.3.1　应用情景

在比较分析之前，首先要明确场地评估的目的。通常对污染场地开展评估有以下两个不同的出发点。

(1)开发情景 A：土地是否适用于新的开发利用；

(2)监管情景 B：确定场地是否需要被列入监管名录。

情景 A 的中心命题为"场地的污染水平是否低于临界值"；情景 B 的中心命题为"场地的污染水平是否高于临界值"。明确情景类型有助于评估人员全面理解统计分析的意义并做出正确的决策。

针对上述两个情景，评估人员依据污染数据的分析结果做出合理的判断。在回答中心命题之前，评估人员需要考虑决策的正确性有多大，即确定评估人员的举证责任。导则依据英国法律规定，将举证责任分为三个层次，从高到低依次为"几乎确定(almost certain)""超出合理怀疑范围(beyond reasonable doubt)""概率平衡(on balance of probabilities)"。不同的情景，举证责任的要求不同。

下面以上述数据集不同置信水平下的置信区间为例，介绍不同情景下如何进行决策判断。其中数据集 A 的情景为监管情景，数据集 B 和 C 为开发情景，临界值均设置为 1 mg/kg。依据 CLT 计算的置信区间是决策的关键要素。

7.3.2　污染数据分析结果

1. 对称数据

监管情景下，评估人员需判断"污染物浓度是否高于临界值"，等同于"采样区域污染物平均浓度是否有可能超过 1 mg/kg 的临界值"。由表 7-7 可知，数据集 A 中样本均值为 1.16 mg/kg，大于临界值。但是"样本均值大于临界值"能否代表"整个区域的污染物浓度大于临界值"？依据样本均值所得的结论是否可靠？结论的可信度究竟有多高？为回答上述问题，需根据置信区间与临界值的比较，并结合统计图形进行解释说明。

根据污染物的80%的置信区间，即污染物平均浓度有80%概率位于该区间内，置信区间下限大于 1 mg/kg，即污染物平均浓度大于 1 mg/kg。但是随置信度增加，置信区间范围逐渐增大(因为置信区间的浓度范围越大,平均浓度落入该区间的可能性越高)。污染物90%的置信区间下限同样大于 1 mg/kg。当置信水平增加到95%时，污染物浓度的置信区间涵盖 1 mg/kg，这表明污染物浓度仍有很小的可能性低于临界值。

根据应用情景和法律要求，选择不同的置信水平进行解释。情景 A 判断场地是否需列入监管，首先需确定举证责任大小。根据英国法律指南，监管情景下要求按照"概率平衡"标准做出决定，出于保守水平下对场地进行监管，即污染物浓度有较小的可能性大于临界值，该场地就必须要列入监管。因此可使用置信水平较低的区间进行判断，如选择 80%的置信区间判断"场地污染物浓度是否超过临界值",区间的置信下限大于临界值(1.05 mg/kg >1 mg/kg),则场地须要列入监管。

2. 对数对称数据

由表 7-7 可知,数据集 B 的 80%和 95%的置信区间上限均低于 1 mg/kg 的临界值。在开发情景下,场地必须"安全",因此应使用较大的置信区间进行判断。通过比较 95%置信区间,可知区间的置信上限小于临界值(0.91 mg/kg<1 mg/kg)。因此该场地污染水平低,已经满足开发的需求。但是需要注意数据集 B 为对数对称数据,根据导则中的模拟结果显示,基于 CLT 计算的置信区间存在一定的偏差,主要表现为两个方面:一方面是表观置信度被高估,置信度为 80%和 95%的置信区间实际的置信度更接近 78%和 93%;另一方面是如果已经证明置信区间错误,即真实的污染物平均浓度不在置信区间范围内,则真实的污染物浓度大于置信区间的概率更大。在监管情景 B 下,这种错误不会对决策产生影响,但是在开发场景 A 下,这种错误会低估污染物浓度,影响决策判断。

因此,在处理对数对称数据中,为解决上述统计偏差,应扩大样本量。通常基于 CLT 最小样本量法则,样本量应该介于 20 和 50 之间。当处理对数对称数据时,尤其是样本均值比中位数更接近于上四分位数时,最小样本量应接近 50。数据集 B 包含 47 个样本,因此可使用 95%的置信区间做出决策。

如果数据集 B 中仅包含 24 个样本,统计输出结果仍如图 7-3 所示,则研究人员应选择更多的样本量计算 95%的置信区间才可进行决策。这是由于数据集 B 的置信上限为 0.91 mg/kg,接近临界值 1 mg/kg。如果 95%的置信上限远小于 1 mg/kg,则没有必要收集更多的样本。

3. 重尾数据

数据集 C 为重尾数据,由表 7-7 可知,数据集 C 的均值为 0.53 mg/kg,约为临界值的一半。基于开发场景,可以确定该场地污染物水平低于 1 mg/kg,适宜开发。但是,如果样本中添加 1 个极值 5.8 mg/kg,则样本均值和标准差增大,样本置信区间变宽,置信区间上限接近临界值 1 mg/kg(表 7-8)。如果数据为重尾数据,基于 CLT 的决策可能发生决策错误。因此在比较分析重尾数据时进行决策判断时需注意以下两点

(1)基于 CLT 最小样本量法则不适用于重尾数据,研究人员可参考导则中方法——依据重尾数据极端值出现的频率计算重尾数据集的最小样本量,但这种方法无疑会增加采样的成本;

(2)如果样本量只能在 20~50 进行决策时,只能以较低水平的举证责任——"概率平衡"进行决策。该决策要求数据集中至少包含一个极值。

表 7-8　包含极值 5.8 mg/kg 数据集 C 的置信区间

数据集	平均值	置信水平	80%	90%	95%	99%
C	0.66	LCL	0.39	0.31	0.24	0.10
		UCL	0.94	1.02	1.09	1.23

本章以导则为依据,介绍了一种简便的处理场地数据的统计分析方法,依次经过利用直方图绘制数据、箱线图汇总数据、计算平均浓度的置信区间、空间图检测空间模式这四个步骤,并以三种类型的数据为例,阐述在不同应用情景下污染物浓度与临界值的比较分析,及其对应的管控决策,以期能够为场地风险管控提供参考和依据。

第8章　地下水污染风险评估案例分析

8.1　场地环境概况

某化工污染场地位于江苏省，于 2007 年关停搬迁。该厂区主要包括 6 个区域：制造车间、填料车间、办公楼、污水处理厂、杀虫剂生产车间、原料和产品储存区。生产成品涉及的工艺原辅料包括苯、乙苯、氯苯、氯仿、一氯苯和四氯化碳等。制造车间、填料车间及杀虫剂生产车间是农药生产活动的主要区域，主要生产甲胺磷类农药、氯碱、醚醛等。在产品长期生产及储存过程中，原料及产品存在"跑冒滴漏"现象，并且厂区重建过程中发生过原料管道破裂事件，可能造成场地地下水污染。场地调查发现废水处理车间存在污染物泄漏情况。厂区面积为 85476 m²，东、西、南三面环路，北面临河，场地的西南方向 85 m 处有一村庄（图 8-1）。场地的未来规划尚未确定，地下水不作为饮用水源。

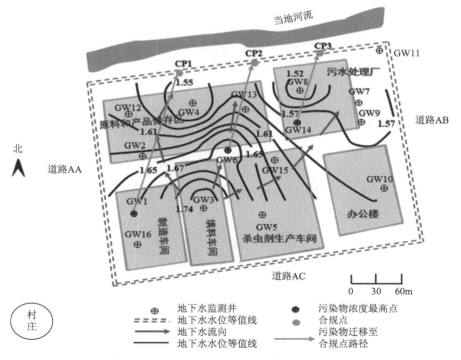

图 8-1　场地历史布局和地下水监测井及流场图

8.2　场地水文地质调查

场地土壤岩性从上至下依次为回填土、粉质黏土、粉土和黏土(图 8-2)。粉质黏土层为相对隔水层,上层滞水存在于粉质黏土与回填土层;承压地下水位于粉土层,深度为 9～15 m,水位波动较小且水量相对充沛,抽水试验测得最大涌水量达到 25.1 m³/d,垂直渗透系数为 8.48×10⁻⁴～1.00×10⁻³ cm/s,水平导水系数 2.53×10⁻⁴～3.5×10⁻⁴ cm/s。地下水流向为西南至东北方向(图 8-1)。场地周边地表水的水位未知,地下水与场区周围地表水的水力联系不明,无法确定补给关系。

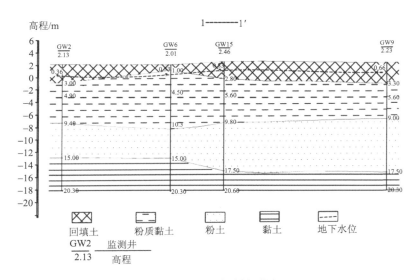

图 8-2　场地地质剖面图

8.3　地下水污染状况调查

场区内共布置 16 口地下水监测井(图 8-1),地下水取样深度为 13～15 m (粉土层),每次连续取 2 个平行样品。样品低温保存(4 ℃)并在 24 h 内送往实验室检测,检测项目以挥发性有机物为主,分析方法参考《地下水质量标准》(GB/T 14848—2017)检测方法。地下水共检出 10 种挥发性有机污染物,包括苯、甲苯、乙苯、一氯苯、1,2-二氯苯、1,3-二氯苯、1,4-二氯苯、四氯化碳、氯仿和二氯甲烷。

16 口地下水监测井中各污染物检出浓度如图 8-3 所示,其中 GW11、GW12

和 GW16 未检出污染物。各污染物在不同监测井的浓度差异较大，GW1（生产车间）和 GW6（原料和产品储存区）两个监测井检出的苯系物和氯代有机物浓度最高，为潜在污染源。各污染物平均浓度值依次为氯仿>一氯苯>四氯化碳>苯>二氯甲烷>1,3-二氯苯>1,4-二氯苯>乙苯>甲苯>1,2-二氯苯，其中氯仿、一氯苯、四氯化碳、苯、二氯甲烷的最大检出浓度分别为 670.00 mg/L、130.36 mg/L、26.00 mg/L、10.37 mg/L 和 3.19 mg/L，检出率则分别为 81%、75%、25%、63% 和 19%。

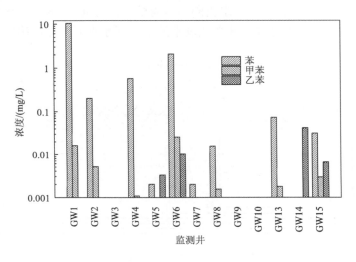

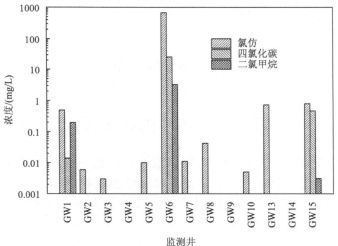

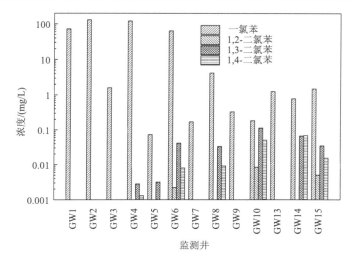

图 8-3　监测井的污染物浓度分布

8.4　风险评估方法

8.4.1　场地概念模型

　　该场地概念模型图如图 8-4 所示。污染源可能位于厂区西侧的生产车间和原料产品储存区。污染物泄漏已经进入地下水，应评价地下水污染对人群健康和周

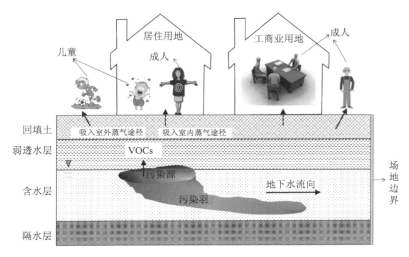

图 8-4　场地概念模型图

边水环境的潜在风险。由于场地未来利用类型不确定，按照居住用地和工商业用地两种用地类型评价污染物暴露的健康风险。居住用地的敏感受体为儿童和成人，工商业用地的敏感受体仅为成人。

由于地下水不作为饮用水源，在地下水无扰动情景下，污染物仅能通过间接途径对场地内人群产生暴露，即吸入地下水污染物挥发至室外和室内的蒸气。地下水污染物可能发生侧向迁移，进入下游含水层或地表水体，对周边水环境产生负面影响。但目前场地边界地下水与场地外地表水的水力联系不明，基于保守原则，将场地边界处的地下水作为保护受体，沿地下水流方向，假设距离场地边界地下水最近的位置为合规点（图 8-1）。

8.4.2　风险评估方法

1. 健康风险评估

以保护人群健康为目标，利用污染场地健康与环境风险评估软件 HERA（V1.0）进行模拟计算：根据地下水实测的污染物浓度正向计算健康暴露风险；根据可接受致癌风险 1×10^{-6} 或非致癌危害商 1 反向推导各污染物的修复目标值。地下水污染物通过挥发途径进入室内或室外，空气的挥发因子 VF_{iv} 和 VF_{ov} 分别选用 Johnson-Ettinger 模型和 ASTM 模型计算，修复目标值计算公式见 3.4 节。

2. 水环境风险评估

水环境风险评估利用国际上较为通用的水环境评估模型——Ogata Banks 和 Domenico 迁移模型模拟地下水污染物进入饱和带随地下水侧向迁移趋势，判断污染物迁移对场地边界外地下水环境的潜在风险。根据污染物检测分析结果，GW1 处检出苯的浓度最高，GW6 处检出一氯苯、氯仿、四氯化碳、二氯甲烷的浓度最高，GW14 处检出 1,2-二氯苯和 1,4-二氯苯的浓度最高。因此假设 GW1、GW6、GW14 监测井为地下水污染源的位置，以场地边界地下水环境为保护受体，设置污染源下游沿地下水流动方向与下游场边界交会处为本次评估的合规点，分别记为 CP1、CP2、CP3（图 8-1），迁移距离分别为 256 m、155 m、132 m，运用 Ogata Banks、稳态 Domenico 和非稳态 Domenico 三种解析模型预测污染物迁移至合规点过程中浓度的变化。

8.4.3　模型参数设置

关注污染物的物理化学性质及毒性参数见表 8-1。受体暴露参数、室内外空气和建筑物参数采用我国《污染场地风险评估技术导则》（HJ 25.3—2014）推荐的默认值，室外空气、土壤性质参数和地下水性质参数则主要根据场地调查获取特征参数，详见表 8-2～表 8-5。

表 8-1　关注污染物的物理化学性质及毒性参数

污染物	水中溶解度/ (mg/L)	半衰期 /d	土壤有机碳-水 分配系数 K_{oc}/ (cm^3/g)	呼吸单位 风险 IUR/ $(mg/m^3)^{-1}$	参数 来源	呼吸吸入 参考剂量 RfC/ (mg/m^3)	参数 来源
苯	1770	720	146	2.2×10^{-3}	I	0.03	I
甲苯	530	28	234	—	—	5	I
乙苯	169	228	446	2.5×10^{-3}	O	1	I
一氯苯	502	300	234	—	—	0.05	I
1,2-二氯苯	150	360	383	—	—	0.03	T
1,3-二氯苯	110	360	170	—	—	0.008	T
1,4-二氯苯	73.8	360	375	1.1×10^{-2}	O	0.11	T
四氯化碳	805	360	43.9	6.0×10^{-3}	I	0.1	I
氯仿	7920	1800	31.8	2.3×10^{-2}	I	0.097	I
二氯甲烷	15400	56	21.7	4.7×10^{-4}	I	3	I

注：I 表示 IRIS (2011)、O 表示 OEHHA (2013)、T 表示 TRRP (2013)。

表 8-2　暴露参数总结

参数名称	取值		参数来源
	儿童	成人	
体重 (BW, kg)	15.9	56.8	
暴露周期 (ED, a)	6 (居住用地)	24 (居住用地) 25 (工商业用地)	
暴露频率 (室内) (EF_{iv}, d/a)	262.5 (居住用地) 187.5 (工商业用地)		
暴露频率 (室外) (EF_{ov}, d/a)	87.5 (居住用地) 62.5 (工商业用地)		HJ 25.3—2014
日均呼吸体积 (RV, m^3/d)	7.5	14.5	
非致癌效应平均作用时间 (AT_{nc}, d)	2190 (居住用地) 9125 (工商业用地)		
致癌效应平均作用时间 (AT_{ca}, d)	26280		
目标危害商 (THQ)	1		
目标致癌风险 (TCR)	1×10^{-6}		

表 8-3　室内外空气和建筑物参数

参数名称	取值	参数来源
建筑物体积/面积比(LB)	2(居住用地) 3(工商业用地)	
地基面积(A_b, m²)	70	
地基周长(X_{crack}, m)	34	
建筑物空气交换率(ER)	1.39×10^{-4}(居住用地) 2.31×10^{-4}(工商业用地)	
地基底部埋深(Z_{crack}, m)	0.15	HJ 25.3—2014
地基厚度(L_{crack}, m)	0.15	
室内外压差(ΔP, Pa)	0	
地基裂隙比(η)	0.01	
地基裂隙中空气体积比(θ_{acarck})	0.26	
地基裂隙中水体积比(θ_{wcarck})	0.12	
空气混合区高度(δ_{air}, m)	2	
混合区大气流速(U_{air}, m/s)	2	

表 8-4　土壤参数

参数名称	取值	参数来源
包气带空气体积比(θ_{as})	0.03	场地特征值
包气带水体积比(θ_{ws})	0.42	场地特征值
土壤容重(ρ_b, g/cm³)	1.45	场地特征值
有机碳含量(f_{oc})	0.011	场地特征值

表 8-5　地下水参数

参数名称	取值	参数来源
地下水位埋深(L_{gw}, m)	3	场地特征值
平行于地下水流向的污染源宽度(W, m)	45	HJ 25.3—2014
含水层容重(ρ, g/cm³)	1.47	场地特征值
含水层孔隙度(n)	0.47	场地特征值
水力梯度(i)	0.0012	场地特征值
水力传导系数(K, m/d)	0.26	场地特征值
含水层有机碳含量(f_{oc})	0.0049	场地特征值

注：含水层容重 ρ 和有机碳含量 f_{oc} 的取值由场区内 16 口监测井粉土层取样的平均值统计得出；含水层孔隙度 n 为经验值；水力梯度 i 是根据场区地下水流场图水位测算取的平均值，水力传导系数 K 取自场地抽水试验获得的平均值。

8.5　评　估　结　果

8.5.1　地下水污染健康风险

　　居住用地情景中，地下水中有 4 种污染物超过可接受风险 $1×10^{-6}$ 或可接受危害商 1。超标污染物浓度和相应的致癌风险或非致癌危害商如图 8-5(a) 和图 8-5(c) 所示，从图中可见：苯在 GW1 点超标，致癌风险为 $3.55×10^{-6}$，非致癌危害商为 1.02。氯仿在 GW1、GW6、GW13、GW15 点超标，致癌风险范围为 $2.46×10^{-6}$～$2.31×10^{-3}$。四氯化碳在 GW6 点超标，致癌风险为 $4.40×10^{-5}$，非致癌危害商为 1.40。一氯苯在 GW1、GW2、GW4、GW6 点超标，非致癌危害商为 1.02～6.39。

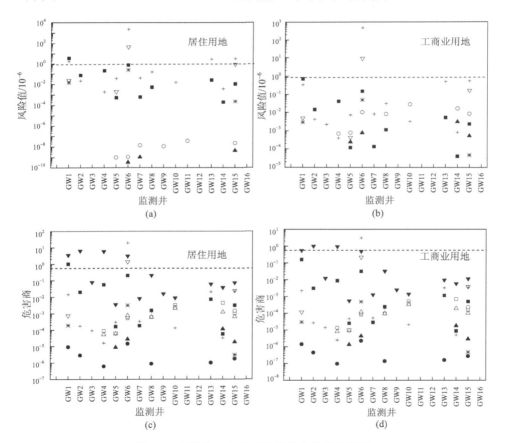

图 8-5　污染物的总致癌风险和非致癌危害商

■ 苯；● 甲苯；▲ 乙苯；▼ 一氯苯；□ 1,2-二氯苯；○ 1,3-二氯苯；△ 1,4-二氯苯；▽ 四氯化碳；+ 氯仿；* 二氯甲烷；
虚线以上的点代表不可接受的风险或危害

工商业用地情景中，地下水中有两种污染物超过可接受风险 $1×10^{-6}$ 或可接受危害商 1。超标污染物浓度和相应的致癌风险或非致癌危害商如图 8-5(b)和图 8-5(d)所示，从图中可见：氯仿在 GW6 点超标，致癌风险为 $4.71×10^{-4}$，非致癌危害商为 3.04。四氯化碳在 GW6 点超标，致癌风险为 $8.98×10^{-6}$。

综上所述，甲苯、乙苯、1,2-二氯苯、1,3-二氯苯、1,4-二氯苯和二氯甲烷的健康风险在可接受范围内，而苯、一氯苯、氯仿和四氯化碳可能引起不可接受的致癌风险或非致癌危害效应，需要推导修复目标。

8.5.2 基于健康的地下水修复目标

苯、一氯苯、氯仿和四氯化碳的修复目标值和超标点位见表 8-6。在居住用地和工商业用地类型下，吸入室内蒸气途径下各污染物的修复目标值几乎和综合修复目标值相等，说明吸入地下水挥发至室内蒸气暴露途径为最关键的暴露途径。由于考虑了更敏感的儿童受体，居住用地类型下推导的修复目标值比工商业用地情景下的值更加严格。鉴于关注污染物的毒性大小，致癌污染物的修复目标值显然比非致癌污染物的修复目标值制定得更加严格，而非致癌污染物的修复目标值相对宽松。

表 8-6 关注污染物的修复目标值 （单位：mg/L）

用地类型	污染物	基于吸入室内蒸气的修复目标 SSAC$_{iv}$	基于吸入室外蒸气的修复目标 SSAC$_{ov}$	综合修复目标 SSAC$_{int}$	超标点位
居住用地	苯 [a]	2.92	>1770	2.92	GW1
	一氯苯 [b]	20.41	>502	20.40	GW1、GW2、GW4、GW6
	四氯化碳 [a]	0.59	>805	0.59	GW6
	氯仿 [a]	0.29	404.96	0.29	GW1、GW6、GW13、GW15
工商业用地	四氯化碳 [a]	2.90	>805	2.90	GW6
	氯仿 [a]	1.43	795.69	1.42	GW6

注：下标 iv 和 ov 分别代表室内蒸气和室外蒸气途径。
a 致癌化学物质；b 非致癌化学物质。

居住用地情景中，监测井 GW6 中氯仿(670.00 mg/L)和四氯化碳(26.00 mg/L)超过修复目标值 2309.29 倍和 44.05 倍。监测井 GW1、GW2、GW4 和 GW6 中一氯苯超过修复目标值 3.13～6.39 倍。监测井 GW1 中苯(10.37 mg/L)也超过修复目标值(2.92 mg/L)。工商业用地情景中，GW6 中氯仿和四氯化碳的浓度超过其修复目标值 470.63 倍和 8.98 倍。因此地下水通过吸入蒸气途径可能引起健康风险的污染物，居住用地情景主要有苯、一氯苯、四氯化碳和氯仿；工商业用地情景中，仅四氯化碳和氯仿在 GW6 点分别超过修复目标值 470.63 倍和 8.98 倍。利用 ArcMap 空间插值法估算地下水污染物最大超标范围如图 8-6 所示。

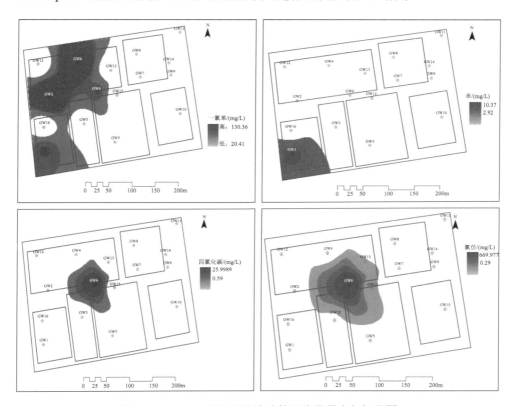

图 8-6　ArcMap 空间插值法估算污染物最大超标范围

一氯苯最大超标范围为 20.41 mg/L；苯为 2.92 mg/L；四氯化碳为 0.59 mg/L；氯仿为 0.29 mg/L

8.5.3　地下水污染迁移环境风险

模型预测结果如图 8-7～图 8-9 所示，Ogata Banks、稳态 Domenico 和非稳态 Domenico 三种解析模型预测污染物浓度的变化趋势近乎相同，因为污染物浓度在短距离内迅速下降，导致随后迁移中污染物浓度变化不明显。三种模型迁移模拟分析结果表明，污染物浓度沿水流方向在 30 m 内会显著下降，30 m 之后的迁移过程中浓度衰减变化较为缓慢。各模型的预测结果判断多数污染物在迁移 6～20 m 后浓度低于检出限，氯仿则迁移至 75 m 后浓度低于检出限，污染物在合规点处的浓度均远低于检出限，因此场地内地下水污染物对场地边界处地下水的环境风险均为可接受，无须开展基于保护场地边界地下水的修复工作。

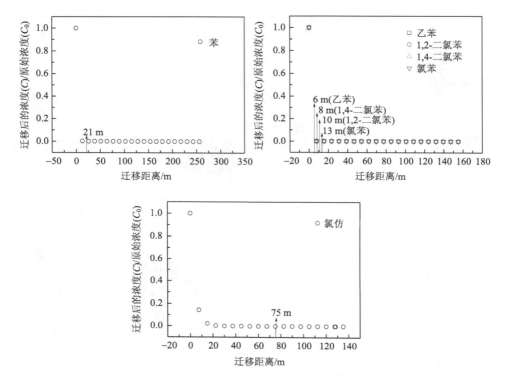

图 8-7　Ogata Banks 模型预测污染物迁移趋势

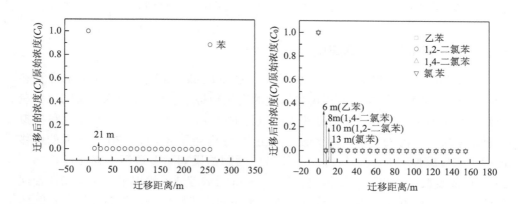

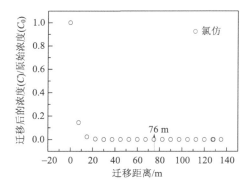

图 8-8　稳态 Domenico 模型预测污染物迁移趋势

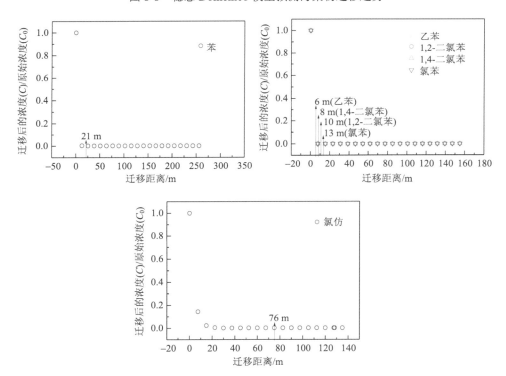

图 8-9　非稳态 Domenico 模型预测污染物迁移趋势

8.5.4　评估结论

通过 HERA 模型的评估发现,在居住用地情景下,地下水中苯、一氯苯、四氯化碳和氯仿产生的致癌风险为 $2.46\times10^{-6}\sim2.31\times10^{-3}$,氯仿产生最高不可接受危害指数为 19.62;工商业用地情景中,四氯化碳和氯仿产生的不可接受

致癌风险分别为 4.71×10^{-4} 和 8.98×10^{-6}。该场地地下水中 VOCs 在居住用地和工商业用地情景中均存在污染物浓度超过其相应修复目标值的现象，说明这些污染物可能对人体健康产生不可接受的风险，需要进一步采取相应的修复措施。地下水污染迁移模型预测表明，场地内地下水污染物对场地边界处地下水环境风险可控。

第9章 结 语

1. 回顾与总结

本书为污染场地风险管控与修复系列专著之卷三，在卷一《污染场地土壤与地下水风险评估方法学》的基础上，系统阐述了中、英、美三国在筛选值推导方法上的差异，并结合我国污染场地暴露特征参数和国际通用风险评估方法，建立了不同用地类型下的土壤筛选值体系；深入探讨了修复目标值体系构建应考虑的一些特殊模型，为多层次、精细化风险评估研究提供更科学有效的模拟方法；此外，本书详细介绍了数理统计在场地风险评估中的应用以及多层次土壤与地下水健康与环境风险评估方法与案例，以期为我国下一步形成污染场地风险管控系统解决方案提供重要理论支撑。

2. 问题与挑战

整体而言，我国在场地污染风险管控技术领域已经取得了重要进展和积极成效，基本建立了污染场地风险评估技术框架，形成了风险评估技术基本理论方法，但与欧美国家相比，我国在精细化风险评估模型运用与开发方面仍然存在着较大不足和发展空间。

目前，虽然我国已经颁布了《土壤环境质量 建设用地土壤污染风险管控标准（试行）》（GB 36600—2018），并规定了 85 种污染物的土壤筛选值和管制值，但有些污染物的管控标准并非根据我国《建设用地土壤污染风险评估技术导则》（HJ 25.3—2019）推荐模型推导得到，而是参考发达国家有关标准进行了调整。筛选值推导方法不统一，这可能导致在实际的场地风险评估中，评估者根据 HJ 25.3—2019 推导的污染物风险控制值低于 GB 36600—2018 推荐的筛选值，因此存在较多风险评估报告直接以筛选值作为场地修复目标值的状况，不利于污染场地的精细化风险评估和风险管控的精准施策，建议结合多层次风险评估模型，逐步充实和完善我国风险评估技术指南体系。

石油烃类污染物是石油冶炼、炼钢、焦化等工业场地的典型污染物。对于总石油烃污染的风险评估，GB 36600—2018 标准中没有推荐对其进行分类分段测试，并且目前仅以毒性较高的石油烃芳香类（C10～C16）作为代表污染物替代石油烃（C10～C40）的筛选值；而对于可挥发性石油烃（C6～C9），由于已经制定了苯、乙苯、二甲苯等苯系物的筛选值，因此没有单独制定石油烃（C6～C9）的筛选值。然而按照国际通用风险评估惯例，对总石油烃的风险评估应同时结合分段、分类石油馏分的评估标准与特定指示化合物的评估标准来综合考虑总石油烃的筛选值或修复目标值，而非依据单一手段给出评估结论，这可能导致过高或过低估计石油烃污染的潜在风险。

我国 GB 36600—2018 推荐的污染物多为化工类污染场地的典型污染物，但工矿场地中一些常见污染物尚未受到关注，例如，石棉、炸药、多环芳烃衍生物、多氯萘等，由于其形态结构多样、毒性差异性较强、相关理化毒性参数缺乏等问题，往往存在难以开展风险评估或风险评估结论可靠性不足等问题。此外，随着化学和材料科学的发展，我国对近年来工业场地中出现的新型污染物(如微塑料、全氟有机化合物、抗生素类药品、多溴联苯醚、甲基叔丁基醚等)的健康和环境风险存在大量研究空白，亟须开展相关的基础研究工作。

我国对场地地下水污染的关注度仍需提升，地下水污染由于存在隐蔽性和滞后性，往往不能得到及时的重视，但地下水的流动性可能导致污染影响的范围、持续时间和危害远高于土壤。除了地下水污染的潜在健康风险，更应该关注地下水迁移对场地周边水环境的影响。利用数值模型模拟地下水溶质迁移规律，将更有利于开展精细化的深层次地下水风险评估研究。国际上普遍应用的地下水流动与污染物溶质迁移模型包括 MODFLOW、RT3D、MT3DMS 等，在我国风险评估工作开展中应加强对精细化数值模型的应用。

近年来，随着科技发展与进步，研究者已经逐渐认识到利用污染总量进行场地风险评估会过于保守，影响风险评估的科学性和合理性。近年来利用实验室分析与野外监测等多种手段辅助模型预测的风险评估技术手段正逐步受到重视。例如，基于土壤污染物的生物有效性评价污染物的经口暴露风险，利用土壤气的监测数据模拟挥发性有机污染物的蒸气入侵风险，以及长期监测地下水污染物的自然衰减趋势印证地下水溶质迁移模拟结果等技术，已经被证明能够提高风险评估结论的准确性，但目前较多研究仍处于实验室基础研究阶段，尚需要开展大量深入和系统的理论和实践研究，形成可复制、可推广的精细化风险评估技术。

我国虽然已经颁布了场地风险评估技术指南，但并未开发配套的模型工具，不利于我国污染场地风险管控工作的贯彻实施。此外，场地风险评估工作作为场地管理决策的核心环节，应贯穿于场地环境调查监测、风险评估和管控修复整个过程，然而目前往往存在三个环节相对独立或脱节的情况，不能实现资源整合、信息同步、策略协调的目标，建议研发基于风险的多介质污染迁移与暴露耦合评价体系，借助物联网、大数据等信息化技术手段构建基于地理信息系统的多维度、多介质、可视化污染风险管控大数据智慧平台，开发集污染物跨介质迁移模拟、暴露评估及风险管控于一体的综合环境管理决策系统，为污染场地安全开发利用和绿色可持续修复与管控，以及实现数字化、网格化、智慧化城市环境管理提供关键科技支撑。

参 考 文 献

陈梦舫, 骆永明, 宋静, 等. 2011a. 污染场地土壤通用评估基准建立的理论和常用模型. 环境监测管理与技术, 23(3): 19-25.

陈梦舫, 骆永明, 宋静, 等. 2011b. 中、英、美污染场地风险评估导则异同与启示. 环境监测管理与技术, 23(3): 14-18.

陈希孺, 倪国熙. 2009. 数理统计学教程. 合肥: 中国科学技术大学出版社.

董敏刚, 张建荣, 罗飞, 等. 2015. 我国南方某典型有机化工污染场地土壤与地下水健康风险评估. 土壤, 47(1): 100-106.

韩璐. 2016. 生物碳及其复合材料去除氯代有机污染物及风险评估研究. 北京: 中国科学院大学.

贾俊平, 何晓群, 金勇进. 2018. 统计学. 7版. 北京: 中国人民大学出版社.

李春平, 吴骏, 罗飞, 等. 2013. 某有机化工污染场地土壤与地下水风险评估. 土壤, 45(5): 933-939.

刘朋超, 武文培, 冉睿予, 等. 2021. 基于保护水环境的场地地下水风险评估模拟应用研究. 土壤, 54(1): 136-144.

生态环境部. 2019. 建设用地土壤污染风险评估技术导则. HJ 25.3—2019.

生态环境部, 国家市场监督管理总局. 2018. 土壤环境质量 建设用地土壤污染风险管控标准(试行). GB 36600—2018.

盛骤, 谢式千, 潘承毅. 2008. 概率论与数理统计. 4版. 北京: 高等教育出版社.

苏安琪, 韩璐, 晏井春, 等. 2018. 基于保护健康和水环境的氯代烃类污染场地地下水风险评估. 环境工程, 36(7): 138-143.

汪东华. 2010. 多元统计分析与SPSS应用. 上海: 华东理工大学出版社.

夏家淇. 1996. 土壤环境质量标准详解. 北京: 中国环境科学出版社.

张耀丹, 邱琳琳, 杜文超, 等. 2017. 土壤环境基准的研究现状及展望. 南京大学学报(自然科学), 53(2): 209-217.

赵娜娜, 黄启飞, 易爱华, 等. 2006. 我国污染场地的管理现状与环境对策. 环境科学与技术, 29: 39-40.

周启星, 滕涌, 展思辉, 等. 2014. 土壤环境基准/标准研究需要解决的基础性问题. 农业环境科学学报, 33: 1-14.

ASTM. 2000. Standard guide for risk based corrective action. E2081-00. West Conshohocken, American Society for Testing and Materials International, West Conshohocken, PA.

ATSDR. 1999. Toxicological profile for total petroleum hydrocarbons. US Department of Health and Human Services. Public Health Service Agency for Toxic Substances and Disease Registry.

Atlanta, Georgia. USA.

ATSDR. 2000. Toxicological profile for toluene. Atlanta: US Department of Health and Human Services, Agency for Toxic Substances and Disease Registry.

ATSDR. 2012a. Toxicological profile for cadmium. US Department of Health and Human Services. Public Health Service Agency for Toxic Substances and Disease Registry. Atlanta, Georgia. USA.

ATSDR. 2012b. Toxicological profile for chromium. US Department of Health and Human Services. Public Health Service Agency for Toxic Substances and Disease Registry. Atlanta, Georgia. USA.

BCMOE. 1995. Recommendations to B.C. Environment for development of remediation criteria for petroleum hydrocarbons in soil and groundwater. Volumes I and II. Victoria, BC.

Brewer R, Nagashima J, Kelley M, et al. 2013. Risk-based evaluation of total petroleum hydrocarbons in vapor intrusion studies. International Journal of Environmental Research and Public Health, 10(6):2441-2467.

CCME. 1997. Guidance document on the management of contaminated sites in Canada. Canadian Council of Ministers of the Environment, Winnipeg, Manitoba.

CERCLA. 1998. Comprehensive environmental response, compensation, and liability act of 1980. Environmental Policy Collection, 96(510):7-120.

Characterizing Risks Posed by Petroleum Contaminated Sites (Policy No. WSC-02-41-1). 2002. Massachusetts Department of Environmental Protection: Boston, MA, USA.

Chen M. 2010a. Analytical integration procedures for the derivation of risk based or generic assessment criteria for soil. Journal of Human and Ecological Risk Assessment, 16:1295-1317.

Chen M. 2010b. Alternative integration procedures in combining multiple exposure routes for the derivation of generic assessment criteria with the CLEA model. Journal of Land Contamination and Reclamation, 18(2): 135-150.

Chen W, Kan A T, Newell C J, et al. 2002. More realistic soil cleanup standards with dual-equilibrium desorption. Ground Water, 40(2): 153-164.

Chen W, Kan A T, Tomson M B. 2000. Irreversible adsorption of chlorinated benzenes to natural sediments: Implications for sediment quality criteria. Environmental Science and Technology 34: 385-392.

Chen W, Lakshmanan K, Kan A T, et al. 2004. A program for evaluating dual-equilibrium desorption effects on remediation. Ground Water, 42(4): 620-624.

CL:AIRE. 2014. SP1010-Development of Category 4 Screening Levels for Assessment of Land Affected by Contamination. Contaminated Land: Applications in Real Environments, London, UK.

CL:AIRE. 2020. Professional Guidance: Comparing Soil Contamination Data with a Critical Concentration. Contaminated Land: Applications in Real Environments, London, UK.

Cowherd C, Muleski G, Engelhart P. 1985. Rapid assessment of exposure to particulate emissions from surface contamination. EPA/600/8-85/002. Office of Health and Environmental Assessment, Washington, DC.

CRC-CARE. 2013. Global contamination initiative: A proposal for a new global initiative addressing one of the most serious threats to our planet and our future. Cooperative Research Centre for Contamination Assessment and Remediation of Environment (CRC-CARE), Australia.

DEFRA. 2007. The air quality strategy for England, Scotland, Wales and Northern Ireland (Volume 2). London: Department for Environment, Food and Rural Affairs.

DEFRA, EA. 2004. Model procedures for the management of land contamination. Contaminated Land Report 11. Department for Environment, Food and Rural Affairs and the Environment Agency of England and Wales, Bristol.

Deshommes E, Prévost M, Levallois P, et al. 2013. Application of lead monitoring results to predict 0–7 year old children's exposure at the tap. Water Research, 47 (7): 2409-2420.

DeVaull G E. 2007. Indoor vapor intrusion with oxygen-limited biodegradation for a subsurface gasoline source. Environmental Science and Technology, 41 (9): 3241-3248.

Dudewicz E D, Misra S N. 1988. Modern mathematical statistics. John Wiley and Sons, New York.

EA. 2006a. Remedial target methodology: Hydrogeological risk assessment for land contamination. The Environment Agency in England and Wales, Bristol, UK.

EA. 2006b. Remedial target worksheet v3.1: User manual hydrogeological risk assessment for land contamination. The Environment Agency in England and Wales, Bristol, UK.

EA. 2007. UK soil and herbage pollutant survey. Report No. 7: Environmental concentrations of heavy metals in UK soil and herbage. The Environment Agency in England and Wales, Bristol, UK.

EA. 2009a. Updated technical background to the CLEA model. Science Report SC050021/SR3. The Environment Agency in England and Wales, Bristol, UK.

EA. 2009b. Human health toxicological assessment of contaminants in soil. Science Report SC050021/SR2. The Environment Agency in England and Wales, Bristol, UK.

EA. 2009c. Using soil guideline values. Science Report SC050021/SGV. The Environment Agency in England and Wales, Bristol, UK.

EA. 2009d. Contaminants in soil: Updated collation of toxicological data and intake values for humans: Inorganic arsenic. Science Report SC050021/SR TOX1. The Environment Agency in England and Wales, Bristol, UK.

EA. 2009e. Contaminants in soil: Updated collation of toxicological data and intake values for humans: Cadmium. Science Report SC050021/SR TOX7. The Environment Agency in England and Wales, Bristol, UK.

EA. 2009f. Contaminants in soil: Updated collation of toxicological data and intake values for humans: Benzene. Science Report: SC050021. The Environment Agency in England and Wales, Bristol, UK.

ECB. 2007. European Union summary risk assessment report: Benzene. Final Approved Version.

Brussels: European Commission.

Efron B. 1981. Censored data and bootstrap. Journal of American Statistical Association, 76: 312-319.

Efron B. 1982. The jackknife, the bootstrap, and other resampling plans. ISBN-978-0-898711-79-0, Philadelphia: SIAM.

Efron B, Tibshirani R J. 1993. An introduction to the bootstrap. Chapman & Hall, New York.

EFSA. 2009. Scientific Opinion on Arsenic in Food. EFSA Panel on Contaminants in the Food Chain (CONTAM). EFSA Journal 2009; 7(10):1351.

EPA. 1984. Risk assessment and management: Framework for decision making. Office of Policy, Planning and Evaluation, the United States Environmental Protection Agency, Washington, DC.

EPA. 1986a. Guidelines for carcinogen risk assessment. Risk Assessment Forum, the United States Environmental Protection Agency, Washington, DC.

EPA. 1986b. Guidelines for mutagenicity risk assessment. Risk Assessment Forum, the United States Environmental Protection Agency, Washington, DC.

EPA. 1986c. Guidelines for the health risk assessment of chemical mixtures. Office of Research and Development, the United States Environmental Protection Agency, Washington, DC.

EPA. 1987. The risk assessment guidelines of 1986. Office of Health and Environmental Assessment, the United States Environmental Protection Agency, Washington, DC.

EPA. 1989a. Risk assessment guidance for superfund, Volume I: Human health evaluation manual. (Part A). Office of Emergency and Remedial Response, the United States Environmental Protection Agency, Washington, DC.

EPA. 1989b. Statistical analysis of groundwater monitoring data at RCRA facilities, interim final guidance. Office of Solid Waste, Waste Management Division, the United States Environmental Protection Agency, Amherst, MA.

EPA. 1991a. Role of the baseline risk assessment in superfund remedy selection decisions. OSWER Directive 9355.0-30. Office of Solid Waste and Emergency Response, the United States Environmental Protection Agency, Washington, DC.

EPA. 1991b. Risk assessment guidance for superfund, Volume I: Human Health Evaluation Manual (Part B, Development of Risk-based Preliminary Remediation Goals). EPA/540/R-92/003. Office of Emergency and Remedial Response, the United States Environmental Protection Agency, Washington, DC.

EPA. 1991c. Update on soil lead cleanup guidance. Office of Solid Waste and Emergency Response, the United States Environmental Protection Agency, Washington, DC.

EPA. 1992a. Framework for ecological risk assessment. Risk Assessment Forum, the United States Environmental Protection Agency, Washington, DC.

EPA. 1992b. Guidelines for exposure assessment. Risk Assessment Forum, the United States Environmental Protection Agency, Washington, DC.

EPA. 1992c. Supplemental guidance to RAGS: Calculating the concentration term. EPA 9285.7-081.

Office of Solid Waste and Emergency Response, the United States Environmental Protection Agency, Washington, DC.

EPA. 1993. Provisional guidance for quantitative risk assessment of polycyclic aromatic hydrocarbons. EPA/600/R-93/089. Office of Research and Development, Office of Health and Environmental Assessment, the United States Environmental Protection Agency, Washington, DC.

EPA. 1994a. Technical support document: Parameters and equations used in the integrated exposure uptake biokinetic model for lead in children. EPA /540/R-94/040. Office of Emergency and Remedial Response, the United States Environmental Protection Agency, Washington, DC.

EPA. 1994b. Guidance manual for the integrated exposure uptake biokinetic model for lead in children. EPA/540/R-93/081. Office of Emergency and Remedial Response, the United States Environmental Protection Agency, Washington, DC.

EPA. 1994c. Revised interim soil lead guidance for CERCLA sites and RCRA corrective action facilities. Office of Solid Waste and Emergency Response, the United States Environmental Protection Agency, Washington, DC.

EPA. 1996. Soil screening guidance: User's guide. EPA/540-R-96-018. Office of Emergency and Remedial Response, the United States Environmental Protection Agency, Washington, DC.

EPA. 1997a. Guidance on cumulative risk assessment. Part 1: Planning and scoping. Science Policy Council, the United States Environmental Protection Agency, Washington, DC.

EPA. 1998a. Guidelines for ecological risk assessment. Risk Assessment Forum, the United States Environmental Protection Agency, Washington, DC.

EPA. 1998b. Guidelines for neurotoxicity risk assessment. Risk Assessment Forum, the United States Environmental Protection Agency, Washington, DC.

EPA. 2000a. Risk characterization: Science policy council handbook. Science Policy Council, the United States Environmental Protection Agency, Washington, DC.

EPA. 2000b. Supplementary guidance for conducting health risk assessment of chemical mixtures. Risk Assessment Forum, the United States Environmental Protection Agency, Washington, DC.

EPA. 2000c. Multi-agency radiation survey and site investigation manual (MARSSIM). Revision 1. EPA/40/R/97/016. Technical Reports 20-28, Office of Scientific & Technical Information, the United States Environmental Protection Agency, Washington, DC.

EPA. 2001. Review of adult lead model evaluation of models for assessing human health risks associated with lead exposures at nonresidential areas of superfund and other hazardous waste sites. Office of Solid Waste and Emergency Response, the United States Environmental Protection Agency, Washington, DC.

EPA. 2002a. Lessons learned on planning and scoping for environmental risk assessments. Science Policy Council Steering Committee, the United States Environmental Protection Agency, Washington, DC.

EPA. 2002b. Supplemental guidance for developing soil screening levels for superfund sites. Office of Solid Waste and Emergency Response, the United States Environmental Protection Agency, Washington, DC.

EPA. 2003a. Framework for cumulative risk assessment. Risk Assessment Forum, the United States Environmental Protection Agency, Washington, DC.

EPA. 2003b. Recommendations of the technical review workgroup for lead for an approach to assessing risks associated with adult exposures to lead in soil. EPA-540-R-03-001. The United States Environmental Protection Agency, Washington, DC.

EPA. 2004. Part II. Human health risk assessment: inhalation. Vol. 1 of Air Toxics Risk Assessment Library, Chapter 5. Office of Air and Radiation, the United States Environmental Protection Agency, Research Triangle Park, NC.

EPA. 2005. Guidelines for carcinogen risk assessment. Risk Assessment Forum, the United States Environmental Protection Agency, Washington, DC.

EPA. 2010a. Requirements for submitting electronic pre-manufacture notices (PMNs). Office of Chemical Safety and Pollution Prevention, Office of Pollution, Prevention and Toxics, the United States Environmental Protection Agency, Washington, DC.

EPA. 2010b. DRAFT Toxicological review of hexavalent chromium. In support of summary information on the Integrated Risk Information System (IRIS).

EPA. 2011. Exposure factors handbook. EPA/600/R-09/052F. National Center for Environmental Assessment, the United States Environmental Protection Agency, Washington, DC.

EPA. 2012. Conceptual model scenarios for the vapor intrusion pathway. EPA 530-R-10-003. Office of Solid Waste and Emergency Response, the United States Environmental Protection Agency, Washington, DC.

EPA. 2014a. Framework for human health risk assessment to inform decision making. Office of the Science Advisor, Risk Assessment Forum, the United States Environmental Protection Agency, Washington, DC.

EPA. 2014b. Vapor intrusion screening level (VISL) calculator user's guide. Office of Solid Waste and Emergency Response and Office of Superfund Remediation and Technology Innovation, the United States Environmental Protection Agency, Washington, DC.

EPA. 2021a. Regional removal management levels (RMLs)-user's guide. The United States Environmental Protection Agency, Washington, DC.

EPA. 2021b. Regional screening levels (RSLs)-user's guide. The United States Environmental Protection Agency, Washington, DC.

EPAQS. 1994. Benzene. Department of the Environment, Expert Panel on Air Quality Standards. London: HMSO.

Geng C, Luo Q, Chen M, et al. 2010. Quantitative risk assessment of Trichloroethylene for a former chemical works in Shanghai, China. Journal of Human and Ecological Risk Assessment, 16(2): 429-423.

Gilbert R O, Simpson J S. 1992. Statistical methods for evaluating the attainment of cleanup standards. PNL-7409, Volume 3: Reference-based standards for soils and solid media, Pacific Northwest Laboratory, Richland, WA.

GSI. 2007a. Modelling and risk assessment software: RBCA tool kit for chemical releases-appendix C: Mixture-specific SSTLs for TPH. Version 2, developed by Groundwater Services, Inc., Texas.

GSI. 2007b. Modelling and risk assessment software: RBCA tool kit for chemical releases-appendix D: Source depletion algorithm. Version 2, developed by Groundwater Services, Inc., Texas.

GSI. 2007c. Modelling and risk assessment software: RBCA tool kit for chemical releases-appendix B: fade and transport modeling methods. Version 2, developed by Groundwater Services, Inc., Texas.

GSI. 2008. Modelling and risk assessment software: RBCA tool kit for chemical releases. 2008, Version 2.6, developed by Groundwater Services, Inc., Texas.

GSI. 2012. Biovapor-a 1-d vapor intrusion model with oxygen-limited aerobic biodegradation version 2.1, American Petroleum Institute.

Han L, Qian L, Yan J, et al. 2016. A comparison of risk modeling tools and a case study for human health risk assessment of volatile organic compounds in contaminated groundwater. Environmental Science and Pollution Research, 23 (2) : 1234-1245.

Hers I, Zapf-Gilje R, Johnson P C, et al. 2003. Evaluation of the Johnson and Ettinger model for prediction of indoor air quality. Ground Water Monitoring and Remediation, 23: 62-76.

HPA. 2008. HPA Compendium of Chemical Hazards: Dioxins (2,3,7,8-Tetrachlorodibenzo-p-dioxin). CHAPD HQ, HPA 2008, Version 1. Chilton: Health Protection Agency.

IARC. 2012. IARC monographs on the evaluation of carcinogenic risks to humans. Arsenic, metals, fibres, and dusts. Volume 100 C: A review of human carcinogens. International Agency for Research on Cancer.

IPCS. 2011. International programme on chemical safety. Draft concise international chemical assessment document. Chromium (VI). World Health Organisation, Geneva.

IRIS. 2011. Full List of IRIS Chemicals. http://cfpub.epa.gov/ncea/iris/index.cfm? fuseaction=iris. showSubstanceList[2014-06-13]. Integrated Risk Information System.

Johnson P C. 2002. Identification of critical parameters for the Johnson and Ettinger (1991) Vapor Intrusion Model. API Bulletin No. 17. American Petroleum Institute, Washington DC.

Jury W A, Farmer WJ, Spencer W F. 1984. Behavior assessment model for trace organics in soil: II. chemical classification and parameter sensitivity. Journal of Environment Quality, 13(4) : 567-572.

Kan A T, Fu G, Hunter M A, et al. 1998. Irreversible adsorption of neutral organic hydrocarbons-experimental observation and model predictions. Environmental Science and Technology, 32: 892-902.

Kaplan I R, Galperin Y, Lu S T, et al. 2007. Forensic environmental geochemistry: Differentiation of fuel types, their sources and release times. Organic Geochemistry, 27: 289-317.

Karickhoff S M, Brown D S, Scott T A. 1979. Sorption of hydrophobic pollutants on natural sediments. Water Resources, 13: 241-248.

Lerner D N, Kueper B H, Wealthall G P, et al. 2003. An illustrated handbook of DNAPL transport and fate in the subsurface. Research Report. Environment Agency, Bristol, UK.

Linz D G, Nakles D V. 1997. Environmentally acceptable endpoints in soil: Risk-based approach to contaminated site management based on availability of chemicals in soil. American Academy of Environmental Engineers.

Luo F, Song J, Chen M, et al. 2014. Risk assessment of manufacturing equipment surfaces contaminated with DDTs and dicofol. Science of the Total Environment, (468-469): 176-185.

Ma J, Rixey W G, Devaull G E, et al. 2012. Methane bioattenuation and implications for explosion risk reduction along the groundwater to soil surface pathway above a plume of dissolved ethanol. Environmental Science and Technology, 46(11): 6013-6019.

MADEP. 1994. Interim Final Petroleum Report: Development of Health-Based Alternative to the Total Petroleum Hydrocarbon (TPH) Parameter. Boston, MA.

MADEP. 2003. Characterizing risks posed by petroleum contaminated sites. Policy No. WSC-02-41-1. Massachusetts Department of Environmental Protection: Boston, MA, USA.

Naidu R, Wong M H, Nathanail P. 2015. Bioavailability: The underlying basis for risk-based land management. Environmental Science Pollution Research, 22: 8775-8778.

Nathanail C P. 2013. Engineering geology of sustainable risk based contaminated land management. Quarterly Journal of Engineering Geology and Hydrogeology, 46: 6-29.

Natrella M G. 1963. Experimental statistics. National Bureau of Standards, Hand Book No. 91, U.S. Government Printing Office, Washington, DC.

NRC. 1983. Risk assessment in the federal government: Managing the process. The National Academies Press, National Research Council, Washington, DC.

NRC. 2009. Science and decisions: Advancing risk assessment. Division on Earth and Life Studies, Board on Environmental Studies and Toxicology. Committee on Improving Risk Analysis Approaches Used by the U.S. EPA.

NSSE. 2006. Environmental Protection Act 1990: Part IIA Contaminated Land Statutory Guidance. Natural Scotland Scottish Executive. Edition 2.

OEHHA. 2013. OEHHA Toxicity Criteria Database. http://www.oehha.ca.gov/tcdb/index.asp [2014-07-13]. Office of Environmental Health Hazard Assessment.

Olonoff M. 2018. TPH risk evaluation at petroleum-contaminated sites. Interstate Technology and Regulatory Council.

Potter T L, Simmons K E. 1998. In Composition of Petroleum Mixtures. Volume 2. Total Petroleum Hydrocarbon Working Group Series. Association for Environmental Health and Sciences: Amherst, MA, USA.

PPRTV. 2009. Provisional peer-reviewed toxicity values for complex mixtures of aliphatic and aromatic hydrocarbons. Superfund Health Risk Technical Support Center National Center for Environmental Assessment Office of Research and Development, the United States

Environmental Protection Agency, Cincinnati, OH.

Remson I, Hornberger G M, Molz F J. 1970. Numerical methods in subsurface hydrology. Wiley-Interscience, New York, USA.

Risk Integrated System of Closure, Technical Resource Guidance Document. 2010. Indiana Department of Environmental Management: Indianapolis, IN, USA.

Ryan J A, Bell R M, Davidson J M, et al. 1988. Plant uptake of non-ionic organic chemicals from soils. Chemosphere, 17: 2299-2323.

Scheffe H, Tukey J W. 1944. A formula for sample sizes for population tolerance limits. The Annals of Mathematical Statistics, 15: 217-226.

Sexton K, Linder S H, Marko D, et al. 2007. Comparative assessment of air pollution-related health risks in Houston. Environmental Health Perspectives, 115 (10): 1388-1393.

SOE. 2001. State of the environment. Independent report to the Commonwealth Minister for the Environment and Heritage / Australian State of the Environment Committee.

Song Y, Wang Y, Mao W, et al. 2017. Dietary cadmium exposure assessment among the Chinese population. PLoS ONE, 12(5): e0177978.

TCEQ. 2010. Development of Human Health PCLs for Total Petroleum Hydrocarbon Mixtures. Texas Commission on Environmental Quality.

TPHCWG. 1997. Selection of representative TPH fractions based on fate and transport considerations. Total Petroleum Hydrocarbon Criteria Working Group Series Reports, Volume 3, Amherst, MA.

TPHCWG. 1999. Human health risk-based evaluation of petroleum contaminated sites Total Petroleum Hydrocarbon Criteria Working Group Series Reports, Volume 5, Amherst, MA.

TRRP. 2013. Toxicity and Physical and Chemical Parameters Summary Table That Used to Derive the Texas State Protective Concentration Levels (PCL), http://www.tceq.state.tx.us/remediation/trrp/trrppcls.html[2014-07-13]. Texas Risk Reduction Programme.

Van den Berg R. 1994. Human exposure to soil contamination: A qualitative and quantitative analysis towards proposals for human toxicological intervention values. RIVM Report 725201011. Bilthoven: National Institute of Public Health and the Environment.

Wei J, Chen M, Song J, et al. 2015. Assessment of human health risk for an area impacted by a large-scale metallurgical refinery complex in hunan, China. Human and Ecological Risk Assessment: An International Journal, 21(4): 863-881.

White P D, Van Leeuwen P, Davis B D, et al. 1998. The conceptual structure of the integrated exposure uptake biokinetic model for lead in children. Environmental Health Perspectives, 106(6): 1513-1530.

WHO/JECFA. 2011a. Safety evaluation of certain contaminants in food. WHO Food Additives Series: 63 Prepared by the Seventy-second meeting of the Joint FAO/WHO Expert Committee on Food Additives (JECFA). WHO Geneva. TRS 959-JECFA 72.

WHO/JECFA. 2011b. Evaluation of Certain contaminants in food. World Health Organization Technical Report Series, (959): 1-105.

WHO. 2003. Benzene in drinking-water: Background document for development of guidelines for drinking-water quality. WHO/SDE/WSH/03.04/24. World Health Organization, Geneva.

WHO. 2006. Guidelines for drinking-water quality: Incorporating 1st and 2nd addenda. 3rd edition. Vol. 1. Recommendations. World Health Organization, Geneva.

Xu M, Eckstein Y J. 1995. Use of weighted least-squares method in evaluation of the relationship between dispersivity and scale. Ground Water, 33 (6): 905-908.

Yang H, Flower R J, Thompson J R. 2012. Industry: Rural factories won't fix Chinese pollution. Nature, 490: 342-343.

附 录

附录 1　中英文缩写词对照

英文缩写	英文全称	中文全称
ADE	average daily exposure	日均暴露量
AF	attenuation factor	衰减因子
ALM	adult lead model	成人血铅模型
ARAR	applicable or relevant and appropriate requirements	适用或相关的适当标准
ASTM	American Society of Testing Materials	美国材料试验协会
AT	averaging time	平均作用时间
ATSDR	Agency for Toxic Substances and Disease Registry	有毒物质和疾病登记处
BKSF	biokinetic slope factor	生物动力学斜率系数
BMD	benchmark dose	基准剂量
BMDL	benchmark dose lower confidence level	置信下限值
BTEX	benzene, toluene, ethylbenzene, and xylene	苯系物
BW	body weight	体重
C4SL	category 4 screening level	第四类筛选值
CC	confidence coefficient	置信系数
CDCP	Centers for Disease Control and Prevention	美国疾病控制和预防中心
CDF	cumulative distribution function	累积分布函数
CERCLA	Comprehensive Environmental Response, Compensation, and Liability Act	《综合环境响应、赔偿和责任法》
CLEA	contaminated land exposure assessment	污染场地暴露评估模型
CLT	central limit theorem	中心极限定理
COC	contaminants of concern	关注污染物
C-RAG	Chinese Risk Assessment Guidelines	《建设用地土壤污染风险评估技术导则》（HJ 25.3—2019）
CSM	conceptual site model	场地概念模型
CV	coefficient of variation	离散系数
DAF	dilution attenuation factor	稀释衰减因子
DED	dual-equilibrium desorption	双元平衡解吸
DEFRA	Department for Environment, Food and Rural Affairs	英国环境、食品和农村事务部
DNAPL	dense non-aqueous phase liquid	重质非水相液体

续表

英文缩写	英文全称	中文全称
ED	exposure duration	暴露周期
EF	exposure frequency	暴露频率
ELCR	excess lifetime cancer risk	额外终身风险
EPA	Environmental Protection Agency	美国环境保护局
EPC	exposure point concentration	暴露点浓度
GAC	generic assessment criteria	通用评估标准
GSD	geometric standard deviation	几何标准差
HBLs	drinking water health-based levels	饮用水健康基础水平
HCH	hexachlorocyclohexane	六氯环己烷
HCV	health criteria value	健康基准值
HEAST	health effects assessment summary tables for superfund	美国环境保护局超级基金项目健康效应评估总结表
HERA	Health and Environmental Risk Assessment Software for Contaminated Sites	污染场地健康与环境风险评估软件
HHBP	human health benchmarks for pesticide	人体健康农药基准
HHMSSL	human health medium-specific screen level	中等健康风险的特定筛选值
HI	hazard index	危害指数
HQ	hazard quotient	危害商
IC	index chemical	指示化合物
ID	index dose	指示剂量
IEUBK	integrated exposure uptake biokinetic model	综合暴露吸收和生物动力学模型
IR	chemical intake	化学吸收率
IRIS	integrated risk information system	综合风险信息系统
IUR	inhalation unit risk	呼吸单位风险
IV	intervention value	干预值
LLTC	low level toxicological concern	低水平毒理参数
LNAPL	light non-aqueous phase liquid	轻质非水相液体
LOAEL	low observed adverse effect level	低可见损害作用剂量
MCLs	maximum contaminant levels	最大污染物水平
MCLGs	maximum contaminant level goals	污染物最大浓度目标值
MDI	median daily intake	日均摄入量
MRDLs	maximum residual disinfectant levels	最大残留消毒剂浓度
NAPL	nonaqueous phase liquid	非水相液体
NOAEL	no observed adverse effect level	无可见损害作用剂量
NPL	national priority list	国家优先名录场地
OEHHA	California Environmental Protection Agency Office of Environmental Health Hazard Assessment	加利福尼亚州环境保护局环境健康危害评估办公室
ORNL	Oak Ridge National Laboratory	橡树岭国家实验室
OSWER	Office of Solid Waste and Emergency Response	固体废物和应急响应办公室

续表

英文缩写	英文全称	中文全称
PAHs	polycyclic aromatic hydrocarbons	多环芳烃
PCBs	polychlorinated biphenyls	多氯联苯
PCDDs	polychlorinated dibenzo-para-dioxins	多氯二苯并对二噁英
PCDFs	polychlorinated dibenzofurans	多氯二苯并呋喃
PDF	probability density function	概率密度函数
PEF	particle emission factor	颗粒物扩散因子
POC	point of compliance	合规点
POE	points of exposure	暴露点
PPRTV	provisional peer reviewed toxicity value	临时性同行审议毒性数据
PRG	preliminary remediation goal	初步修复目标
RAGS	Risk Assessment Guidance for Superfund	超级基金风险评估导则
RAL	remedial action level	修复行动值
RBA	relative bioavailability factor	相对生物有效因子
RBC	risk-based concentration	风险基准浓度
RBCA	risk-based corrective action	基于风险的矫正行动
RBLM	risk-based land management	基于风险的场地管理
RCRA	Resource Conservation and Recovery Act	资源保护与回收法案
RfC	reference concentration	参考浓度
RfD	noncancer reference dose	非致癌参考剂量
RME	reasonable maximum exposure	合理最大暴露
RML	regional removal management level	区域清除管理值
RPF	relative potency factor	相对效能因子
RSL	regional screening level	区域筛选值
RV	respiratory volume	呼吸体积
SAF	soil allocation factor	土壤剂量分配比例
SARA	Superfund Amendment and Reauthorization Act	《超级基金修正与再授权法》
SAT	soil saturation limit	土壤饱和限值
SD	source depletion	源削减
SE	standard error	标准误
SF	slope factor	斜率因子
SGV	soil guideline value	土壤指导值
SSAC	site-specific assessment criteria	场地特定评估标准
SSL	soil screening level	土壤筛选值
TDI	tolerable daily intake	容许日均摄入量
TPHCWG	Total Petroleum Hydrocarbon Criteria Working Group	美国国家总石油烃标准工作组
UF	uncertainty factor	不确定因子

附录 2 关注污染物毒性参数数表

序号	污染物	经口摄入致癌斜率因子 SF_o/[mg/(kg·d)]$^{-1}$		呼吸吸入单位致癌风险 IUR/(mg/m³)$^{-1}$		经口摄入参考剂量 RfD_o/[mg/(kg·d)]		呼吸吸入参考浓度 RfC/(mg/m³)		参考剂量分配比例 RAF	消化道吸收因子 ABS_{gi}		皮肤吸收效率因子 ABS_d		EPA 毒性分级	
		数值	参考文献	数值	参考文献	数值	参考文献	数值	参考文献	数值	数值	参考文献	数值	参考文献	数值	参考文献
1	砷(无机)	1.5	EPA-I	4.3	EPA-I	0.0003	EPA-I	1.5×10^{-5}	R369	0.5	1	RSL	0.03	RSL	A	EPA-I
2	铬(Ⅵ)	—	—	12	EPA-I	0.003	EPA-I	0.0001	EPA-I	0.5	0.025	RSL	0.01	TX19	A	EPA-I
3	镉	0.031	R369	1.8	EPA-I	0.001	EPA-I	1.0×10^{-5}	R369	0.5	0.025	RSL	0.001	RSL	B1	EPA-I
4	汞(无机)	—	—	—	—	0.0003	EPA-I	0.0003	R369	0.5	0.07	RSL	0.01	TX19	D	EPA-I
5	镍	—	—	0.26	R369	0.02	EPA-I	9×10^{-5}	R369	0.5	0.04	RSL	0.01	TX19	A	EPA-I
6	四氯化碳	0.07	EPA-I	0.006	EPA-I	0.004	EPA-I	0.1	EPA-I	0.33	1	RSL	—	RSL	LC	EPA-I
7	氯仿	0.031	R369	0.023	EPA-I	0.01	EPA-I	0.098	R369	0.33	1	RSL	—	RSL	B2	EPA-I
8	氯甲烷	—	—	—	—	0.05	—	0.09	EPA-I	0.33	1	RSL	—	RSL	D	EPA-I
9	1,1-二氯乙烷	0.0057	R369	0.0016	R369	0.2	—	—	—	0.33	1	RSL	—	RSL	C	EPA-I
10	1,2-二氯乙烷	0.091	EPA-I	0.026	EPA-I	0.006	R369	0.007	R369	0.33	1	RSL	—	RSL	B2	EPA-I
11	1,1-二氯乙烯	—	—	—	—	0.05	EPA-I	0.2	EPA-I	0.33	1	RSL	—	RSL	C	EPA-I
12	顺式-1,2-二氯乙烯	—	—	—	—	0.002	EPA-I	—	—	0.33	1	RSL	—	RSL	D	EPA-I
13	反式-1,2-二氯乙烯	—	—	—	—	0.02	EPA-I	0.06	R369	0.33	1	RSL	—	RSL	D	—

续表

序号	污染物	经口摄入致癌斜率因子 $SF_o[mg/(kg·d)]^{-1}$		呼吸吸入单位致癌风险 $IUR/(mg/m^3)^{-1}$		经口摄入参考剂量 $RfD_o[mg/(kg·d)]$		呼吸吸入参考浓度 $RfC/(mg/m^3)$		参考剂量分配比例 RAF	消化道吸收因子 ABS_{gi}		皮肤吸收效率因子 ABS_d		EPA 毒性分级	
		数值	参考文献	数值	参考文献	数值	参考文献	数值	参考文献	数值	数值	参考文献	数值	参考文献	数值	参考文献
14	三氯甲烷	0.002	EPA-I	$1.0×10^{-5}$	EPA-I	0.006	EPA-I	0.6	EPA-I	0.33	1	RSL	—	RSL	B2	EPA-I
15	1,2-二氯丙烷	0.037	R369	0.037	R369	0.04	R369	0.004	EPA-I	0.33	1	RSL	—	RSL	B2	EPA-H
16	1,1,1,2-四氯乙烷	0.026	EPA-I	0.0074	EPA-I	0.03	EPA-I	—	—	0.33	1	RSL	—	RSL	C	EPA-I
17	1,1,2,2-四氯乙烷	0.2	EPA-I	0.058	R369	0.02	EPA-I	—	—	0.33	1	RSL	—	RSL	C	EPA-I
18	四氯乙烯	0.0021	EPA-I	0.00026	EPA-I	0.006	EPA-I	0.04	EPA-I	0.33	1	RSL	—	RSL	B2	EPA-N
19	1,1,1-三氯乙烷	—	—	—	—	2	EPA-I	5	EPA-I	0.33	1	RSL	—	RSL	D	EPA-I
20	1,1,2-三氯乙烷	0.057	EPA-I	0.016	EPA-I	0.004	EPA-I	0.0002	R369	0.33	1	RSL	—	RSL	C	EPA-I
21	三氯乙烯	0.046	EPA-I	0.0041	EPA-I	0.0005	EPA-I	0.002	EPA-I	0.33	1	RSL	—	RSL	B2	EPA-N
22	1,2,3-三氯丙烷	30	EPA-I	0.0044	EPA-I	0.004	EPA-I	0.0003	EPA-I	0.33	1	RSL	—	RSL	B2	EPA-H
23	氯乙烯	0.72	EPA-I	—	—	0.003	EPA-I	0.1	EPA-I	0.33	1	RSL	—	RSL	A	EPA-I
24	氯苯	—	—	—	—	0.02	EPA-I	0.05	R369	0.33	1	RSL	—	RSL	D	EPA-I
25	1,2-二氯苯	—	—	—	—	0.09	EPA-I	0.2	R369	0.33	1	RSL	—	RSL	D	EPA-I
26	1,4-二氯苯	0.0054	R369	0.011	R369	0.07	R369	0.8	EPA-I	0.33	1	RSL	—	RSL	C	H
27	2-氯苯酚	—	—	—	—	0.005	EPA-I	—	—	0.5	1	RSL	—	RSL	—	—
28	2,4-二氯苯酚	—	—	—	—	0.003	EPA-I	—	—	0.5	1	RSL	0.1	RSL	—	—
29	2,4,6-三氯苯酚	0.011	EPA-I	0.0031	EPA-I	0.001	R369	—	—	0.5	1	RSL	0.1	RSL	B2	EPA-I
30	五氯酚	0.4	EPA-I	0.0051	EPA-I	0.005	EPA-I	—	—	0.5	1	RSL	0.25	RSL	B2	EPA-I

续表

序号	污染物	经口摄入致癌斜率因子 SF$_o$/[mg/(kg·d)]$^{-1}$ 数值	参考文献	呼吸吸入单位致癌风险 IUR/(mg/m³)$^{-1}$ 数值	参考文献	经口摄入参考剂量 RfD$_o$/[mg/(kg·d)] 数值	参考文献	呼吸吸入参考浓度 RfC/(mg/m³) 数值	参考文献	参考剂量分配比例 RAF 数值	消化道吸收因子 ABS$_{gi}$ 数值	参考文献	皮肤吸收效率因子 ABS$_d$ 数值	参考文献	EPA毒性分级 数值	参考文献
31	苯	0.055	EPA-I	0.0078	EPA-I	0.004	EPA-I	0.03	EPA-I	0.33	1	RSL	—	RSL	A	EPA-I
32	乙苯	0.011	R369	0.0025	R369	0.1	EPA-I	1	EPA-I	0.33	1	RSL	—	RSL	D	EPA-I
33	苯乙烯	—	—	—	—	0.2	EPA-I	1	EPA-I	0.33	1	RSL	—	—	—	—
34	甲苯	—	—	—	—	0.08	EPA-I	5	EPA-I	0.33	1	RSL	—	RSL	D	EPA-I
35	间二甲苯	—	—	—	—	0.2	R369	0.1	R369	0.33	1	RSL	—	RSL	—	—
36	对二甲苯	—	—	—	—	0.2	R369	0.1	R369	0.33	1	RSL	—	RSL	—	—
37	邻二甲苯	—	—	—	—	0.2	R369	0.1	R369	0.33	1	RSL	—	RSL	—	—
38	总石油烃-Aliph>C5~C8	—	—	—	—	—	—	0.6	P	0.33	1	RSL	—	—	—	—
39	总石油烃-Aliph>C9~C18	—	—	—	—	0.01	P	0.1	P	0.33	1	RSL	—	—	—	—
40	总石油烃-Aliph>C19~C32	—	—	—	—	3	P	—	P	0.33	1	RSL	—	—	—	—
41	总石油烃-Arom>C6~C8	—	—	—	—	0.004	P	0.03	P	0.33	1	RSL	—	—	—	—
42	总石油烃-Arom>C9~C16	—	—	—	—	0.004	P	0.003	P	0.5	1	RSL	—	—	—	—
43	总石油烃-Arom>C17~C32	—	—	—	—	0.04	P	—	—	0.5	1	RSL	0.1	RSL	—	—
44	苯并[a]蒽	0.1	R369	0.06	R369	—	—	—	—	0.5	1	RSL	0.13	RSL	B2	EPA-I

续表

序号	污染物	经口摄入致癌斜率因子 SF_o/[mg/(kg·d)]⁻¹ 数值	参考文献	呼吸吸入单位致癌风险 IUR/(mg/m³)⁻¹ 数值	参考文献	经口摄入参考剂量 RfD_o/[mg/(kg·d)] 数值	参考文献	呼吸吸入参考浓度 RfC/(mg/m³) 数值	参考文献	参考剂量分配比例 RAF 数值	消化道吸收因子 ABS_g 数值	参考文献	皮肤吸收效率因子 ABS_d 数值	参考文献	EPA毒性分级 数值	参考文献
45	苯并[a]芘	1	EPA-I	0.6	R369	0.0003	—	—	—	0.5	1	RSL	0.13	RSL	B2	EPA-I
46	苯并[b]荧蒽	0.1	R369	0.06	R369	—	—	—	—	0.5	1	RSL	0.13	RSL	B2	EPA-I
47	苯并[k]荧蒽	0.01	R369	0.006	R369	—	—	—	—	0.5	1	RSL	0.13	RSL	B2	EPA-I
48	菌	0.001	RSL	0.006	RSL	—	—	—	—	0.5	1	RSL	0.13	RSL	B2	EPA-I
49	二苯并[a,h]蒽	1	RSL	0.6	R369	—	—	—	—	0.5	1	RSL	0.13	RSL	B2	EPA-I
50	茚并[1,2,3-cd]芘	0.1	R369	0.06	R369	—	—	—	—	0.5	1	RSL	0.13	RSL	B2	EPA-I
51	萘	—	—	0.034	R369	0.02	EPA-I	0.003	EPA-I	0.5	1	RSL	0.13	RSL	D	EPA-I
52	3,3′-二氯苯胺	0.45	EPA-I	0.34	R369	—	—	—	—	0.5	1	RSL	0.1	RSL	B2	EPA-I
53	多氯联苯77	13	R369	3.8	R369	7.00×10^{-6}	R369	0.0004	R369	0.5	1	RSL	0.14	RSL	—	—
54	多氯联苯81	39	R369	11	R369	2.30×10^{-6}	R369	0.00013	R369	0.5	1	RSL	0.14	RSL	—	—
55	多氯联苯105	3.9	R369	1.1	R369	2.30×10^{-5}	R369	0.0013	R369	0.5	1	RSL	0.14	RSL	—	—
56	多氯联苯114	3.9	R369	1.1	R369	2.30×10^{-5}	R369	0.0013	R369	0.5	1	RSL	0.14	RSL	—	—
57	多氯联苯118	3.9	R369	1.1	R369	2.30×10^{-5}	R369	0.0013	R369	0.5	1	RSL	0.14	RSL	—	—
58	多氯联苯123	3.9	R369	1.1	R369	2.30×10^{-5}	R369	0.0013	R369	0.5	1	RSL	0.14	RSL	—	—
59	多氯联苯126	13000	R369	3800	R369	7.00×10^{-9}	R369	4.00×10^{-7}	R369	0.5	1	RSL	0.14	RSL	—	—
60	多氯联苯156	3.9	R369	1.1	R369	2.30×10^{-5}	R369	0.0013	R369	0.5	1	RSL	0.14	RSL	—	—
61	多氯联苯157	3.9	R369	1.1	R369	2.30×10^{-5}	R369	0.0013	R369	0.5	1	RSL	0.14	RSL	—	—

续表

序号	污染物	经口摄入致癌斜率因子 SF$_o$/[mg/(kg·d)]⁻¹		呼吸吸入单位致癌风险 IUR/(mg/m³)⁻¹		经口摄入参考剂量 RfD$_o$/[mg/(kg·d)]		呼吸吸入参考浓度 RfC/(mg/m³)		参考剂量分配比例 RAF	消化道吸收因子 ABS$_{gi}$		皮肤吸收效率因子 ABS$_d$		EPA 毒性分级	
		数值	参考文献	数值	参考文献	数值	参考文献	数值	参考文献	数值	数值	参考文献	数值	参考文献	数值	参考文献
62	多氯联苯 167	3.9	R369	1.1	R369	2.30×10^{-5}	R369	0.0013	R369	0.5	1	RSL	0.14	RSL	—	—
63	多氯联苯 169	3900	R369	1100	R369	2.30×10^{-8}	R369	1.30×10^{-6}	R369	0.5	1	RSL	0.14	RSL	—	—
64	多氯联苯 189	3.9	R369	1.1	R369	2.30×10^{-5}	R369	0.0013	R369	0.5	1	RSL	0.14	RSL	—	—
65	多氯联苯(高风险)	2	EPA-I	0.57	EPA-I	—	—	—	—	0.5	1	RSL	0.14	RSL	—	—
66	多氯联苯(低风险)	0.4	EPA-I	0.1	EPA-I	—	—	—	—	0.5	1	RSL	0.14	RSL	—	—
67	多氯联苯(最低风险)	0.07	EPA-I	0.02	EPA-I	—	—	—	—	0.5	1	RSL	0.14	RSL	—	—
68	阿特拉津	0.23	R369	—	—	0.035	EPA-I	—	—	0.5	1	RSL	0.1	RSL	C	EPA-H
69	氯丹	0.35	EPA-I	0.1	EPA-I	0.0005	EPA-I	0.0007	EPA-I	0.5	1	RSL	0.04	RSL	B2	EPA-I
70	滴滴滴	0.24	EPA-I	0.069	R369	—	—	—	—	0.5	1	RSL	0.1	RSL	B2	EPA-I
71	滴滴伊	0.34	EPA-I	0.097	R369	—	—	—	—	0.5	1	RSL	0.1	RSL	B2	EPA-I
72	滴滴涕	0.34	EPA-I	0.097	EPA-I	0.0005	EPA-I	—	—	0.5	1	RSL	0.03	RSL	B2	EPA-I
73	敌敌畏	0.29	EPA-I	0.083	R369	0.0005	EPA-I	0.0005	EPA-I	0.5	1	RSL	0.1	RSL	B2	EPA-I
74	乐果	—	—	—	—	0.0022	O	—	—	0.5	1	RSL	0.1	RSL	—	—
75	硫丹	—	—	—	—	0.006	EPA-I	—	—	0.5	1	RSL	0.1	RSL	—	—
76	七氯	4.5	EPA-I	1.3	EPA-I	0.0005	EPA-I	—	—	0.5	1	RSL	0.1	RSL	B2	EPA-I

续表

序号	污染物	经口摄入致癌斜率因子 SFₒ[mg/(kg·d)]⁻¹		呼吸吸入单位致癌风险 IUR/(mg/m³)⁻¹		经口摄入参考剂量 RfDₒ/[mg/(kg·d)]		呼吸吸入参考浓度 RfC/(mg/m³)		参考剂量分配比例 RAF	消化道吸收因子 ABSg		皮肤吸收效率因子 ABSd		EPA 毒性分级	
		数值	参考文献	数值	参考文献	数值	参考文献	数值	参考文献	数值	数值	参考文献	数值	参考文献	数值	参考文献
77	α-六六六	6.3	EPA-I	1.8	EPA-I	0.008	R369	—	—	0.5	1	RSL	0.1	RSL	B2	EPA-I
78	β-六六六	1.8	EPA-I	0.53	EPA-I	—	—	—	—	0.5	1	RSL	0.1	RSL	C	EPA-I
79	γ-六六六(林丹)	1.1	R369	0.31	R369	0.0003	EPA-I	—	—	0.5	1	RSL	0.04	RSL	B2	EPA-H
80	六氯苯	1.6	EPA-I	0.46	EPA-I	0.0008	EPA-I	—	—	0.5	1	RSL	0.1	RSL	B2	EPA-I
81	灭蚁灵	18	R369	5.1	R369	0.0002	EPA-I	—	—	0.5	1	RSL	0.1	RSL	B2	EPA-H
82	邻苯二甲酸二(2-乙基己基)酯	0.014	EPA-I	0.0024	R369	0.02	EPA-I	—	—	0.5	1	RSL	0.1	RSL	A	EPA-I
83	邻苯二甲酸苄丁酯	0.0019	R369	—	—	0.2	EPA-I	—	—	0.5	1	RSL	0.1	RSL	C	EPA-I
84	邻苯二甲酸二正辛酯	—	—	—	—	0.01	R369	—	—	0.5	1	RSL	0.1	RSL	—	—
85	二噁英(2,3,7,8-TCDD)	130000	R369	38000	R369	7.0×10⁻¹⁰	EPA-I	4.0×10⁻⁸	R369	0.5	1	RSL	0.03	RSL	—	—
86	多溴联苯	30	R369	8.6	R369	7.0×10⁻⁶	R369	—	—	0.5	1	RSL	0.1	RSL	—	—
87	硝基苯	—	—	0.04	EPA-I	0.002	EPA-I	0.009	EPA-I	0.5	1	RSL	0.1	TX19	D	EPA-I
88	苯胺	0.0057	EPA-I	0.0016	EPA-I	0.007	R369	0.001	EPA-I	0.5	1	RSL	—	—	B2	EPA-I
89	2,4-二硝基甲苯	0.31	R369	0.089	R369	0.002	EPA-I	—	—	0.5	1	RSL	0.102	RSL	B2	EPA-I
90	2,4-二硝基苯酚	—	—	—	—	0.002	EPA-I	—	—	0.5	1	RSL	0.1	RSL	B2	EPA-I

注：EPA-H 指 USEPA Health Effects Assessment Summary Tables (HEAST)，July，1997；EPA-I 指 USEPA Integrated Risk Information System（IRIS）；R369 指美国环境保护局第 3、6、9 区分局"区域筛选值总表"污染物理化性质；RSL 指美国环境保护局区域办公室"区域筛选值总表"污染物毒性数据；P 指 provisional peer reviewed toxicity value，PPRTV，临时性同行审议毒性数据；O 指 EPA's office of pesticide programs human health benchmarks for pesticides，美国环境保护局农药项目-人群健康基准值。

附录3 关注污染物理化性质参数表

序号	污染物(中文)	分子量 MW/(g/mol)		蒸汽压 P_v/mmHg		亨利常数 H		空气中扩散系数 D_{air}/(m²/s)		水中扩散系数 D_{wat}/(m²/s)		土壤有机碳-水分配系数 K_{oc}/K_d(无机物)/(cm³/g)		辛醇-水分配系数 K_{ow}		半衰期(一阶衰减)HL	
		数值	参考文献	数值	参考文献	数值	参考文献	数值	参考文献	数值	参考文献	数值	参考文献	数值	参考文献	数值	参考文献
1	砷(无机)	74.92	TX19	—	TX19	—	TX19	—	TX19	—	TX19	29	SSL	4.78	TX19	—	—
2	铬(VI)	52.00	TX19	—	TX19	—	TX19	—	TX19	—	TX19	19	SSL	1.00	TX19	—	—
3	镉	112.41	TX19	—	TX19	—	TX19	—	TX19	—	TX19	75	SSL	0.85	TX19	—	—
4	汞(无机)	200.59	TX19	0.0013	TX19	0.352	TX19	$3.07×10^{-6}$	TX19	$6.30×10^{-10}$	TX19	52	TX19	0.34	TX19	—	—
5	镍	58.69	TX19	—	TX19	—	TX19	—	TX19	—	TX19	16	TX19	0.27	TX19	—	—
6	四氯化碳	153.82	TX19	112	TX19	1.13	EPI	$5.71×10^{-6}$	WATER9	$9.78×10^{-10}$	WATER9	43.9	EPI	276.76	TX19	360	H
7	氯仿	119.38	TX19	198	TX19	0.15	EPI	$7.69×10^{-6}$	WATER9	$1.09×10^{-9}$	WATER9	31.8	EPI	33.19	TX19	1800	H
8	氯甲烷	50.49	TX19	3765	TX19	0.361	EPI	$1.24×10^{-5}$	WATER9	$1.36×10^{-9}$	WATER9	13.2	EPI	12.20	TX19	56	H
9	1,1-二氯乙烷	98.96	TX19	228	TX19	0.23	EPI	$8.36×10^{-6}$	WATER9	$1.06×10^{-9}$	WATER9	31.8	EPI	57.29	TX19	360	H
10	1,2-二氯乙烷	98.96	TX19	81.3	TX19	0.0482	EPI	$8.57×10^{-6}$	WATER9	$1.10×10^{-9}$	WATER9	39.6	EPI	67.86	TX19	360	H
11	1,1-二氯乙烯	96.94	TX19	591	TX19	1.07	EPI	$8.63×10^{-6}$	WATER9	$1.10×10^{-9}$	WATER9	31.8	EPI	130.50	TX19	132	H
12	顺式-1,2-二氯乙烯	96.94	TX19	175	TX19	0.167	EPI	$8.84×10^{-6}$	WATER9	$1.13×10^{-9}$	WATER9	39.6	EPI	72.44	TX19	2875	H
13	反式-1,2-二氯乙烯	96.94	TX19	352	TX19	0.383	EPI	$8.76×10^{-6}$	WATER9	$1.12×10^{-9}$	WATER9	39.6	EPI	117.49	TX19	2875	H
14	二氯甲烷	84.93	TX19	455	TX19	0.133	EPI	$9.99×10^{-6}$	WATER9	$1.25×10^{-9}$	WATER9	21.7	EPI	21.90	TX19	56	H

续表

序号	污染物(中文)	分子量 MW/(g/mol)		蒸汽压 P_v/mmHg		亨利常数 H		空气中扩散系数 D_{air}/(m²/s)		水中扩散系数 D_{wat}/(m²/s)		土壤有机碳-水分配系数 K_{oc}/K_d(无机物)/(cm³/g)		辛醇-水分配系数 K_{ow}		半衰期(一阶衰减)HL	
		数值	参考文献	数值	参考文献	数值	参考文献	数值	参考文献	数值	参考文献	数值	参考文献	数值	参考文献	数值	参考文献
15	1,2-二氯丙烷	112.99	TX19	50	TX19	0.115	EPI	7.33×10^{-6}	WATER9	9.73×10^{-10}	WATER9	60.7	EPI	177.50	TX19	2578	H
16	1,1,1,2-四氯乙烷	167.85	TX19	12.16	TX19	0.102	EPI	4.82×10^{-6}	WATER9	9.10×10^{-10}	WATER9	86	EPI	857.43	TX19	67	H
17	1,1,2,2-四氯乙烷	167.85	TX19	5.17	TX19	0.015	EPI	4.89×10^{-6}	WATER9	9.29×10^{-10}	WATER9	94.9	EPI	155.81	TX19	45	H
18	四氯乙烯	165.83	TX19	18.4	TX19	0.724	EPI	5.05×10^{-6}	WATER9	9.46×10^{-10}	WATER9	94.9	EPI	923.42	TX19	720	H
19	1,1,1-三氯乙烷	133.40	TX19	124	TX19	0.703	EPI	6.48×10^{-6}	WATER9	9.60×10^{-10}	WATER9	43.9	EPI	477.75	TX19	546	H
20	1,1,2-三氯乙烷	133.40	TX19	25.2	TX19	0.0337	EPI	6.69×10^{-6}	WATER9	1.00×10^{-9}	WATER9	60.7	EPI	102.83	TX19	730	H
21	三氯乙烯	131.39	TX19	72	TX19	0.403	EPI	6.87×10^{-6}	WATER9	1.02×10^{-9}	WATER9	60.7	EPI	297.24	TX19	1653	H
22	1,2,3-三氯丙烷	147.43	TX19	3.7	TX19	0.014	EPI	5.75×10^{-6}	WATER9	9.24×10^{-10}	WATER9	116	EPI	318.57	TX19	720	H
23	氯乙烯	62.50	TX19	2800	TX19	1.14	EPI	1.07×10^{-5}	WATER9	1.20×10^{-9}	WATER9	21.7	EPI	42.00	TX19	2875	H
24	氯苯	112.56	TX19	12.1	TX19	0.127	EPI	7.21×10^{-6}	WATER9	9.48×10^{-10}	WATER9	234	EPI	434.01	TX19	300	H
25	1,2-二氯苯	147.00	EPI	1.36	TX19	0.0785	EPI	5.62×10^{-6}	WATER9	8.92×10^{-10}	WATER9	382.9	EPI	1914.26	TX19	360	H
26	1,4-二氯苯	147.00	TX19	1.06	TX19	0.0985	EPI	5.50×10^{-6}	WATER9	8.68×10^{-10}	WATER9	375	EPI	1914.26	TX19	360	H
27	2-氯苯酚	128.56	TX19	1.42	TX19	0.000458	EPI	6.61×10^{-6}	WATER9	9.48×10^{-10}	WATER9	388	EPI	143.65	TX19	—	—

续表

序号	污染物(中文)	分子量 MW/(g/mol)		蒸汽压 P_v/mmHg		亨利常数 H		空气中扩散系数 D_{air}/(m²/s)		水中扩散系数 D_{wat}/(m²/s)		土壤有机碳-水分配系数 K_{oc}/K_d(无机物)/(cm³/g)		辛醇-水分配系数 K_{ow}		半衰期(一阶衰减)HL	
		数值	参考文献	数值	参考文献	数值	参考文献	数值	参考文献	数值	参考文献	数值	参考文献	数值	参考文献	数值	参考文献
28	2,4-二氯苯酚	163.00	TX19	0.0715	TX19	1.75×10^{-4}	EPI	4.86×10^{-6}	WATER9	8.68×10^{-10}	WATER9	147	SSL	633.58	TX19	43	H
29	2,4,6-三氯苯酚	197.45	TX19	0.0118	TX19	0.0001	EPI	3.14×10^{-6}	WATER9	8.09×10^{-10}	WATER9	381	SSL	2794.47	TX19	1832	H
30	五氯酚	266.34	TX19	1.7×10^{-5}	TX19	1×10^{-6}	EPI	2.95×10^{-6}	WATER9	8.01×10^{-10}	WATER9	592	SSL	5.44×10^{4}	TX19	1520	H
31	苯	78.11	TX19	95	TX19	0.227	EPI	8.95×10^{-6}	WATER9	1.03×10^{-9}	WATER9	146	EPI	98.40	TX19	720	H
32	乙苯	106.17	TX19	9.6	TX19	0.322	EPI	6.85×10^{-6}	WATER9	8.46×10^{-10}	WATER9	446	EPI	1074.98	TX19	228	H
33	苯乙烯	104.15	TX19	6.24	TX19	0.112	EPI	7.11×10^{-6}	WATER9	8.78×10^{-10}	WATER9	446	EPI	785.24	TX19	210	H
34	甲苯	92.14	TX19	28.2	TX19	0.271	EPI	7.78×10^{-6}	WATER9	9.20×10^{-10}	WATER9	234	EPI	346.98	TX19	28	H
35	间二甲苯	106.17	TX19	8	TX19	0.294	EPI	6.84×10^{-6}	WATER9	8.44×10^{-10}	WATER9	375	EPI	1584.89	TX19	360	H
36	对二甲苯	106.17	TX19	8.76	TX19	0.282	EPI	6.82×10^{-6}	WATER9	8.42×10^{-10}	WATER9	375	EPI	1479.11	TX19	360	H
37	邻二甲苯	106.17	TX19	6.75	TX19	0.212	R369	6.89×10^{-6}	WATER9	8.53×10^{-10}	WATER9	383	EPI	1348.96	TX19	360	H
38	总石油烃-Aliph>C5~C8	86.18	R369	151.3	R369	73.59	EPI	7.31×10^{-6}	WATER9	8.17×10^{-10}	WATER9	131.5	EPI	7943.28	R369	—	—
39	总石油烃-Aliph>C9~C18	128.26	R369	4.45	R370	139.00	EPI	5.14×10^{-6}	WATER9	6.77×10^{-10}	WATER9	796	EPI	4.47×10^{5}	R369	—	—
40	总石油烃-Aliph>C19~C32	170.34	EPI	0.135	EPI	334.42	EPI	3.62×10^{-6}	WATER9	6.43×10^{-10}	WATER9	4818	EPI	1.26×10^{6}	EPI	—	—
41	总石油烃-Arom>C6~C8	78.12	R369	94.8	R369	0.2269	R369	8.95×10^{-6}	WATER9	1.03×10^{-9}	WATER9	145.8	EPI	134.90	R369	—	—

序号	污染物(中文)	分子量 MW/(g/mol)		蒸汽压 P_v/mmHg		亨利常数 H		空气中扩散系数 D_{air}/(m²/s)		水中扩散系数 D_{wat}/(m²/s)		土壤有机碳-水分配系数 K_{oc}/K_d(无机物)/(cm³/g)		辛醇-水分配系数 K_{ow}		半衰期(一阶衰减)HL	
		数值	参考文献	数值	参考文献	数值	参考文献	数值	参考文献	数值	参考文献	数值	参考文献	数值	参考文献	数值	参考文献
42	总石油烃 Arom>C9~C16	135.19	R369	0.07	R373	0.01958	R369	5.64×10^{-6}	WATER9	8.07×10^{-10}	WATER9	2011	EPI	3801.89	R369	—	—
43	总石油烃 Arom>C17~C32	202.26	R369	9.22×10^{-6}	R371	0.00036	R369	2.76×10^{-6}	WATER9	7.18×10^{-10}	WATER9	55450	EPI	1.45×10^5	R369	—	—
44	苯并[a]蒽	228.29	TX19	1.54×10^{-7}	TX19	0.000491	EPI	2.61×10^{-6}	WATER9	6.75×10^{-10}	WATER9	177000	EPI	3.32×10^5	TX19	1360	H
45	苯并[a]芘	252.32	TX19	4.89×10^{-9}	TX19	1.87×10^{-5}	EPI	4.76×10^{-6}	WATER9	5.56×10^{-10}	WATER9	587000	EPI	1.29×10^6	TX19	1060	H
46	苯并[b]荧蒽	252.32	TX19	8.06×10^{-8}	TX19	2.69×10^{-5}	EPI	4.76×10^{-6}	WATER9	5.56×10^{-10}	WATER9	599000	EPI	1.29×10^6	TX19	1220	H
47	苯并[k]荧蒽	252.32	TX19	9.59×10^{-11}	TX19	2.39×10^{-5}	EPI	4.76×10^{-6}	WATER9	5.56×10^{-10}	WATER9	587000	EPI	1.29×10^6	TX19	4280	H
48	蒀	228.30	PHYS PROP	6.23×10^{-9}	PHYS PROP	0.000213818	PHYSPROP	2.61×10^{-6}	WATER9	6.75×10^{-10}	WATER9	180500	EPI	6.46×10^5	PHYS PROP	2000	H
49	二苯并[a,h]蒽	278.36	PHYS PROP	9.55×10^{-10}	TX19	5.76×10^{-6}	EPI	4.46×10^{-6}	WATER9	5.21×10^{-10}	WATER9	1912000	EPI	5.62×10^6	PHYS PROP	1880	H
50	茚并[1,2,3-cd]芘	276.34	TX19	1.40×10^{-10}	TX19	1.42×10^{-5}	R369	4.48×10^{-6}	WATER9	5.23×10^{-10}	WATER9	1950000	R369	4.98×10^6	TX19	1460	H
51	萘	128.17	TX19	0.0889	TX19	0.018	EPI	6.05×10^{-6}	WATER9	8.38×10^{-10}	WATER9	1540	EPI	1475.71	TX19	258	H
52	3,3'-二氯联苯胺	253.13	TX19	2.20×10^{-7}	TX19	1.16×10^{-9}	PHYSPROP	4.75×10^{-6}	WATER9	5.55×10^{-10}	WATER9	3190	EPI	1629.30	TX19	360	H
53	多氯联苯77	291.99	EPI	7.60×10^{-5}	EPI	0.000384	EPI	4.94×10^{-6}	WATER9	5.04×10^{-10}	WATER9	78100	EPI	2.00×10^6	TX19	—	—
54	多氯联苯81	291.99	EPI	7.60×10^{-5}	EPI	0.00912	EPI	4.94×10^{-6}	WATER9	6.27×10^{-10}	WATER9	78100	EPI	2.00×10^6	TX19	—	—

续表

序号	污染物(中文)	分子量 MW/(g/mol)		蒸汽压 P_v/mmHg		亨利常数 H		空气中扩散系数 D_{air}/(m²/s)		水中扩散系数 D_{wat}/(m²/s)		土壤有机碳-水分配系数 K_{oc}/K_d(无机物)/(cm³/g)		辛醇-水分配系数 K_{ow}		半衰期(一阶衰减)HL	
		数值	参考文献	数值	参考文献	数值	参考文献	数值	参考文献	数值	参考文献	数值	参考文献	数值	参考文献	数值	参考文献
55	多氯联苯105	326.44	EPI	$7.60×10^{-5}$	TX19	0.0116	EPI	$4.67×10^{-6}$	WATER9	$6.06×10^{-10}$	WATER9	131000	EPI	$2.00×10^{6}$	TX19	—	—
56	多氯联苯114	326.44	EPI	$7.60×10^{-5}$	TX19	0.0037776	PHYSPROP	$4.67×10^{-6}$	WATER9	$6.06×10^{-10}$	WATER9	131000	EPI	$2.00×10^{6}$	TX19	—	—
57	多氯联苯118	326.44	PHYSPROP	$8.97×10^{-6}$	PHYSPROP	0.011774325	EPI	$4.67×10^{-6}$	WATER9	$6.06×10^{-10}$	WATER9	127900	EPI	$1.32×10^{7}$	PHYSPROP	—	—
58	多氯联苯123	326.44	EPI	$5.47×10^{-6}$	EPI	0.007767784	EPI	$4.67×10^{-6}$	WATER9	$6.06×10^{-10}$	WATER9	130500	EPI	$9.55×10^{6}$	EPI	—	—
59	多氯联苯126	326.44	EPI	$7.60×10^{-5}$	TX19	0.00777	TX19	$4.67×10^{-6}$	WATER9	$6.06×10^{-10}$	WATER9	128000	EPI	$2.00×10^{6}$	TX19	—	—
60	多氯联苯156	360.88	EPI	$7.60×10^{-5}$	TX19	0.00585	TX19	$4.44×10^{-6}$	WATER9	$5.86×10^{-10}$	WATER9	214000	EPI	$2.00×10^{6}$	TX19	—	—
61	多氯联苯157	360.88	EPI	$7.60×10^{-5}$	TX19	0.00662	EPI	$4.44×10^{-6}$	WATER9	$5.86×10^{-10}$	WATER9	214000	EPI	$2.00×10^{6}$	TX19	—	—
62	多氯联苯167	360.88	EPI	$7.60×10^{-5}$	TX19	0.0028005	PHYSPROP	$4.44×10^{-6}$	WATER9	$5.86×10^{-10}$	WATER9	209000	EPI	$2.00×10^{6}$	TX19	—	—
63	多氯联苯169	360.88	EPI	$7.60×10^{-5}$	TX19	0.00662	TX19	$4.44×10^{-6}$	WATER9	$5.86×10^{-10}$	WATER9	209000	EPI	$2.00×10^{6}$	TX19	—	—
64	多氯联苯189	395.33	EPI	$7.60×10^{-5}$	TX19	0.0020728	PHYSPROP	$4.24×10^{-6}$	WATER9	$5.69×10^{-10}$	WATER9	350000	EPI	$2.00×10^{6}$	TX19	—	—
65	多氯联苯(高风险)	290.00	TX19	$7.60×10^{-5}$	TX19	0.0169665	PHYSPROP	$2.43×10^{-6}$	WATER9	$6.27×10^{-10}$	WATER9	78100	EPI	$2.00×10^{6}$	TX19	—	—
66	多氯联苯(低风险)	290.00	TX19	$7.60×10^{-5}$	TX19	0.0169665	PHYSPROP	$2.43×10^{-6}$	WATER9	$6.27×10^{-10}$	WATER9	78100	EPI	$2.00×10^{6}$	TX19	—	—

续表

序号	污染物(中文)	分子量 MW/(g/mol)		蒸汽压 P_v/mmHg		亨利常数 H		空气中扩散系数 D_{air}/(m²/s)		水中扩散系数 D_{wat}/(m²/s)		土壤有机碳—水分配系数 K_{oc}/K_d(无机物)/(cm³/g)		辛醇—水分配系数 K_{ow}		半衰期(一阶衰减)HL	
		数值	参考文献	数值	参考文献	数值	参考文献	数值	参考文献	数值	参考文献	数值	参考文献	数值	参考文献	数值	参考文献
67	多氯联苯(最低风险)	290.00	TX19	$7.60×10^{-5}$	TX19	0.0169665	PHYSPROP	$2.43×10^{-6}$	WATER9	$6.27×10^{-10}$	WATER9	78100	EPI	$2.00×10^{6}$	TX19	—	—
68	阿特拉津	215.69	TX19	$3.00×10^{-7}$	TX19	$9.65×10^{-8}$	EPI	$2.65×10^{-6}$	WATER9	$6.84×10^{-10}$	WATER9	225	EPI	656.90	TX19	—	—
69	氯丹	409.78	TX19	$1.00×10^{-5}$	TX19	0.00199	EPI	$2.15×10^{-6}$	WATER9	$5.45×10^{-10}$	WATER9	67540	EPI	$3.40×10^{6}$	TX19	—	—
70	滴滴滴	320.05	TX19	$8.66×10^{-7}$	TX19	0.00027	EPI	$4.06×10^{-6}$	WATER9	$4.74×10^{-10}$	WATER9	118000	EPI	$7.47×10^{5}$	TX19	11250	H
71	滴滴伊	241.93	TX19	$5.66×10^{-6}$	TX19	0.0017	EPI	$2.30×10^{-6}$	WATER9	$5.86×10^{-10}$	WATER9	118000	EPI	$9.90×10^{5}$	TX19	11250	H
72	滴滴涕	354.49	TX19	$3.93×10^{-7}$	TX19	0.00034	EPI	$3.79×10^{-6}$	WATER9	$4.43×10^{-10}$	WATER9	169000	EPI	$6.23×10^{6}$	TX19	11250	H
73	敌敌畏	220.98	TX19	0.0527	TX19	$2.30×10^{-5}$	EPI	$2.79×10^{-6}$	WATER9	$7.33×10^{-10}$	WATER9	54	EPI	25.12	TX19	—	—
74	乐果	229.26	TX19	$5.09×10^{-6}$	TX19	$9.93×10^{-9}$	EPI	$2.61×10^{-6}$	WATER9	$6.74×10^{-10}$	WATER9	12.8	EPI	1.90	TX19	112	H
75	硫丹	406.93	TX19	$9.96×10^{-6}$	TX19	0.00266	EPI	$2.25×10^{-6}$	WATER9	$5.76×10^{-10}$	WATER9	6760	EPI	6899.22	TX19	9	H
76	七氯	373.32	TX19	0.000326	TX19	0.012	EPI	$2.23×10^{-6}$	WATER9	$5.70×10^{-10}$	WATER9	41300	EPI	$1.61×10^{6}$	TX19	5	H
77	α-六六六	290.83	TX19	$4.26×10^{-5}$	TX19	0.0002739	PHYSPROP	$4.33×10^{-6}$	WATER9	$5.06×10^{-10}$	WATER9	2810	EPI	18138.44	TX19	270	H
78	β-六六六	290.83	TX19	$4.9×10^{-7}$	TX19	$1.8×10^{-5}$	PHYSPROP	$2.77×10^{-6}$	WATER9	$7.40×10^{-10}$	WATER9	2810	EPI	18138.44	TX19	248	H
79	γ-六六六(林丹)	290.83	TX19	$3.72×10^{-5}$	TX19	0.00021	EPI	$4.33×10^{-6}$	WATER9	$5.06×10^{-10}$	WATER9	2810	EPI	18138.44	TX19	240	H
80	六氯苯	284.78	TX19	$1.23×10^{-5}$	TX19	0.0695	EPI	$2.90×10^{-6}$	WATER9	$7.85×10^{-10}$	WATER9	6200	EPI	$7.24×10^{5}$	TX19	4178	H
81	灭蚁灵	545.54	TX19	$7.5×10^{-7}$	TX19	0.0332	EPI	$2.19×10^{-6}$	WATER9	$5.63×10^{-10}$	WATER9	357000	EPI	$1.00×10^{11}$	TX19	—	—

续表

序号	污染物(中文)	分子量 MW/(g/mol)		蒸汽压 P_v/mmHg		亨利常数 H		空气中扩散系数 D_{air}/(m²/s)		水中扩散系数 D_{wat}/(m²/s)		土壤有机碳-水分配系数 K_{oc}/K_d(无机物)/(cm³/g)		辛醇-水分配系数 K_{ow}		半衰期(一阶衰减)HL	
		数值	参考文献	数值	参考文献	数值	参考文献	数值	参考文献	数值	参考文献	数值	参考文献	数值	参考文献	数值	参考文献
82	邻苯二甲酸二(2-乙基己基)酯	390.56	TX19	30	TX19	1.10×10^{-5}	EPI	1.73×10^{-6}	WATER9	4.18×10^{-10}	WATER9	120000	EPI	3.76	TX19	1	H
83	邻苯二甲酸二丁酯	312.37	TX19	1.20×10^{-5}	TX19	5.15×10^{-5}	EPI	2.08×10^{-6}	WATER9	5.17×10^{-10}	WATER9	7160	EPI	69903.67	TX19	180	H
84	邻苯二甲酸二正辛酯	390.56	TX19	4.47×10^{-6}	TX19	0.000105	EPI	3.56×10^{-6}	WATER9	4.15×10^{-10}	WATER9	141000	EPI	3.46×10^{8}	TX19	28	H
85	二噁英(2,3,7,8-TCDD)	321.97	TX19	7.40×10^{-10}	TX19	0.00204	EPI	4.70×10^{-6}	WATER9	6.76×10^{-10}	WATER9	249000	EPI	1.05×10^{7}	TX19	1180	H
86	多溴联苯	—			TX19	—		—		—		—		—		—	
87	硝基苯	123.11	TX19	0.244	TX19	0.000981	EPI	6.81×10^{-6}	WATER9	9.45×10^{-10}	WATER9	226	EPI	64.67	TX19	394	H
88	苯胺	93.13	TX19	0.669	TX19	8.26×10^{-5}	EPI	8.30×10^{-6}	WATER9	1.01×10^{-9}	WATER9	70.2	EPI	11.91	TX19	—	—
89	2,4-二硝基甲苯	182.14	TX19	0.000174	TX19	2.21×10^{-6}	EPI	3.75×10^{-6}	WATER9	7.90×10^{-10}	WATER9	576	EPI	149.86	TX19	360	H
90	2,4-二硝基苯酚	184.11	TX19	0.000114	TX19	3.52×10^{-6}	EPI	4.07×10^{-6}	WATER9	9.08×10^{-10}	WATER9	461	EPI	53.20	TX19	526	H

注: EPI 指美国环境保护局"化学品性质参数估算工具包"(Estimation Program Interface Suite); TX19 指 Texas Risk Reduction Program, updated November 8 2019: http://www.tceq.texas.gov/remediation/trrp/trrppcls.html; WATER9 指美国环境保护局"废水处理模型"(the wastewater treatment model); H 指 Howard, Handbook of Environmental Degradation Rates, Lewis Publishers, Chelsea, MI, 1989; PHYSPROP 指 Syracuse Research Corporation, SRC PhysProp Database, 2005. PHYSPROP, 详见 Regional Screening Levels (RSLs)—User's Guide (May 2016), http://www.epa.gov/risk/regional-screening-levels-rsls-users-guide-may-2016。

附录 4　t-检验 $t_{(n-1,1-\alpha)}$ 数值表

自由度	$1-\alpha$										
	0.51	0.6	0.7	0.75	0.8	0.85	0.9	0.95	0.975	0.99	0.995
1	0.031	0.325	0.727	1	1.376	1.963	3.078	6.314	12.706	31.821	63.657
2	0.028	0.289	0.617	0.816	1.061	1.386	1.886	2.92	4.303	6.965	9.925
3	0.027	0.277	0.584	0.765	0.978	1.25	1.638	2.353	3.182	4.541	5.841
4	0.027	0.271	0.569	0.741	0.941	1.19	1.533	2.132	2.776	3.747	4.604
5	0.026	0.267	0.559	0.727	0.92	1.156	1.476	2.015	2.571	3.365	4.032
6	0.026	0.265	0.553	0.718	0.906	1.134	1.44	1.943	2.447	3.143	3.707
7	0.026	0.263	0.549	0.711	0.896	1.119	1.415	1.895	2.365	2.998	3.499
8	0.026	0.262	0.546	0.706	0.889	1.108	1.397	1.86	2.306	2.896	3.355
9	0.026	0.261	0.543	0.703	0.883	1.1	1.383	1.833	2.262	2.821	3.25
10	0.026	0.26	0.542	0.7	0.879	1.093	1.372	1.812	2.228	2.764	3.169
11	0.026	0.26	0.54	0.697	0.876	1.088	1.363	1.796	2.201	2.718	3.106
12	0.026	0.259	0.539	0.695	0.873	1.083	1.356	1.782	2.179	2.681	3.055
13	0.026	0.259	0.538	0.694	0.87	1.079	1.35	1.771	2.16	2.65	3.012
14	0.026	0.258	0.537	0.692	0.868	1.076	1.345	1.761	2.145	2.624	2.977
15	0.025	0.258	0.536	0.691	0.866	1.074	1.341	1.753	2.131	2.602	2.947
16	0.025	0.258	0.535	0.69	0.865	1.071	1.337	1.746	2.12	2.583	2.921
17	0.025	0.257	0.534	0.689	0.863	1.069	1.333	1.74	2.11	2.567	2.898
18	0.025	0.257	0.534	0.688	0.862	1.067	1.33	1.734	2.101	2.552	2.878
19	0.025	0.257	0.533	0.688	0.861	1.066	1.328	1.729	2.093	2.539	2.861
20	0.025	0.257	0.533	0.687	0.86	1.064	1.325	1.725	2.086	2.528	2.845
21	0.025	0.257	0.532	0.686	0.859	1.063	1.323	1.721	0.208	2.518	2.831
22	0.025	0.256	0.532	0.686	0.858	1.061	1.321	1.717	2.074	2.508	2.819
23	0.025	0.256	0.532	0.685	0.858	1.06	1.319	1.714	2.069	2.5	2.807
24	0.025	0.256	0.531	0.685	0.857	1.059	1.318	1.711	2.064	2.492	2.797
25	0.025	0.256	0.531	0.684	0.856	1.058	1.316	1.708	2.06	2.485	2.787
26	0.025	0.256	0.531	0.684	0.856	1.058	1.315	1.706	2.056	2.479	2.779
27	0.025	0.256	0.531	0.684	0.855	1.057	1.314	1.703	2.052	2.473	2.771
28	0.025	0.256	0.53	0.683	0.855	1.056	1.313	1.701	2.048	2.467	2.763
29	0.025	0.256	0.53	0.683	0.854	1.055	1.311	1.699	2.045	2.462	2.756
30	0.025	0.256	0.53	0.683	0.854	1.055	1.31	1.697	2.042	2.457	2.75
40	0.025	0.255	0.529	0.681	0.851	1.05	1.303	1.684	2.021	2.423	2.704

续表

自由度	$1-\alpha$										
	0.51	0.6	0.7	0.75	0.8	0.85	0.9	0.95	0.975	0.99	0.995
50	0.025	0.255	0.528	0.679	0.849	1.047	1.299	1.676	2.009	2.403	2.678
60	0.025	0.254	0.527	0.679	0.848	1.045	1.296	1.671	2	2.39	2.66
70	0.025	0.254	0.527	0.678	0.847	1.044	1.294	1.667	1.994	2.381	2.648
80	0.025	0.254	0.526	0.678	0.846	1.043	1.292	1.664	1.99	2.374	2.639
90	0.025	0.254	0.526	0.677	0.846	1.042	1.291	1.662	1.987	2.368	2.632
100	0.025	0.254	0.526	0.677	0.845	1.042	1.29	1.66	1.984	2.364	2.626
120	0.025	0.254	0.526	0.677	0.845	1.041	1.289	1.658	1.98	2.358	2.617
140	0.025	0.254	0.526	0.676	0.844	1.04	1.288	1.656	1.977	2.353	2.611
160	0.025	0.254	0.525	0.676	0.844	1.04	1.287	1.654	1.975	2.35	2.607
200	0.025	0.254	0.525	0.676	0.843	1.039	1.286	1.653	1.972	2.345	2.601